教育部高等学校航空航天类专业教学指导委员会推荐教材

普通高等教育“十一五”国家级规划教材

气动弹性设计基础

(第3版)

杨 超　吴志刚　谢长川　编著

北京航空航天大学出版社

内容简介

本书介绍了飞行器气动弹性设计的基本原理和基本方法，主要包括4部分内容：气动弹性静力学问题，气动弹性动稳定性——颤振，气动伺服弹性稳定性分析以及气动弹性试验。除了阐述基本概念和基本理论外，书中还介绍了常用的工程处理方法，对近年来在气动弹性技术上的新进展，也作了简要介绍。

本书可作为高等学校航空航天类专业本科生的教学用书和研究生的参考书，也可供航空航天、兵器等工业部门的飞行器设计、飞行控制设计人员参考。

图书在版编目(CIP)数据

气动弹性设计基础 / 杨超，吴志刚，谢长川编著
. -- 3版. -- 北京 ：北京航空航天大学出版社，2021.1
ISBN 978-7-5124-3226-0

Ⅰ. ①气… Ⅱ. ①杨… ②吴… ③谢… Ⅲ. ①气动弹性一设计 Ⅳ. ①V211.47

中国版本图书馆CIP数据核字(2021)第009960号

气动弹性设计基础(第3版)
杨 超 吴志刚 谢长川 编著
策划编辑 蔡 喆 责任编辑 冯 颖
*
北京航空航天大学出版社出版发行
北京市海淀区学院路37号(邮编100191) http://www.buaapress.com.cn
发行部电话：(010)82317024 传真：(010)82328026
读者信箱：goodtextbook@126.com 邮购电话：(010)82316936
涿州市新华印刷有限公司印装 各地书店经销
*
开本：787×1 092 1/16 印张：13.75 字数：352千字
2021年1月第3版 2021年1月第1次印刷 印数：3 000册
ISBN 978-7-5124-3226-0 定价：49.00元

第 3 版前言

随着飞机、导弹、火箭等飞行器的快速发展，气动弹性设计在飞行器设计中的重要性日益突显。气动弹性设计的基础是气动弹性力学，涉及气动力、弹性力及惯性力之间的相互耦合作用。不但需要揭示各种气动弹性现象的机理，更为重要的是要把气动弹性的基本原理应用到飞行器设计上，并将其作为一种设计准则、规范和指导思想。基于上述思想的指导，本书的主要编写目标是为高等学校航空航天类专业的本科生提供一本基本理论与分析方法并重的教科书，以适应我国航空航天事业不断发展的需要。本书也可作为相关专业研究生的参考用书，并可供航空、航天、兵器、建筑及桥梁等工业部门的设计人员参考。

本书主要介绍了气动弹性设计的两个重要组成部分，即气动弹性静力学问题和气动弹性动力学问题；而气动弹性动力学关注的重点仍然是经典颤振和气动伺服弹性稳定性问题，这是飞行器气动弹性设计中须首先关注的、涉及安全的关键问题。本书主要介绍上述内容的基本概念和原理、基本方程和分析方法。

基于以上原则，在本书第 3 版中，进一步突出了经典颤振和气动伺服弹性稳定性内容，精简了一些与稳定性无关的内容（如抖振问题），调整、增加和强化了部分相关内容。

本次修订过程中，作者主要做了以下几方面的工作：

- 在绪论中对气动弹性的分类进行了重新调整和定义，以适应和规范当前的气动弹性设计工作；增加了气动弹性设计技术的最新发展内容，如变形飞行器技术；加强了对气动弹性优化技术的描述。
- 增加了“振动力学基础”一章，既照顾到本科生相对薄弱的理论基础，又可为基于假设模态法的颤振理论做好铺垫。
- 将涉及大、小展弦比机翼和尾翼颤振的三章内容合并为一章，以突出工程颤振分析方法的整体性。
- 结合最新方法进展，对气动伺服弹性稳定性分析理论和方法内容进行了大幅调整，去除了助力器复阻抗等本科生较难理解的内容，加强了弹箭气动伺服弹性问题的统一建模方法的相关内容。
- 在气动弹性实验方法中增加了发散风洞试验内容，去除了抖振风洞试验内容，以突出气动弹性稳定性这一重点内容。

本书共 11 章，其中杨超编写了第 1 章以及第 3～5 章，谢长川编写了第 2 章以及第 6～8 章，吴志刚编写了第 9～11 章，全书由杨超统稿、校稿。

作者对本书前两版作者陈桂彬、邹丛青两位教授深表感激并致敬，他们一直关心本书的修订和再版工作,有些内容的修改也是他们的期望。感谢西北工业大学赵令诚教授、南京航空航天大学卢叔全教授对第1版教材的审阅,他们的很多宝贵意见为本书的修订再版奠定了良好的基础。感谢南京航空航天大学韩景龙教授、中国科学院力学研究所杨国伟研究员对第3版教材的审阅,他们的意见对保障本书的质量起到了良好的作用。此外,还要感谢国内同行对本书的关心和指导,感谢航天科技集团11院刘子强研究员等对本书内容的修订提出的宝贵意见。作者也衷心感谢将对本书提出批评和建议的读者。

作　者

2020年11月

第 2 版前言

气动弹性力学所研究的各类问题，不外乎起因于空气动力、弹性力及惯性力之间的相互作用。作为设计学科，学习它不仅要掌握各种气动弹性现象的机理，更为重要的是把它的基本原理应用到飞行器设计上，并作为一种设计准则、规范和指导思想。基于上述思想的指导，本书旨在为高等院校航空专业的本科生，提供一本基本理论与分析方法并重的教科书，以适应我国航空工业不断发展的需要。本书也可作为相关专业研究生的参考书，并可供航空航天、兵器、建筑及桥梁等工业部门的设计人员参考。

本书从稳定性问题出发，介绍了气动弹性设计的两个重要组成部分，即气动弹性静力问题和气动弹性动力问题，同时也概要地介绍了气动伺服弹性稳定性问题的基本概念、原理、基本方程和分析方法。

在第 2 版中，突出了气动弹性稳定性的内容，精简了一些与稳定性无关的内容，增加了颤振分析的内容。

在气动弹性动力问题中，颤振无疑是最为设计者关注的。这就促使防止颤振成为重要的研究课题，由此构成了飞行器设计的重要内容之一。本书结合工程设计实际，概括地叙述了相关防颤振设计的内容，结合我国制定的《飞机结构强度规范》中有关颤振的内容，对防止颤振的要求、实施步骤等都作了一些讨论。

气动弹性试验是气动弹性学科的重要组成部分，它和气动弹性的理论研究几乎是同步开始的。其中的一些试验项目是为了取得计算分析的原始数据，如飞行器结构地面振动试验、地面伺服弹性试验等；还有一些试验是为了直接取得相关特性的数据，如颤振风洞模型试验、抖振试验等。书中简要地介绍了它的基本原理和试验方法。

第 2 版共有 12 章，其中杨超编写第 2～4 章，邹丛青编写第 12 章，其余由陈桂彬编写。

特别感谢北京航空航天大学航空科学与工程学院的朱斯岩老师、吴志刚老师和万志强老师。他们在本书成书的过程中，参加了讨论，并在一些问题上给予了具体帮助；同时结合他们讲授本课程的实际情况，提出了宝贵的意见。

还要感谢西北工业大学赵令诚教授、南京航空航天大学卢叔全教授对原版教材的审阅，他们的很多宝贵意见，至今还为本书的基础起着良好的作用。作者也衷心感谢将对本书提出批评和建议的读者。

作　者

2009 年 10 月

第1版前言

本书是为航空高等院校编写的教材，旨在为飞行器设计或相关专业本科生提供一本基本理论与分析方法并重的教科书，以适应日趋重要并不断发展的气动弹性设计领域的需要。本书也可作为相关专业研究生的参考书，并可供航空航天、兵器、建筑及桥梁等工业部门的设计人员参考。

顾名思义，“气动弹性力学”作为力学学科是研究弹性物体在气流作用下的各种力学行为。而作为设计学科，我们学习它，则不仅要揭示各种现象的机理，更为重要的是把它的基本原理应用到飞行器设计上，并作为一种设计的准则、规范和指导思想。所以，气动弹性设计已经成为飞行器设计中的重要内容。

本书介绍了气动弹性设计的两个重要组成部分，即气动弹性静力问题和气动弹性动力问题。

在静气动弹性部分，主要内容包括机翼扭转发散、载荷重新分布、操纵反效及操纵效率等静气动弹性现象。从二元翼段出发，介绍静气动弹性的基本概念、基本原理，并介绍长直机翼静气动弹性的计算方法、近似方法以及矩阵分析方法，从而揭示静气动弹性问题在飞行器设计中的特点及影响因素。

在动气动弹性部分，涵盖了两个主要问题：一个是稳定性问题，另一个是动力响应问题。本书重点介绍了气动弹性稳定性问题，即颤振。对颤振的基本概念、发生的机理及其基本原理、求解方法和工程分析方法，都结合实际作了较为详尽的介绍。对动力响应问题，限于篇幅，仅作了一般性介绍，重点在飞机受到阵风时动力响应的基本概念和理论、非定常气动力特点以及工程处理方法等。抖振振动由于带有强迫振动的性质，所以也放在动力响应中一并介绍。为了弥补有些读者在气动力知识上的不足，本书还专门介绍了为进行颤振分析常用的非定常气动力计算方法。

由于伺服控制系统已经广泛地应用于飞行控制中，为了保证装有伺服飞行控制系统的飞行器在其飞行范围内不会发生气动伺服弹性不稳定（也称伺服颤振）现象，必须进行气动伺服弹性稳定性分析。本书在上述颤振分析的基础上，也重点介绍了气动伺服弹性问题的基本概念和原理、气动伺服弹性基本方程和分析方法；通过实例完整地阐述了飞机和导弹的气动伺服弹性稳定性分析的全过程以及提高气动伺服弹性稳定性的措施。

围绕现代飞行器设计技术的发展，本书还介绍了气动弹性设计方法和技术的新进展，这些技术上的进步，对飞行器设计极具影响。例如，气动弹性和气动伺服弹性的状态空间方法；主动柔性机翼工程的设计理念及其主动控制技术，包括颤

振主动抑制及阵风减缓、气动伺服弹性鲁棒稳定性分析方法以及复合材料气动弹性剪裁的设计理念等。这些内容都展示出气动弹性设计在飞行器设计中的重要地位,也展示出气动弹性设计对提高飞行器性能的突出作用,使读者更全面地认识到气动弹性设计是先进飞行器设计的必备手段。

气动弹性设计最初是适应航空事业的需要而发展起来的,不言而喻,自然会受到航空科技院校有关专业研究生和本科生以及航空工业部门技术人员的关心。鉴于此,我们在编写中多取材于飞行器,而对于航空技术领域以外的气动弹性问题将不予讨论。为了控制学时和篇幅,本书侧重于介绍基本理论和工程处理方法,而略去了某些繁琐公式的推导过程。

本书在每章的最后附有思考题,供读者和教学作业使用。参考文献放在各章的后面,供读者查阅;但不要认为这些参考文献是全面的,因为在这方面的文献浩如烟海。书中所列的文献资料都是作者认为有意义的。

全书共分11章,陈桂彬编写第1,5～9章,杨超编写第2～4章,邹丛青编写第10,11章。本书由陈桂彬主编。

作者特别感谢北京航空航天大学航空科学与工程学院的朱斯岩老师、吴志刚老师,他们在本书的全部编写过程中,参加了对全书内容安排的讨论,以他们讲授本课程的实际体验,提出了宝贵的意见,并和宋晨一起绘制了书中的全部插图、表格以及进行文字录入工作,使本书得以顺利完成。

本书承西北工业大学赵令诚教授、南京航空航天大学卢叔全教授审阅,提出了许多宝贵的意见,对此表示衷心感谢。作者也衷心感谢将对本书提出批评和建议的读者。

作　者

2004年5月

目　　录

第1章　绪　论

1.1　气动弹性问题的概述

飞行器气动弹性设计的基础是气动弹性力学。气动弹性问题作为一门力学学科，研究的是弹性物体在气流中的力学行为，其任务是研究气动力和弹性体之间的相互影响。气动弹性力学所研究的各类气动弹性现象，不外乎起因于空气动力、弹性力和惯性力之间的相互作用。飞机、直升机、导弹、火箭等飞行器一旦设计并研制出来，便具备了明确的气动弹性特性；换句话说，气动弹性特性是飞行器的固有特性。气动弹性特性对飞行安全和飞行性能均可造成严重影响，是飞行器设计中的必须关注且解决的关键问题。而作为设计人员，我们学习它，则不仅要揭示各种气动弹性现象的机理，更为重要的是把它的基本原理应用到飞行器设计上，并作为一种设计的准则、规范和指导思想。由于在研究问题上的特殊性，这门学科在研究方法上也具有其自身的特点。

气动弹性的研究方法有别于弹性力学的研究方法。弹性力学的经典理论是研究弹性体在给定外力或位移作用下的应力与应变。通常，物体上的外作用力与变形无关，即认为在小变形下，不影响外力的作用。在这种情况下，常常忽略物体尺寸的变化，并按照初始形状进行计算。但是，在大多数重要的气动弹性问题中，情况发生了变化。也就是说，应认为外力是随着物体的变形情况而改变的，即载荷本身不是事先可以确定的，弹性变形对它起着重要作用。在弹性变形决定以前，空气动力的大小是不知道的。因此，通常在问题解出以前，外载荷是不知道的。例如，在研究飞机的气动弹性问题时，要把它当作弹性体处理，此时机翼上的升力取决于机翼翼面相对于气流的位置和运动，即此时的气动力载荷不是一个事先可以确切给出的值。这也是气动弹性问题研究的主要特点之一。

同样可以得知，气动弹性的研究方法也有别于空气动力学。空气动力学的经典理论是研究气动外形确定条件下的空气动力特性，这时的物体是刚体，没有静变形或振动，在这种情况下，空气动力的大小、方向均与物体弹性变形或振动无关。

气动弹性力学主要关心的问题之一是结构在气流中的稳定性。因为对于一定的结构，其空气动力将会随着气流流速的增加而增加，而结构的弹性刚度却与气流速度无关，所以存在一个临界风速，在这个速度下结构变成不稳定的。这种不稳定性会产生极大的变形，并且会导致结构的破坏，这是飞行器设计中决不允许的。从稳定性这个角度出发，根据惯性力在所考虑的问题中是否允许忽略，又可把上述的不稳定性区分为静不稳定性和动不稳定性。前者主要是扭转变形发散，后者主要是颤振。而从气动弹性问题的整体来看，它所包含的内容不仅是稳定性，还包括很多其他问题。诸如在气动弹性静力问题中，由于弹性变形会引起载荷重新分布，也会使飞行器的操纵效率降低，甚至发生操纵反效。在气动弹性动力问题中，还有飞行器对外载荷的动力响应，这种响应可以是飞行器的变形、振动、运动或诱生的动应力、动载荷，例如由操纵面偏转、突风等引起的响应都属于这类问题。

1.2 气动弹性力学发展的历史梗概

气动弹性问题几乎伴随着飞行器发展的全过程。早在1903年12月17日,即在莱特(Wright)兄弟的"飞行者一号"有动力载人飞行成功的9天前,Smithsonian学院的兰利(Langley)教授在Potomac河畔进行的"空中旅行者"号有动力试飞失败了,事后人们才认识到这是典型的气动弹性问题——机翼扭转变形发散。英国学者Coller教授曾评论道:"若不是气动弹性问题,兰利很可能要取代莱特兄弟的历史地位"。然而不久后,又出现了一系列的气动弹性问题引发的事故。先是发生在第一次世界大战初期,英国的Handley Page 0/400双引擎轰炸机发生剧烈的尾翼颤振而坠毁;仅一年后DH-9飞机上又发生了类似的尾翼颤振事故。由此促使了F. W. Lanchester、L. Bairstow以及A. Fage进行了第一批有目的的气动弹性颤振研究。他们所研究的由机身扭转和升降舵偏转这两个自由度组合的二元颤振,可能是最早的颤振理论分析。此外,在第一次世界大战中,德国有两架战斗机由于静气动弹性发散而发生致命的结构破坏:一架是Albatros D-Ⅲ飞机,另一架是Fokker D-Ⅷ飞机。后者是一种悬臂式单翼机,投入战争后接二连三地发生高速俯冲时机翼毁坏事故。此后,对6个机翼进行了强度试验,结论是其强度足以承受6倍设计载荷。原型机和生产型飞机的机翼之间唯一的不同就在于后者有一根加强后梁,本意是增大实战中飞机强度特性,然而却未料到由此改变了机翼弹性轴位置,从而导致静气动弹性发散。这个弄巧成拙的教训使设计者逐渐认识到,结构设计仅靠强度规范是远远不够的,必须要包含刚度规范的内容。因此,气动弹性是飞机设计中不可忽视的重要方面。到1926年,H. Reissner公开发表了解决扭转发散问题的一种理论,也阐明了空气动力中心与弹性轴相对位置的重要性,这对于中高展弦比的梁式机翼来说,是一个尤为重要的概念。20世纪20年代末,H. G. Küssner、W. J. Duncan和R. A. Frazer建立了机翼颤振的理论基础。1934年,T. Theodorson获得了翼面-操纵面组合的二维不可压流谐振荡空气动力的精确解,建立了解析求解翼面颤振问题的基础。

第二次世界大战爆发前后,航空技术得到了长足的发展。提高飞机的飞行速度,是当时空战中制胜的重要手段。那时,舵面和尾翼的颤振是气动弹性方面事故的主要原因,特别是调整片的颤振是经常发生的。到第二次世界大战结束之前,飞行速度提高到跨声速范围,同时出现了第一批超声速飞机,因此又提出了新的气动弹性问题。此时,要求从事航空事业的机构,必须拥有一支强有力的研究队伍来解决大量出现的气动弹性问题。于是,气动弹性力学开始发展成一门独立的学科分支。甚至有学者认为,高速气动弹性技术是飞机突破声障的三大支撑技术之一(前两项技术是公认的喷气发动机和后掠翼气动布局),由此可见气动弹性的重要性。

20世纪50年代初期,飞行进入了超声速范围,新的气动弹性问题大量涌现。小展弦比后掠机翼和三角形机翼成为气动弹性研究的主要对象。这就要求必须研究全新的颤振分析原理和解法。计算机的出现使许多气动力计算方法应运而生,一些亚声速和超声速非定常气动力计算方法就是在这种情况下产生的。直到20世纪70年代,随着计算机的进一步发展,计算速度迅速提高,使得跨声速非定常气动力计算方法得到发展。此外,还有风洞试验和飞行试验,它长期以来是进行气动弹性试验研究和理论方法验证的必不可少的手段。正是这些重要工具的应用,解决了飞行器研制中存在的大量气动弹性问题。

进入超声速飞行速度范围，特别是在高超声速飞行器上，由于进入大气层时的高温环境，使得结构产生了热应力，为此需要研究结构在受热条件下的气动弹性现象，这就形成了“热气动弹性”的问题。

现代飞行器的飞行控制系统随着其功能不断发展，通频带变宽、权限增大；而飞行器结构设计的趋势是柔性增大。柔性飞行器结构、非定常气动力和控制系统之间的相互作用，形成了特殊的而又与经典的颤振密切相关的分支方向，即气动伺服弹性力学。它作为涉及多门学科的交叉方向，正蓬勃地发展，并在飞行器设计中发挥着愈来愈重要的作用。

最后，必须要提及的是，气动弹性力学作为一门广泛应用的学科，不仅在航空航天工程方面，而且在民用建筑、机械工程等方面的应用正日益增长。1940年建成通车才4个月的美国Tacoma悬索桥，在约19 m/s的低风速下，经过1个多小时愈振愈烈的周期性麻花型扭振后而倒塌。事故后，人们才认识到这是与机翼颤振现象相类似的桥梁颤振。这一教训一直为后来的桥梁设计所重视。这个事件表明了气动弹性问题在飞行器技术以外的领域中的重要性。从此以后，桥梁颤振问题得到了有关部门的高度重视。此外，高层建筑、风力发电机叶片、涡轮机叶片、线缆等也有其特殊的气动弹性问题，但本书只介绍飞机、导弹等固定翼飞行器的气动弹性问题。不过，这些不同对象的气动弹性的本质和原理是相通的或类似的，可以相互借鉴。

1.3 气动弹性问题的分类

1.3.1 气动弹性的力三角形

弹性体在气动载荷作用下会发生变形和振动，而变形和振动又反过来影响气动载荷的分布与大小。正是这种相互作用，在不同条件下将产生形形色色的气动弹性现象，而各类气动弹性现象不外乎起因于气动力、弹性力和惯性力三者之间的相互作用。1946年，英国学者Collar教授绘制了经典的气动弹性力三角形，如图1-1所示。该三角形形象地体现了气动弹性力学的多学科特点，表达了气动弹性问题中各种力之间的关系，对气动弹性现象和问题进行了明确的分类，并区分了各学科的研究范畴。

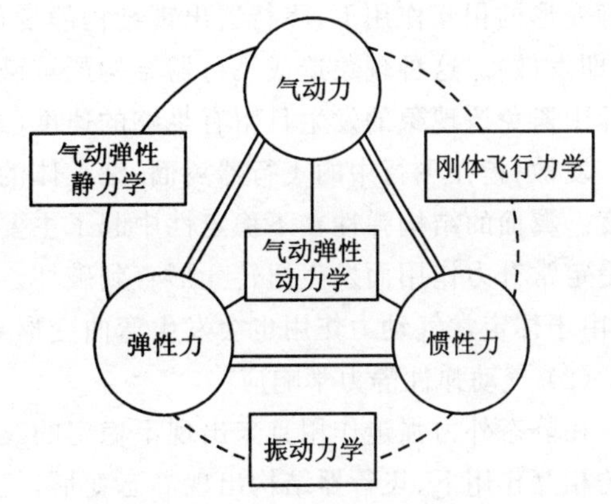

图1-1 Collar气动弹性力三角形

在气动弹性三角形上，把其中任意两个角点联系起来（或三个角点联系起来），均构成一个重要的学科领域。

振动力学：由弹性力和惯性力的相互作用构成了人们熟知的“振动力学”，如振动、静变形、地面载荷等现象。

刚体飞行力学：由气动力和惯性力的相互作用构成了“刚体飞行力学”，如稳定性、配平、操纵、机动与机动载荷等现象。

气动弹性静力学：把气动力和弹性力联系起来，就形成了“气动弹性静力学”（也称静气动

弹性力学)。气动弹性静力学分为两类:一类是气动弹性静力学稳定性问题,即发散;另一类是气动弹性静力学响应问题。气动弹性静力学涉及系统的弹性静变形、定常气动力的相互作用。

气动弹性动力学:若力三角形上全部顶点的三种力都参与作用,则构成了“气动弹性动力学(也称动气动弹性力学)”。气动弹性动力学也分为两类:一类是气动弹性动力学稳定性问题,即颤振;另一类是气动弹性动力学响应问题,气动弹性动力学主要涉及系统的弹性振动、非定常空气动力及惯性力的相互作用。

传统上按照是否考虑惯性力来分类,可以把气动弹性现象和问题分成气动弹性静力学及气动弹性动力学两类,这是传统意义上的两大类气动弹性研究问题,有时称为“**狭义气动弹性**”问题。为了区分实际已经形成的力学分支,在力三角形中把不属于气动弹性问题的“振动力学”和“刚体飞行力学”用虚线表示。本书仅涉及气动弹性设计中狭义气动弹性的部分问题。

从本质上来说,不论是连结力三角形上的哪两个角点,或是其中的一个角点,都可以认为它们是气动弹性力学中的一种特殊情况。事实上,气动弹性力学与这些学科之间并无严格的界限,特别是现代及未来飞行器(如高速度、大柔性、大尺寸、大质量变化、宽频带控制、变体、多体组合等)的设计越来越关注气动弹性固有属性和本质特性,振动力学、刚体飞行力学、气动弹性力学的耦合越来越强烈,对飞行安全和飞行性能的影响越来越大。由此可见,气动弹性力学这门学科需要耦合考虑三个相互独立的传统学科,有时称之为“**广义气动弹性**”问题。

下面从气动弹性稳定性和响应的角度,讨论气动弹性静力学和气动弹性动力学的具体现象。

(1) 气动弹性静力学稳定性

无静态外力强迫作用的情况下,当达到某一临界的飞行速度(或动压)时,定常气动力与结构静变形的相互作用下,飞行器出现结构静变形扩大的不稳定特性,称为气动弹性静力学稳定性(即发散)。这种现象造成飞行器结构严重破坏并导致飞行事故发生,因此必须在气动弹性设计中避免该现象的发生且留有足够的速度(或动压)余量。

发散:指在飞行中的飞行器翼面、细长体的静不稳定性。发生不稳定的飞行速度称为发散速度。翼面的结构弹性在不稳定性中起了主要作用,即在一个确定的速度(或动压)下,弹性翼面受定常升力作用而发生扭转变形直到破坏。同样,在确定的速度(或动压)下,细长弹体(机体)由于体定常气动力作用也会发生弯曲变形导致破坏。

(2) 气动弹性静力学响应

在静态外力强迫作用且未出现不稳定的飞行速度(或动压)范围,定常气动力与结构静变形的相互作用下,飞行器结构出现静态变形,气动力分布发生变化,称为气动弹性静力学响应。这种现象直接影响飞行器的飞行性能、飞行品质和飞行控制,因此必须在气动弹性设计中准确预计,如操纵效率、操纵反效、气动载荷重新分布、气动导数弹性修正等。

操纵效率:指研究翼面、机身(弹身)等结构的弹性变形对操纵面、舵面等气动操纵效率的影响。在工程上,保证飞机、导弹各操纵面、舵面具有足够的操纵效率是进行飞行器结构设计和气动设计的一项重要准则。

操纵反效:与上述操纵效率相关联的一个问题。由于翼面、机身(弹身)等结构弹性变形的影响,飞行速度的增加,导致操纵效率降低;在确定的飞行速度下,操纵效率变为零,该速度称为反效速度。超过该速度后,操纵作用就与原来预期的作用方向相反了。

气动载荷重新分布: 飞行器在滑跑、起飞、爬升、巡航、机动、下滑、着陆等过程中,整体及其翼面、机身(弹身)等部件结构由于受到气动力、弹性力耦合作用而发生静变形,作用在静变形结构上的分布气动力称为气动载荷重新分布。在该问题中,需要确定迎角或升力一定的情况下,由于升力面的弹性而引起的升力分布变化。但应注意,该载荷并非飞行器载荷的全部,不考虑除气动载荷以外的其他载荷(如惯性载荷)。在飞行器设计中,气动载荷分布是结构与强度设计的重要输入数据之一。气动力特性的风洞试验中往往需要考虑弹性变形的气动载荷分布对气动力的修正。

载荷重新分布: 飞行器在滑跑、起飞、爬升、巡航、机动、下滑、着陆等过程中,整体及其翼面、机身(弹身)等部件结构由于受到气动力、弹性力、惯性力耦合作用而发生静变形,作用在静变形结构上的分布气动力和分布重力总称为载荷重新分布。载荷重新分布可以针对部件或针对整体,分为迎角固定和飞行过载固定两类情况。后一种情况若针对空中自由飞行的飞行器整体,即为飞行载荷(静载荷部分)。在飞行器设计中,载荷重新分布是结构与强度设计的重要输入数据。

气动导数弹性修正: 飞行器在滑跑、起飞、爬升、巡航、机动、下滑、着陆等过程中,翼面、机身(弹身)等的弹性静变形导致飞行器整体的气动升力大小和压心(或焦点)变化,从而导致飞行器的气动导数、操纵导数变化。在飞行器设计中,气动导数弹性修正为飞行性能计算、飞行品质分析、飞行控制律设计提供关键参数。

飞行载荷: 飞行器在滑跑、起飞、爬升、巡航、机动、下滑、着陆等过程中,整体及其翼面、机身(弹身)等部件结构由于受到气动力、弹性力、惯性力等耦合作用而发生静态和动态变形,作用在变形结构上的气动分布载荷与惯性分布载荷等外载荷总称为飞行器飞行载荷,有时简称外载荷或载荷。飞行载荷包括静、动两部分,其中飞行静载荷属于气动弹性静力学响应问题,而飞行动载荷属于气动弹性动力学响应问题。飞行器飞行载荷是结构与强度设计的重要输入数据,也是地面试验和飞行试验中检验结构强度是否满足设计要求的重要依据。

(3) 气动弹性动力学稳定性

没有非静态外力强迫作用的情况下,当达到某一临界的飞行速度(动压)时,气动力、弹性力、惯性力相互作用下,飞行器结构必然会发生的振幅不衰减的自激振动,称为气动弹性动力学稳定性(即颤振)。这种现象往往造成飞行器结构严重破坏或部分破坏,导致飞行事故,因此必须在气动弹性设计中避免该现象的发生且留有足够速度(或动压)余量。颤振现象的形态是多种多样的,但大致可以分为经典颤振和非经典颤振两类。发生颤振时临界速度称为颤振速度,振荡频率称为颤振频率。预计颤振特性的前提是临界稳定情况下的弹性振动、非定常气动力的准确预计。本书仅介绍经典颤振,属于线性颤振范畴。

经典颤振: 涉及弹性体两个或多个运动自由度的相互作用。一个运动自由度的气动力对其他运动自由度做正功,使弹性体从气流中吸取能量,当达到一定飞行速度时,这个正功超过了结构阻尼和空气动力阻尼所耗散的能量时,就出现动不稳定,是一种自激振动。这种颤振至少有两个或两个以上主要运动自由度参与,实际上是整个飞行器都在某种程度上参与了颤振过程,会造成灾难性的后果。这种颤振现象主要发生在飞行器流线型剖面升力系统中,满足小迎角、小变形、小扰动的条件,与飞行器具有飞行最大速度时的飞行状态契合,跨声速、流动分离和边界层效应对经典颤振过程没有直接影响,很大程度上是线性因素主导,一般可以采用振动和气动力的线性理论和方法进行预计和试验验证,称为经典颤振(有时也称线性颤振)。本书中所论及的颤振均为经典颤振。事实上,经典颤振在飞行器工程实际中是最危险的,因为这种颤振能在几秒甚至更短的时间内使结构发生振动破坏,从而引起不可逆的灾难性事故,是飞行器气动弹性设计中首先要防止发生的。若未加说明,则本书中"颤振"即指经典颤振。

非经典颤振:除经典颤振以外的颤振现象,主要与空气动力学中跨声速、流动分离、旋涡、失速等以及(或)结构动力学中间隙、摩擦、大变形、几何非线性等非线性因素有直接关系,如跨声速颤振、操纵面嗡鸣、失速颤振、壁板颤振、结构间隙的极限环振荡、螺旋颤振等。下面介绍几种非经典颤振现象。

① 单自由度颤振。只涉及弹性体的某一个运动自由度的动不稳定。例如,跨声速操纵面(如副翼、方向舵等)嗡鸣是一种持续的单自由度自激振动,且仅发生在跨声速和低超声速范围,往往导致操纵面脱落。

② 壁板颤振。飞行器蒙皮等壁板只有一面处于气流中,发生壁板颤振时所引起的局部振动一般不会直接导致严重事故,但壁板颤振导致的局部蒙皮撕裂或脱落,可能对飞行安全和飞行性能产生不利影响。

③ 失速颤振。对于大迎角翼面或旋转机械,例如螺旋桨、旋翼和压气机/涡轮等叶片处于失速迎角附近时发生的气动弹性自激振动,是一种严重的非线性气动弹性不稳定性现象。

④ 跨声速颤振。飞行器跨声速飞行存在强烈的气动非线性效应和空气压缩性,可能出现非线性气动弹性不稳定性现象。在颤振边界曲线(在给定高度上绘制的马赫数与颤振当量空速的关系曲线)上对应于马赫数为1的附近区间,颤振速度下降,形成曲线的凹坑,称为跨声速颤振凹坑。

(4) 气动弹性动力学响应

在未出现气动弹性不稳定的飞行动压范围,弹性飞行器受到非静态外力、随时间任意变化的扰动力的强迫作用情况下,气动力、弹性力、惯性力耦合作用,飞行器出现的结构振荡性质的动态响应特性,称为气动弹性动力学响应,又称动力响应。这些干扰力可以是外界的,也可以是飞行器自己产生的。干扰力的形式多样,如谐振荡、周期型、脉冲型、阶跃型、时间随机型以及任意时间变化等。气动弹性动力学响应有整体的(有时需要考虑刚体飞行力学的耦合影响),也有局部的。常见的气动弹性动力学响应现象有飞行载荷(动载荷部分)、抖振、投放/分离响应、机炮射击响应、着陆(舰)撞击响应、阵风(或突风)响应、驰振响应等,甚至还包括噪声响应;很多气动弹性动力学响应现象对飞行器的乘坐品质、飞行性能、飞行品质、飞行控制、载荷(动载荷部分)、结构疲劳与安全等特性有重要影响,必须在气动弹性设计中准确预计。

抖振:由于气流中存在紊流度或不连续性,而由飞行器自身产生的某个部件或整体的振动,称为抖振。抖振一般有两类:一类是飞行器某部件产生的周期性非定常气动力对另一部件的强迫振动,例如当飞机作某种机动飞行时,尾翼处于机翼的尾流中,在尾翼上则会发生这种振动;另一类是某部件自身产生的非定常气动力使自身结构产生振动,如飞机在跨声速范围内,由于机翼上的激波和压力脉动,在机翼上也会发生这种振动。

阵风响应:飞行器在飞行过程中受到大气的扰动,成为大气扰动响应。大气扰动的形式中有一种阵风形式的扰动,则飞行器的响应称为阵风响应,又称突风响应。阵风响应包括脉冲型的离散阵风和时间随机型的连续阵风两种,后一种也称为大气紊流响应。阵风响应分析应考虑刚体飞行力学和结构弹性运动的耦合,以及飞行控制系统的影响。对于大展弦比飞行器来说,阵风响应尤其重要,对设计载荷选取、结构减重设计、舒适性、飞行品质、结构疲劳、控制系

统设计、总体布局等均有重要影响。

飞行载荷：其定义在前面气动弹性静力学响应中已有介绍，这里只是强调，无论飞行静载荷和飞行动载荷均是气动力、弹性力、惯性力三者的耦合，飞行静载荷也可看成是飞行动载荷的特例。飞行载荷涉及气动弹性、飞行力学、气动力、结构力学等多门学科，是针对空中飞行自由状态的整体载荷（而非局部或某一部件），涉及大量的飞行状态和工作工况。

1.3.2 热气动弹性的力四面体

在航空航天工程领域内，特别是在近代与现代超声速、高超声速飞行器上，由于气动加热造成的高温环境，热效应的重要性越来越大，故经典的气动弹性力学理论与方法不再适用。为此需要研究结构在受热条件下的气动弹性现象，这就形成了"热气动弹性"的问题。

热气动弹性力学这个概念，也可以直观地用一个热气动弹性的力四面体表示。它是在图 1-1 经典的气动弹性力三角形上增加一个角点，即热效应产生的热力。图 1-2 所示的四面体是由 I. E. Garrick 绘制得到的，这个力四面体的每一个面都表示了一类相互交叉影响的问题的范围。

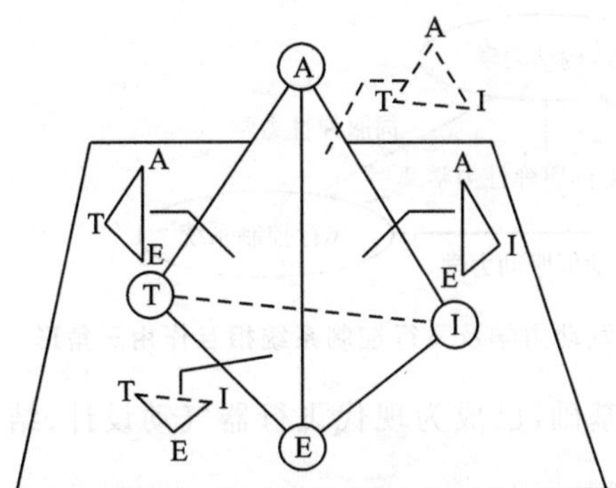

图 1-2 热气动弹性的力四面体

气动力/弹性力/惯性力：这是经典的气动弹性问题，已在 1.3.1 小节讲述。

气动力/热力/惯性力：组成气动热力学，它是属于空气动力学与飞行力学相关的问题。

气动力/热力/弹性力：组成热气动弹性静力学问题，这里必须考虑热效应对气动弹性静力学特性的影响。

弹性力/惯性力/热力：组成热弹性动力学问题，这里必须考虑热效应对振动特性的影响。

当把上述这 4 个面汇聚在一起时，表示了上述所有问题之间的相互影响，即热气动弹性动力学。

图 1-2 中所表示的热气动弹性力四面体是完全建筑在一个基面上的，该基面的特征就是材料的特性。其含义是材料的物理性质在所有的热气动弹性过程中具有基本的意义。

随着高超声速飞行器的快速发展，热气动弹性问题受到了特别的重视。

1.3.3 气动伺服弹性问题

现代飞行器飞行控制系统功能不断发展，其通频带变宽，权限增大。而飞行器结构设计的趋势是柔性相对增大。由此，柔性飞行器结构、非定常气动力和飞行控制系统三者之间的相互作用,产生了气动伺服弹性问题。

以上所述的三者相互作用,也可用相互作用三角形示于图1-3中。由图可见:在三角形的三个边线上,各构成气动伺服弹性的子问题,如由结构动力学和非定常空气动力学的相互作用构成了经典的气动弹性力学,诸如颤振、动力响应等问题;由结构动力学和飞行控制系统的相互作用构成了伺服弹性力学,它在气动伺服弹性技术的发展中起到愈来愈重要的作用,其中一个重要的原因是它能起到地面的校核作用;由非定常空气动力学和飞行控制系统的相互作用构成了气动伺服动力学,这与飞行器的刚体飞行动力学和控制密切相关。气动伺服弹性技术则是汇集了三者的相互作用于一体的交叉学科,也可以说是由于飞行控制的参与,改变了以没有控制系统情况为基础的气动弹性稳定性和动响应特性。应注意到,在经典的颤振理论中,维持结构振动所需的能量完全由非定常气动力提供;而在气动伺服弹性耦合中,飞行控制系统也会对结构响应提供激励和能量。这是由于传感器除接收飞行器刚体运动外,还接收了结构振动信号。因此,若结构运动的频率在飞行控制系统的带宽内,按飞控指令控制面就要偏转,以控制结构响应;如果这种控制面的运动进一步引发结构响应的惯性力和气动力激励,就可能导致不稳定的结构振荡。

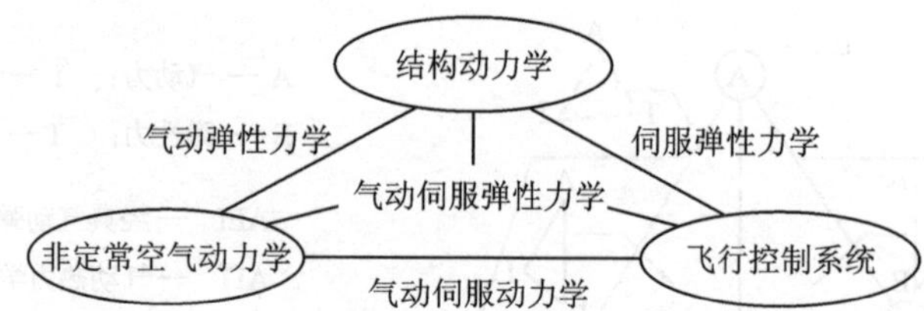

图1-3 结构动力学、非定常空气动力学及飞行控制系统相互作用三角形

这种气动伺服弹性问题以气动弹性为基础,已成为现代飞行器气动设计、结构设计、飞行控制系统设计中必须认真解决的重要问题。

1.4 飞行器的气动弹性设计问题

尽管气动弹性现象早就普遍存在于大自然中,但真正作为一门科学技术来研究,开始于飞机诞生20年之后。为了解决不断出现在飞机上的气动弹性问题,促使了气动弹性逐渐形成学科。应看到,飞机设计的过程也是气动弹性的设计过程,二者是密切相关的。

气动弹性现象所引起的效应,在现代飞机、导弹等飞行器的设计过程中占有非常重要的地位。这些气动弹性效应都必须综合考虑到设计中去,以防止出现不利的气动弹性现象。这些措施和方法,有的已作为设计人员所遵循的设计准则,甚至作为设计规范而强制执行。

现就几个主要气动弹性现象对飞行器设计的影响简述如下:

颤振是在飞行器设计所考虑的气动弹性现象中影响最大的一种。在飞行器结构设计的同时就必须考虑如何防止发生颤振的问题。现代飞行器可以出现多种颤振类型。对于预防颤振的方法和措施,大多可采用增加结构刚度,或者通过调整质量分布来降低耦合,例如对操纵面的质量平衡。事实上,影响颤振的重要因素是翼面的扭转刚度。注意:结构设计是由强度和刚度规范准则支配的,但不能片面强调某一个因素,例如在飞机机翼设计中过高地追求扭转刚度所带来的高颤振速度,则所设计出的机翼是不合理的。

对于在翼面上的较大的集中质量，其所在的位置，要以预防颤振为先决条件来考虑。例如：在机翼上某一给定的集中质量，可能需要较高的机翼刚度，这就势必增加机翼结构质量。为了预防发生颤振，在飞行器设计初始阶段，就要对这些大的集中质量分布进行分析和模拟研究，以确定最佳的质量分布。

在颤振特性上，翼面的平面形状和展弦比也有重要的影响。减小翼面展弦比，增大翼面后掠，都会使颤振速度提高。操纵面的设计必须考虑到颤振的影响，例如当确定气动力和质量的平衡及铰链位置等时，必须考虑。

此外，当飞行器作某种机动飞行时，若尾翼处于翼面的尾流中，则在尾翼上就会发生抖振。除此以外，在跨声速范围内，由于翼面上的激波和压力脉动，也会发生抖振，这种抖振有时称为自激抖振。为了减缓抖振的发生，要注意在飞行器设计中，保持翼-身连接处光滑的外形，这对于减少因翼-身干扰而产生流动分离是有效的。此外，把尾翼的位置放在扰动存在的区域以外，可避免尾翼的绕流抖振。在跨声速时，翼面上流动分离及翼-身连接处的流动分离，形成了尾翼扰流抖振。扰流的强度和最高强度的位置随翼面的厚度、弯度和迎角变化。

在飞行器设计中还存在其他重要的动力响应问题，即阵风与着陆响应问题。此外，机炮射击、投放炸弹等也都会产生附加载荷。

在计算飞行器的外载荷时，有时把结构看作是完全刚硬的。这种做法，除了忽略了结构变形诱导出的附加气动力外，还忽略了由于突然施加的外载荷而引起的振动。事实上它对结构内部的应力却有不可忽视的影响。附加的惯性力连同振动所产生的应力，最终以增加机翼和机身梁的弯曲和扭转应力的形式出现。因此，梁的设计必须考虑承受这部分载荷。

气动弹性效应阵风等载荷设计条件，是一个重要的影响因素。例如，在阵风条件下，直机翼的动响应在根部产生的扭转，比起刚硬假设所算出的弯扭要高出 15%～20%。特别对于带有后掠角的机翼，就必须考虑气动弹性效应。图 1-4 表示了考虑机翼弹性的重要性。图中所示为一架有后掠角机翼的飞机，其当量速度为 250 m/s，且在 3 500 m 高空飞行。图中虚线表示机身加速度历程，其峰值定为 1，实线给出了机翼翼尖加速度历程对机身加速度峰值之比。由图可见，在有后掠角机翼上确定正确的载荷分布，机翼弹性占有重要地位。

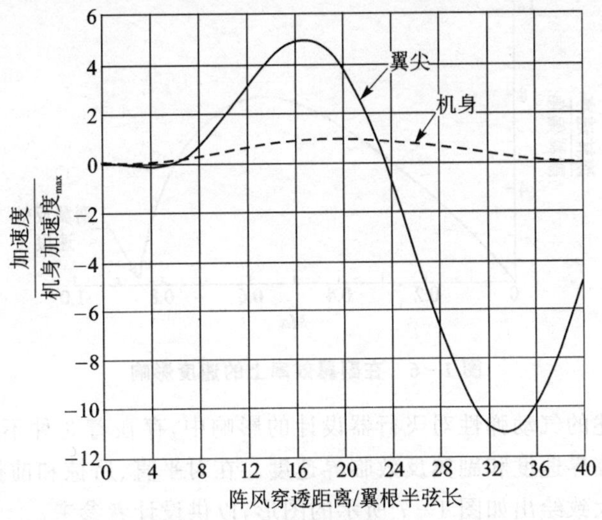

图 1-4 带有后掠角机翼的飞机在由于阵风通过时其翼尖和机身加速度的比

除了上述气动弹性动力响应问题在飞行器设计中必须考虑以外，还有很多气动弹性静力问题也必须在设计中一并考虑。例如，飞行速度的提高、升力面的弹性变形引起了气动载荷的重新分布。这就产生了一个气动弹性静力问题，即确定由于升力面的弹性而引起的升力分布变化。图1-5表示了一个载荷分布的例子，即后掠的弹性机翼和其相应的完全刚性机翼，在加速度为$2g$的机动飞行中具有的升力分布。由图可见，在该情况下，由于弹性机翼总升力的作用线移向机翼根部，所以从强度观点来看，大展弦比机翼的弹性变形对载荷分布一般是有利的。然而，对前掠机翼来说，其结果适得其反。

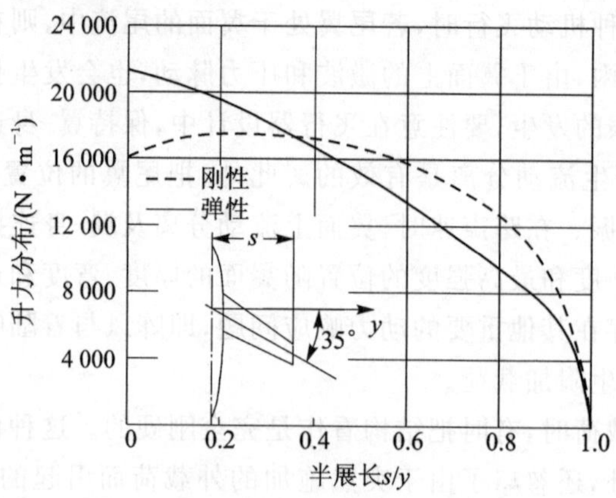

图1-5 在加速度为2g的机动飞行中完全刚体和弹性后掠机翼的气动载荷分布

与气动载荷重新分布相关的气动弹性静力问题是扭转发散。在平直翼面中最常见的发散问题是扭转发散。影响平直翼面发散的设计参数主要是翼面扭转刚度以及气动中心到扭心之间的距离。

此外，气动弹性效应中另一个重要问题就是翼面弹性变形对舵面效率的影响。而与此相关联的一个问题就是操纵面反效。为了直观地说明在副翼效率上的速度影响，在图1-6中展示了一架战斗机在海平面飞行时，在副翼效率上的速度影响。

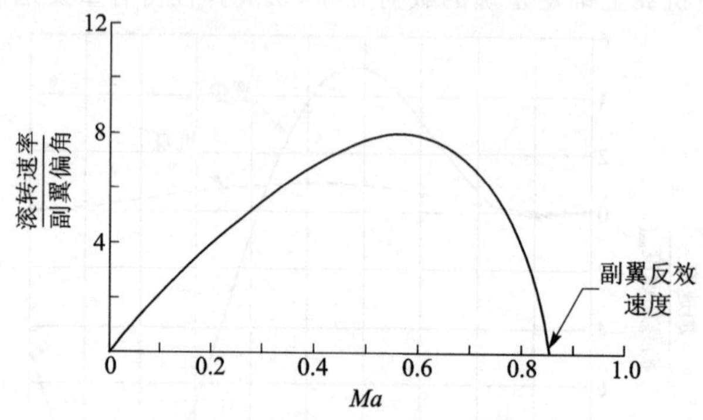

图1-6 在副翼效率上的速度影响

注意：在以上所述的气动弹性对飞行器设计的影响中，存在着3种不同的(临界)速度，即颤振临界速度、发散临界速度和副翼反效临界速度。在对平直、后掠和前掠翼面的3种临界速度进行分析之后，可大致绘出如图1-7所示的图形，以供设计者参考。

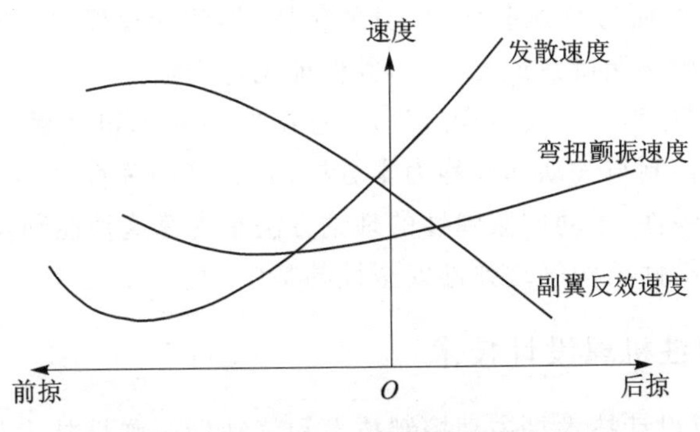

图 1-7　翼面的 3 种临界速度比较

1.5　气动弹性设计技术的若干新进展

现代及未来飞机、导弹等飞行器的发展对性能要求越来越高，如航时长、速度快、质量轻、跨速域、控制频带宽、控制智能化等。随着材料、计算机、人工智能等新技术的逐渐成熟与推动，以及气动弹性理论和方法的不断创新，使得飞行器新技术以及新概念飞行器不断涌现，因此气动弹性设计技术也得以从过去的被动校核地位逐渐走向主动设计，成为总体设计全过程不可或缺的重要部分，并发挥着不可替代的关键作用。读者在掌握气动弹性设计基础知识的同时，也必须关注气动弹性设计技术的新发展以及与飞行器发展的关系和作用。

本节仅简单介绍变形飞行器、主动气动弹性机翼设计、气动弹性优化设计三种新理念和新技术，以及一种实用的鲁棒气动弹性稳定性分析方法，以开阔读者视界，起到以点带面的作用。

1.5.1　变形飞行器技术

变形飞行器是指飞机、导弹等飞行器在飞行过程中，通过对柔性的、具有自适应能力的结构实施有效控制，主动灵活地改变飞行器气动外形至所需的最佳状态，以达到适应宽广变化的飞行环境、完成多种飞行任务、全包线提高飞行性能/品质和机动性、多方向减少雷达反射面、增强生存力和安全性等目的。与现有飞行器变后掠、控制面偏角度的传统变形方法不同，它具有外形分布式或连续变形、自主或智能实现等特点。变形飞行器可以是一种应用于现有的飞行器新技术，也可以是一类新概念的飞行器。这种技术与气动弹性设计技术密切相关，可以说气动弹性是变形飞行器技术的基础和关键。

变形飞行器的概念源于鸟类飞行的启示。鸟类在飞行中，其翅膀、身体各部分每一块肌肉、每一片羽毛都可随气流进行灵活调整，快速、准确适应各种复杂环境，达到最佳性能和最小消耗。人类在飞行器的发展历史长河中已经借鉴了很多鸟类的飞行原理，但远远未达到鸟类的飞行状态。

变形飞行器的概念提出很早，20 世纪七八十年代开始，国内外开展了诸如自适应机翼、主动柔性机翼、主动气动弹性机翼、变体飞机等技术的研究，取得了一些理论和方法的成果，但目前为止还没有真正的变形飞行器及其技术的实现。

变形飞行器技术的设计原则和指导思想与传统的飞行器不同。该技术将新型材料、结构、作动器、激励器和传感器在智能控制算法和决策系统的支持下，以飞行任务和性能最佳为直接

控制目的,在线实时平滑而持续地改变翼、身的位置、形状和尺度,以适应不断变化的外部环境,使飞机的气动外形始终保持在最优状态,并保证飞行安全。

在飞行器变形控制过程以及飞行全过程,柔性结构的变化和控制是以气动弹性静力学和动力学为基础的,智能控制与气动弹性静力学分析预测、气动弹性动力学分析预测、气动弹性优化等完美融合,气动弹性、气动伺服弹性的理论方法是支撑这种控制及变形实现的核心基础和关键保证,也是保证柔性结构气动弹性安全性的基础。

1.5.2 主动气动弹性机翼设计技术

主动气动弹性机翼设计技术是主动控制技术和气动伺服弹性技术的结合,是现代和未来飞行器飞机设计的关键技术,也是变形飞行器技术发展中的重要阶段和关键支撑技术之一。为了验证这项技术,国内外开展了大量的研究,包括主动气动弹性机翼的理论研究、风洞试验验证和样机飞行试验验证,以确定这项技术的可行性和工程应用价值。

从主动气动弹性机翼技术的研究看,它是气动伺服弹性技术的拓宽和延伸。气动伺服弹性技术是主动气动弹性机翼技术的核心内容。主动气动弹性机翼技术的设计思想与传统的利用结构的强度和刚度来被动地防止不良的气动弹性效应的设计方法不同,它是通过全权限、快速响应的数字式主动控制系统来主动且有效地利用机翼的柔性。传统的设计方法中,由控制面产生控制力,从而控制飞机运动。而机翼的柔性产生的气动弹性效应会减弱控制面的效能,同时也使机翼的其他气动弹性特性变差,例如颤振速度降低等。为了避免这种不利的情况,只能采用被动的方法,这就势必使结构的质量增加。

在主动气动弹性机翼技术中,机翼带有多个前缘和后缘控制面。这在设计理念上有了全新的突破。其最佳选择恰好是低的刚度加上多个控制面,利用机翼在气动力作用下产生的气动弹性变形和运动,由传感器接收信号,再通过主动控制系统按预定目的驱动并协调多个控制面的偏转或偏转运动,反馈至机翼,从而使整个机翼产生所希望的变形或运动,由此提高机翼控制气流能量的能力。主动控制起到了机翼刚度所胜任不了的作用,而其中主动控制律是一个关键设计,它蕴含着很大的潜力。在主动控制系统的操纵下,多个控制面协调偏转,主动使机翼发生所希望的弹性变形;变形的机翼产生控制力,使飞机运动特性改变。

研究证明,主动气动弹性机翼能获得如下的效益:

① 显著地增强机动控制能力;

② 在所有飞行范围内减少气动阻力;

③ 减轻机翼结构质量;

④ 在同样的展长和后掠角时,拓展了机翼气动与结构设计的裕度;

⑤ 抑制颤振,提高颤振速度;

⑥ 阵风与机动载荷减缓,提高了机动性。

由此可见,主动气动弹性机翼技术的出现,使飞机设计中防止气动弹性的不良影响,从被动设计方式走向主动设计方式。这在一定程度上说明,气动弹性设计不仅作为飞机设计的指导思想,还将成为飞机设计的新理念。

1.5.3 气动弹性优化设计技术

气动弹性优化设计是一种针对不同飞行器设计阶段的多学科优化设计方法,可以把结构质量最小、变形最小、气动特性最大(或最小)等作为单一目标或多目标,以应力、变形、扭转发散速度、颤振速度、飞行载荷、操纵效率等总体、气动弹性、气动、强度等指标作为约束条件,最终确定气动外形、结构参数等设计变量,这是一个优化设计的过程。从广义上来说,凡是包含气动弹性约束的优化均可看作气动弹性优化,气动弹性优化结果为飞行器总体和结构设计提供支撑或重要参考。

但需要强调的是,结构优化一般是指气动载荷一定的情况下,对结构参数进行优化,也就是说气动外形不再改变。而气动弹性优化不是结构优化,也不属于结构优化,它比结构优化更为复杂。气动弹性优化方法正在全面发展之中,并逐渐成熟,它将成为现代与未来飞行器设计的有效、高效的设计利器。但不同设计阶段,气动弹性优化均有其不同的使命和特点,也是需要区别发展的。

下面针对飞行器设计的三个阶段介绍气动弹性优化技术。

① 在飞行器设计的概念设计阶段,气动弹性优化的目的是快速寻找满足性能指标的总体概念可行性方案,为总体方案确定提供重要参考,并对结构设计提出结构刚度分布和质量要求。此时的结构参数甚至结构型式都是未知的,设计变量包括气动外形参数、宏观结构刚度参数等,优化的目标函数是结构质量最小、变形最小、气动特性最大(或最小)等多目标以及多种的飞行工况(如不同巡航状态、机动状态等),约束条件是变形、扭转发散速度、颤振速度、操纵效率等总体、气动、气动弹性等特性。

② 在飞行器设计的初步设计阶段,气动弹性优化的目的是根据结构刚度和质量的要求,快速给出满足要求的结构构型型式,为结构构型选取提供重要参考;比如大展弦比机翼结构是单梁、双梁还是三梁,如果是双梁构型,则双梁之间的距离需要确定。这个阶段的设计变量主要包括结构参数以及结构构型的参数,可允许有气动外形参数(但变化范围较小),优化的目标函数是结构质量最小、变形最小等多目标或单目标,约束条件是变形、扭转发散速度、颤振速度、操纵效率以及主要结构点的应力等气动弹性、强度、气动等特性。

③ 在飞行器设计的详细设计阶段,气动弹性优化的目的是在结构型式确定和外载荷确定的情况下,获取满足刚度和质量要求的结构设计参数以及敏度,为结构参数的最终确定提供重要依据和参考。这个阶段的设计变量数量巨大,主要是结构参数;优化的目标函数是结构质量最小的单目标,约束条件是结构应力、变形、扭转发散速度、颤振速度等气动弹性、强度等特性。

在气动弹性优化方法发展的早期阶段,气动弹性优化主要用于详细设计阶段,获取结构质量最小的结构设计参数。比如复合材料气动弹性剪裁技术一般常用于详细设计阶段,并且随着复合材料在飞行器次承力、主承力等结构的使用而逐步发展的一种气动弹性优化方法。

下面以复合材料气动弹性剪裁为例,对上述气动弹性优化进行简单介绍。

复合材料气动弹性剪裁是通过复合材料的刚度方向性及其变形耦合的选择,来主动控制翼面结构的静和动的气动弹性变形,从而提高飞机性能。该优化方法通常把结构质量最小作为目标,以应力要求、扭转发散速度、颤振速度和飞行载荷等为约束条件,最终确定复合材料的铺层厚度、铺层角度及铺设方向等设计变量。

复合材料气动弹性剪裁是多学科的交汇,它涉及复合材料力学、气动弹性力学以及优化设计等学科。其中复合材料的力学特性,构成了气动弹性剪裁赖以实现的机理。改变翼面复合材料的铺层厚度、铺层角度及铺设方向和顺序,会直接改变刚度的方向性,并由此控制翼面的气动弹性变形。气动弹性剪裁的效益完全有赖于变形控制实现。

20世纪七八十年代,复合材料气动弹性剪裁技术的出现,突破了前掠翼飞机的禁区。前掠翼因其弯扭耦合导致扭转发散速度过低,是金属机翼设计中不可逾越的障碍。X-29前掠翼飞机的问世,证明了利用复合材料气动弹性剪裁技术,可以克服前掠翼的扭转发散,而无须付出任何质量方面的代价。

1.5.4 鲁棒气动弹性稳定性分析方法

这是21世纪初发展的一种适用于多输入/多输出系统鲁棒稳定性分析的新方法。这种方法是使用鲁棒稳定性框架,把理论气动弹性模型和一系列描述模型误差与不确定性联系起来,以结构奇异值 μ 作为多变量鲁棒稳定性测度,计算稳定性裕度。鲁棒性分析的特点就是增加了一个不确定性算子 Δ,并且要对它有合理的描述。

这种鲁棒气动弹性稳定性分析方法主要用于气动弹性风洞试验、飞行试验中颤振、气动伺服弹性稳定性的预测,通过把理论模型与试验数据的对比和有机融合,可以判定颤振边界和裕度、气动伺服弹性稳定裕度,比传统仅依赖试验数据的阻尼外推等方法更加准确,更加快速,可以大大减少试验次数,缩短试验周期,降低研制成本。同时,结合试验数据的颤振、气动伺服弹性理论分析模型通过不确定性定量化得以准确修正,大幅提高理论分析的精度和可行度,提高飞行器气动弹性设计能力和水平。

μ 方法的主要特点在于,既使用计算模型,也使用飞行数据,综合了二者的优点。飞行数据很容易应用于 μ 方法,用比较飞行数据与解析模型二者的传递函数来确定模型误差,并在这些误差的基础上建立不确定性 Δ。根据模型有效性算法,可使不确定性既能充分反映模型误差,又不过于超出真实的误差。由此,可以通过 μ 方法计算得到最坏情况下的稳定裕度。

μ 方法与 $p-k$ 法或单纯地使用飞行数据进行系统识别的传统方法,有本质的不同。图1-8对比了三种方法。单纯地用计算方法是不容易得到准确结果的;单纯地用飞行数据会存在信号质量问题,将导致失败;μ 方法则综合了二者的优点,用并入飞行数据后的 Δ 来修正模型。因此,用该方法来确定鲁棒稳定裕度,是一种完善的方法。

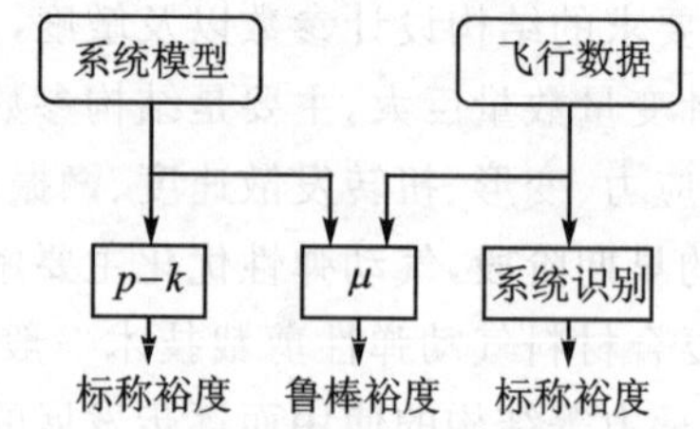

图1-8 μ 方法、传统计算方法及试验方法分析气动弹性稳定裕度流程图

思考题

1.1 飞行器气动弹性设计的任务是什么?在研究的内容中主要关心什么问题?

1.2 利用气动弹性的力三角形来解释气动弹性领域内的分类,并对各种气动弹性现象进行说明。

1.3 简要说明在飞机设计中的气动弹性设计。

1.4 根据自己的理解,考虑气动弹性设计在飞机设计中的新发展。

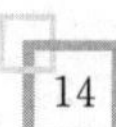

参考文献

[1] Fung Y C. 空气弹性力学引论. 冯钟越,管德,译. 北京:国防工业出版社,1963.

[2] 伏欣 H W. 气动弹性力学原理. 沈克扬,译. 上海:上海科学技术文献出版社,1982.

[3] 道尔 E H,小柯蒂斯 H C,斯坎伦 R H. 气动弹性力学现代教程. 陈文俊,尹传家,译. 北京:宇航出版社,1991.

[4] 诸德超,陈桂彬,邹丛青. 气动弹性力学. 航空工业部教材编审室,1986.

[5] 杨超,陈桂彬,邹丛青. 未来战斗机关键技术——主动柔性机翼. 国际航空,1997(11).

[6] Bisplinghoff R L, Ashley H, Halfman R L. Aeroelasticity. Addison-Wesley Publishing Company, Inc., 1955.

[7] Noll T E. Aeroservoelasticity. AIAA-90-1073,1990.

[8] Taylor R, Pratt R W, Caldwell B C, et al. Improved Design Procedures in Aeroservoelasticity. AIAA-98-4458,1998.

[9] Weisshaar T W. Aeroelasticity-Advances and Future Directions. AIAA-92-2446-CP, 1992.

[10] 杜威 H·霍奇斯,G 阿尔文·皮尔斯. 结构动力学与气动弹性力学导论. 戴玉婷,朱斯岩,译. 北京:北京航空航天大学出版社,2015.

[11] 理查德·布洛克利,史维. 结构技术. 杨超,熊克,齐艳丽,等译. 北京:北京理工大学出版社,2016.

第2章　振动力学基础

振动力学是结构动力学的重要内容，线性系统无阻尼自由振动力学是振动力学的基础。本书后面重点讨论的经典颤振、气动伺服弹性等问题与振动的密切关系，掌握线性系统无阻尼自由振动的基础知识对于理解颤振、分析颤振非常重要，比如线性系统的固有振动频率、模态（振型）、刚度、广义坐标、正交性等知识是开展颤振的建模、分析、计算、试验的基础，也是气动弹性设计的基本功。

振动力学以及结构动力学内容广泛，本章仅涉及与经典颤振密切相关的线性系统无阻尼自由振动力学的基础知识和相关理论，以期对以后各章节的讨论有所帮助。学习振动力学有利于对更多复杂气动弹性问题的深入理解和分析，如有需要，建议读者进一步参考其他振动方面的教材和专著。

2.1　概　述

振动力学的基本内容是讨论系统的激励（系统的输入）、响应（系统的输出）和系统的固有特性三者之间的关系，如图2-1所示。由此可知振动分析的主要工作有如下3方面：

① 已知激励和系统的固有特性，求系统的响应，称为响应分析。

② 已知系统的特性和响应来确定激励，称为载荷识别，或称为振动环境预测。

③ 已知激励和响应来求系统特性，称为系统识别。也可以换一种说法：在一定激励条件下，如何设计系统特性使系统响应满足要求的条件，这就是振动或结构动力学设计。

图2-1　振动分析的固有特性

实际问题往往是复杂的，可能同时包括分析、识别和设计等内容。

可以从不同的角度对振动分类，按照对系统的激励类型分为以下4类：

① 自由振动：系统受初始激励后不再受外界激励的振动。自由振动是其他激励振动类型的基础。

② 受迫振动：系统在外界控制的激励作用下的振动。

③ 自激振动：系统在自身控制的激励作用下的振动，如本书介绍的颤振问题。

④ 参数振动：系统自身参数变化激发的振动。

线性系统是质量不变、弹性力、阻尼力与运动参数成线性关系的系统，其数学描述为线性微分方程。非线性系统是不能简化为线性系统的系统，其数学描述为非线性微分方程。本章仅涉及无阻尼的线性系统振动问题，它可以体现系统的固有振动特性，帮助读者建立起系统的固有振动频率、固有模态（振型）、广义坐标、正交性等概念。

振动分析的重要内容是建立系统的数学模型。表达系统力学特性的数学方程称为系统的数学模型。

当研究一个系统的振动问题时，首先要导出描写系统状态的运动方程，然后再进一步研究

系统运动方程的解的特性。运动方程的推导可从不同的途径，导出不同的形式。当然其最终的结果总是一致的。

动力学的基本原理，可以分为变分的原理与不变分的原理，它们分别又分为积分原理与微分原理。从这些基本原理出发都可以导出系统的运动方程。

在不变分的力学原理中，达朗贝尔原理就是微分原理，而能量守恒原理则是积分原理。在变分的力学原理中，虚位移原理是微分的力学变分原理，而哈密尔顿原理则是积分原理。

达朗贝尔原理可表达如下：只要引入惯性力的概念，每个运动在瞬间都可以看作是平衡的。由此即可应用牛顿定律列出平衡方程。

能量守恒原理可表述如下：在振动过程中，系统的动能与位能之和是常值，或者说系统总能量的变化率为零，用数学式表示为

$$V+T=C \quad 或 \quad \mathrm{d}(V+T)=0$$

式中，T 表示系统的动能，V 表示系统的位能。

虚位移原理的变分含义如下：力学系统的平衡位置和约束所相容的邻近位置不同，其区别在于，只有对平衡位置来说，作用在力学系统上的各主动力在力学系统有任意虚位移时，其所做的虚功之总和才等于零，即

$$\sum_{i=1}^{n} Q_i \delta q_i = 0$$

式中，Q_i 是主动力，δq_i 是虚位移。

应用达朗贝尔原理引入惯性力概念后，运动中的系统可看成是平衡系统，因而虚位移原理仍然适用。

哈密尔顿原理的含义如下：在两个给定的位置状态之间的真实运动与同时间内在两个位置状态间所作的运动学上可能的运动不同，其不同点在于，对真实运动而言，哈密尔顿作用量具有极小值，其变分为零。

如图 2-2 所示，设一个保守系统在空间的位置状态由 t_0 时的 A 变到 t_1 时的 B，由 A 到 B 的真实运动轨迹为曲线 AB，而另一为约束所许可的运动轨迹用虚曲线 AnB 表示，它同样由 t_0 的 A 点出发到 t_1 的 B 点，并设曲线 AnB 与真实曲线 AB 是相邻的。把真实运动的积分 $\int_{t_0}^{t_1} L\,\mathrm{d}t$ 与运动学上允许的运动的积分 $\int_{t_0}^{t_1} L'\,\mathrm{d}t$ 的值相比较，得到

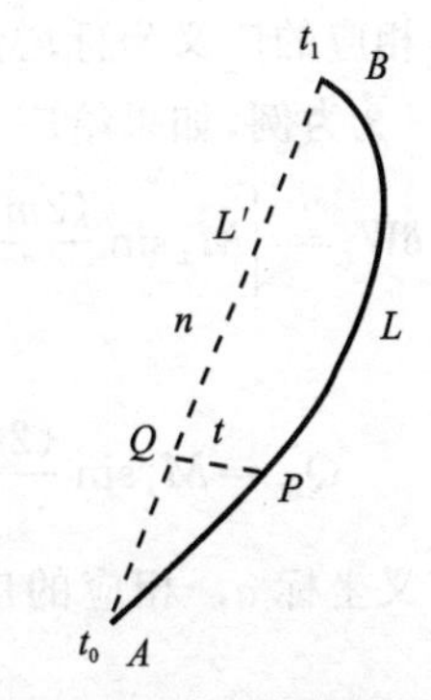

图 2-2　哈密尔顿原理示意图

$$\delta\int_{t_0}^{t_1} L\,\mathrm{d}t = \int_{AnB} L'\,\mathrm{d}t - \int_{AB} L\,\mathrm{d}t = \int_{t_0}^{t_1} \delta L\,\mathrm{d}t$$

式中，$\delta L = L' - L$ 表示在同一瞬时 t 在 AB 上一点 P 的 L 值与对应的 AnB 上 Q 点的 L' 值的差，可以证明

$$\delta\int_{t_0}^{t_1} L\,\mathrm{d}t = 0$$

上式即哈密尔顿原理，积分 $\int_{t_0}^{t_1} L\,\mathrm{d}t$ 则称为哈密尔顿作用量。

从以上讨论可知，推导系统运动方程的方法可以有多种。在工程实践中最广泛使用的是利

用拉格朗日方程方法推导系统运动方程。下面将介绍根据虚位移原理推导出拉格朗日方程。

2.2 拉格朗日方程

目前所研究的系统都属于定态约束的完整系统。拉格朗日方程提供了一种针对离散系统的、除了牛顿法以外的另一种推导方法。利用广义坐标的概念,拉格朗日运动方程不是从平衡的观点出发,而是从系统的能量与功的角度出发来研究它的运动情况。

2.2.1 广义坐标与广义外力

在处理一些力学问题时,往往需要把坐标的概念抽象化,并加以推广,即形成广义坐标。事实上,所谓广义坐标就是任何一组足以描述一个系统位置状态的量或参数。

广义坐标在很多情况下是没有几何意义的,例如在研究一个悬臂机翼的扭转时,要想描述该弹性机翼的扭转,就需要无限多个坐标。这时可以把它的扭角曲线展成三角级数

$$\theta(y)=a_1\sin\frac{\pi y}{2l}+a_2\sin\frac{3\pi y}{2l}+\cdots+a_m\sin\frac{(2m-1)\pi y}{2l}+\cdots$$

显然,只要给出系数 a_1, a_2, …,扭角曲线就完全确定了,因此它们起到了坐标作用,可以取这些系数作为广义坐标,而与这些坐标对应的函数称为位移函数。

广义力是与广义坐标相应的广义外力,它可能有也可能没有物理意义。但如果把广义外力与其相应的广义坐标增量相乘,那么所得到的乘积必定是功。为了说明如何计算广义外力,以图 2-3 为例,如果给广义坐标 a_m 一个增量 δa_m,则全部外力所做的虚功为

$$\delta W_e=\left[M_1\sin\frac{(2m-1)\pi}{2l}y_1+M_2\sin\frac{(2m-1)\pi}{2l}y_2+M_3\sin\frac{(2m-1)\pi}{2l}y_3\right]\delta a_m$$

式中

$$Q_m=M_1\sin\frac{(2m-1)\pi}{2l}y_1+M_2\sin\frac{(2m-1)\pi}{2l}y_2+M_3\sin\frac{(2m-1)\pi}{2l}y_3$$

即与广义坐标 a_m 相应的广义外力。如果作用在机翼上的外力是分布力矩 $t(y)$,则广义外力为

$$Q_m=\int_0^l t(y)\sin\frac{(2m-1)\pi}{2l}y\,\mathrm{d}y$$

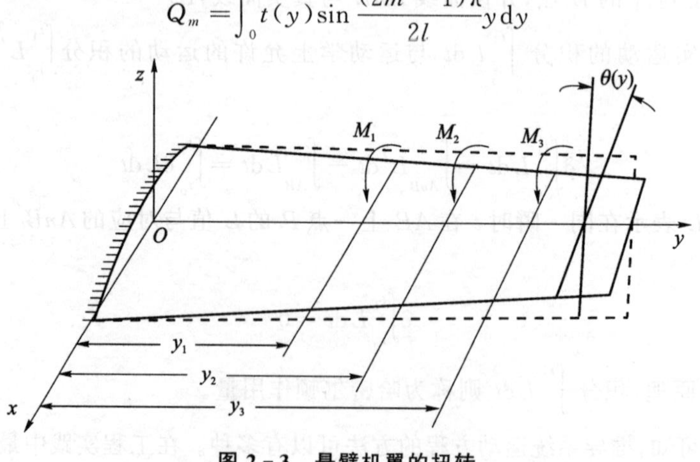

图 2-3 悬臂机翼的扭转

例题　有悬臂机翼受外力 $\boldsymbol{P}=[P_1\ P_2\ P_3]$ 作用，如图 2－4 所示，对应的位移是 $\boldsymbol{y}=[y_1\ y_2\ y_3]$，对应的振型为 $\boldsymbol{A}^{(1)}$，$\boldsymbol{A}^{(2)}$，$\boldsymbol{A}^{(3)}$，求对应于主坐标 $\boldsymbol{\xi}=[\xi_1\ \xi_2\ \xi_3]$ 的广义外力 $\boldsymbol{\Xi}=[\Xi_1\ \Xi_2\ \Xi_3]$。

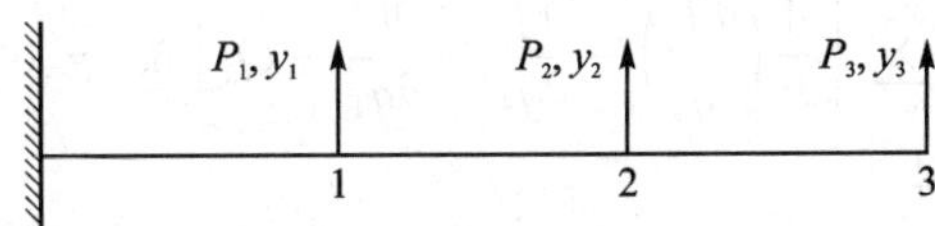

图 2－4　悬臂机翼示意图

解　对于主坐标，线性变换式

$$\boldsymbol{y}=\begin{bmatrix}y_1\\y_2\\y_3\end{bmatrix}=\boldsymbol{A\xi}=[\boldsymbol{A}^{(1)}\quad \boldsymbol{A}^{(2)}\quad \boldsymbol{A}^{(3)}]\,\boldsymbol{\xi}$$

成立，即

$$\delta\boldsymbol{y}^{\mathrm{T}}=\delta\boldsymbol{\xi}^{\mathrm{T}}\boldsymbol{A}^{\mathrm{T}}$$

根据元功不变，有

$$\delta W=\delta\boldsymbol{y}^{\mathrm{T}}\boldsymbol{P}=\delta\boldsymbol{\xi}^{\mathrm{T}}\boldsymbol{\Xi}=\delta\boldsymbol{\xi}^{\mathrm{T}}\boldsymbol{A}^{\mathrm{T}}\boldsymbol{P}$$

因此，广义力为

$$\boldsymbol{\Xi}=\boldsymbol{A}^{\mathrm{T}}\boldsymbol{P}$$

即

$$\boldsymbol{\Xi}_i=[A_1^{(i)}\quad A_2^{(i)}\quad A_3^{(i)}]\begin{bmatrix}\boldsymbol{P}_1\\\boldsymbol{P}_2\\\boldsymbol{P}_3\end{bmatrix}\quad (i=1,2,3)$$

可见对应于第 i 阶主坐标的第 i 个广义力，是第 i 阶主振型和它所对应的力的乘积和。

2.2.2　完整系统的拉格朗日方程

虚功原理可表述如下：一个受到理想约束的系统，其平衡的充分必要条件是，当系统从平衡位置起有任意虚位移时，作用在系统上的全部主动力所做的虚功等于零。达朗贝尔原理引出惯性力的概念，若把惯性力加到主动力上，则任何力系都能得到平衡。利用达朗贝尔原理，虚功原理就可由静力学领域扩展到动力学领域。也就是说，在任何虚位移上，主动力所做的虚功加上惯性力所做的虚功总等于零，并表示为

$$\delta W_{\mathrm{I}}+\delta W_{\mathrm{e}}-\delta U=0\tag{2-1}$$

式中，δW_{I} 为惯性力所做的虚功；δW_{e} 为全部外力所做的虚功；δU 为全部内力所做的虚功，其大小等于应变能 U 的增量 δU，内力方向永远与变形方向相反，故 δU 前面应有负号。

对于一个具有 n 自由度的完整系统，其位置状态用 n 个独立广义坐标 $q_1,q_2,\cdots,q_n$ 描述，现分别计算 δW_{e}，δU 及 δW_{I} 为

$$\delta W_{\mathrm{e}}=\sum_{i=1}^{n}Q_i\delta q_i\tag{2-2}$$

$$\delta U=\sum_{i=1}^{n}\frac{\partial U}{\partial q_i}\delta q_i\tag{2-3}$$

$$\delta W_1 = -\sum_{i=1}^{n}\left[\frac{\mathrm{d}}{\mathrm{d}t}\left(\frac{\partial T}{\partial \dot{q}_i}\right)-\frac{\partial T}{\partial q_i}\right]\delta q_i \tag{2-4}$$

式中,T 是系统的动能。把式(2-2)、式(2-3)和式(2-4)代入式(2-1),得到

$$\sum_{i=1}^{n}\left[\frac{\mathrm{d}}{\mathrm{d}t}\left(\frac{\partial T}{\partial \dot{q}_i}\right)-\frac{\partial T}{\partial q_i}+\frac{\partial U}{\partial q_i}-Q_i\right]\delta q_i = 0 \tag{2-5}$$

δq_i 是任意独立变量,由此得

$$\frac{\mathrm{d}}{\mathrm{d}t}\left(\frac{\partial T}{\partial \dot{q}_i}\right)-\frac{\partial T}{\partial q_i}+\frac{\partial U}{\partial q_i}=Q_i \quad (i=1,2,\cdots,n) \tag{2-6}$$

式(2-6)为完整系统的拉格朗日方程。

拉格朗日方程提供了解决完整系统运动的一种简单而统一的方法。无论采用怎样的坐标,拉格朗日方程的形式总是不变的。这是拉格朗日方程的最大优点。

2.3 多自由度系统的无阻尼自由振动

在实际工程问题中,一个系统往往具有多个自由度,这种系统称为多自由度系统。为简单起见,本节多采用两自由度无阻尼系统来说明它的主要概念。

2.3.1 主振动

以图2-5所示的两自由度系统为例,设有质量均为 m 的两个重块,张线拉平。假设张线张力 S 始终不变,是常量,且无质量。现只研究垂直方向的运动,则每一重块只有一个坐标,分别为 $y_1=Y_1(t)$ 和 $y_2=Y_2(t)$,且都是时间 t 的函数。记 $k=S/l$,则自由振动的微分方程为

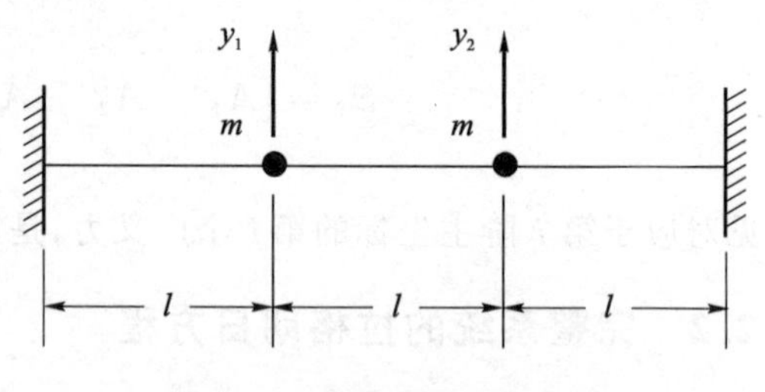

图2-5 两自由度系统示例

$$\left.\begin{aligned} m\ddot{y}_1 + 2ky_1 - ky_2 = 0 \\ m\ddot{y}_2 - ky_1 + 2ky_2 = 0 \end{aligned}\right\} \tag{2-7}$$

这是一组常系数齐次方程,为求解方程,设

$$\left.\begin{aligned} y_1 = A_1\cos(\omega t-\varphi) \\ y_2 = A_2\cos(\omega t-\varphi) \end{aligned}\right\} \tag{2-8}$$

式中,ω,φ,A_1 和 A_2 都是未知常数,代入式(2-7)中消去 $\cos(\omega t-\varphi)$,得

$$\left.\begin{aligned} (2k-m\omega^2)A_1 - kA_2 = 0 \\ -kA_1 + (2k-m\omega^2)A_2 = 0 \end{aligned}\right\} \tag{2-9a}$$

这是未知数 A_1 和 A_2 的齐次代数方程,由这两个方程分别得

$$\frac{A_2}{A_1}=\frac{2k-m\omega^2}{k} \quad 和 \quad \frac{A_2}{A_1}=\frac{k}{2k-m\omega^2} \tag{2-9b}$$

二者必须相等,即

$$\frac{2k-m\omega^2}{k}=\frac{k}{2k-m\omega^2}$$

移项后,得到

$$m^2\omega^4 - 4km\omega^2 + 3k^2 = 0 \tag{2-10}$$

该方程通常称为“频率方程”，在数学上常称为“特征方程”。通常的推导方法是，考虑方程(2-9a)是 A_1 和 A_2 的齐次代数方程，若 A_1 和 A_2 有非零解，则其系数行列式必须等于零，即

$$\begin{vmatrix} 2k - m\omega^2 & -k \\ -k & 2k - m\omega^2 \end{vmatrix} = 0$$

展开行列式即得到特征方程(2-10)。

方程(2-10)是 ω^2 的二次代数方程，很容易求得它的两个根。解得的“特征根”为

$$\omega_1^2 = \frac{k}{m}, \quad \omega_2^2 = \frac{3k}{m}$$

由此解得的简谐振动的频率

$$\omega_1 = \sqrt{k/m}, \quad \omega_2 = \sqrt{3k/m}$$

称为系统的固有频率。

现把求得的特征值 $\omega_1^2 = k/m$ 代入式(2-9b)中的任意一个式子，即能求出比值

$$\frac{A_2}{A_1} = \frac{k}{2k - k} = 1$$

但不是 A_1 和 A_2 的值。

令 $A_1 = Y_{11} = 1$，由上式求得 $A_2 = Y_{21} = 1$，代入式(2-8)中得到方程(2-7)的一个可能的解

$$y_1 = a_1 Y_{11}\cos(\omega_1 t - \varphi_1) = a_1\cos\left(\sqrt{\frac{k}{m}}t - \varphi_1\right)$$

$$y_2 = a_1 Y_{21}\cos(\omega_1 t - \varphi_1) = a_1\cos\left(\sqrt{\frac{k}{m}}t - \varphi_1\right)$$

式中，a_1 和 φ_1 是任意常数。上式表示该系统每个质点可能以相同频率 $\sqrt{k/m}$ 作简谐振动，这种简谐振动称为“主振动”或“固有振动”。$Y_{11} = 1$ 和 $Y_{21} = 1$ 说明两个重块在作主振动时的相对位置，即主振动时的样子，称为“主振型”，如图 2-6(a)所示。

同样，把第 2 个固有频率 $\omega_2 = \sqrt{3k/m}$ 代入式(2-9b)中求得比值

$$\frac{A_2}{A_1} = \frac{2k - m\omega_2^2}{k} = \frac{2k - 3k}{k} = -1 = \frac{Y_{22}}{Y_{12}}$$

取 $Y_{12} = 1$，得 $Y_{22} = -1$，则微分方程(2-7)的另一个可能的解是

$$y_1 = a_2 Y_{12}\cos(\omega_2 t - \varphi_2) = a_2\cos\left(\sqrt{\frac{3k}{m}}t - \varphi_2\right)$$

$$y_2 = a_2 Y_{22}\cos(\omega_2 t - \varphi_2) = -a_2\cos\left(\sqrt{\frac{3k}{m}}t - \varphi_2\right)$$

式中，a_2 和 φ_2 是任意常数，此即为第 2 个主振动，其主振型如图 2-6(b)所示。

把上述两个可能的特解相加，即得到微分方程(2-7)的通解为

$$\left.\begin{aligned} y_1(t) &= a_1 Y_{11}\cos(\omega_1 t - \varphi_1) + a_2 Y_{12}\cos(\omega_2 t - \varphi_2) \\ y_2(t) &= a_1 Y_{21}\cos(\omega_1 t - \varphi_1) + a_2 Y_{22}\cos(\omega_2 t - \varphi_2) \end{aligned}\right\} \tag{2-11}$$

式中，4 个任意常数 a_1，a_2，φ_1 和 φ_2 要根据问题的初始条件决定。

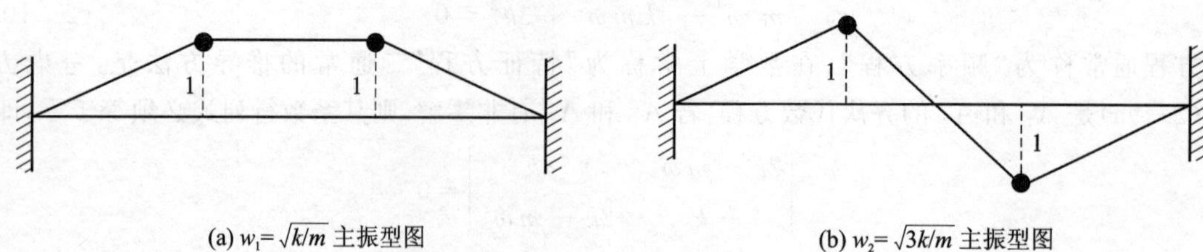

图 2-6　图 2-5 所示系统的主振型图

2.3.2　主坐标和坐标耦合

下面通过一个示例来说明主坐标和坐标耦合的概念。如图 2-7 所示刚硬翼段,取坐标 $h(t)$ 和 $\alpha(t)$,列出其运动方程为

$$m\ddot{h}+m\delta\ddot{\alpha}+k_h h=0$$

$$m\delta\ddot{h}+(I_0+m\delta^2)\ddot{\alpha}+k_\alpha\alpha=0$$

写成矩阵形式

$$\boldsymbol{M}\ddot{\boldsymbol{q}}+\boldsymbol{K}\boldsymbol{q}=\boldsymbol{0} \tag{2-12}$$

式中

$$\boldsymbol{q}=\begin{bmatrix} h \\ \alpha \end{bmatrix},\quad \boldsymbol{M}=\begin{bmatrix} m & m\delta \\ m\delta & I_0+m\delta^2 \end{bmatrix},\quad \boldsymbol{K}=\begin{bmatrix} k_h & \\ & k_\alpha \end{bmatrix}$$

矩阵 $\boldsymbol{M}$ 是由惯性参数组成的矩阵,称为质量矩阵;$\boldsymbol{K}$ 是由系统弹性参数组成的矩阵,称为刚度矩阵。质量矩阵 $\boldsymbol{M}$ 和刚度矩阵 $\boldsymbol{K}$ 都是对称矩阵,对角矩阵中的对角线元素称为主项,非对角线元素称为耦合项。在式(2-12)中,质量矩阵非对角线元素不等于零,说明系统有耦合存在,而刚度矩阵不存在耦合。注意到,系统是否存在耦合,即刚度耦合和惯性耦合是否存在,取决于广义坐标的选择,这种坐标的耦合并非系统的固有特征。

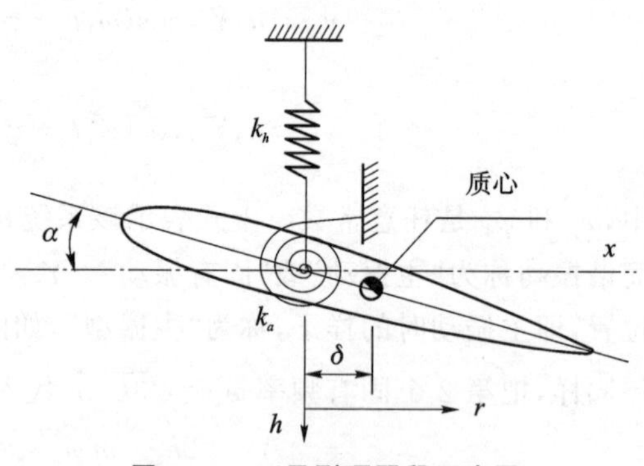

图 2-7　二元刚硬翼段示意图

既然选用不同坐标会出现不同的耦合,那么自然会想到一种新的广义坐标,使得两种耦合都不存在,也就是使运动方程中的质量矩阵和刚度矩阵都成为对角矩阵,从而大大简化运动方程,使其成为一系列单自由度系统的运动方程。这样的坐标称为主坐标。

现在把一般的广义坐标和另一组新的广义坐标之间采用线性变换

$$\boldsymbol{q}=\boldsymbol{A}\boldsymbol{\xi} \tag{2-13}$$

式中

$$\boldsymbol{A}=\begin{bmatrix} A_1^{(1)} & A_1^{(2)} \\ A_2^{(1)} & A_2^{(2)} \end{bmatrix},\quad \boldsymbol{\xi}=\begin{bmatrix} \xi_1 \\ \xi_2 \end{bmatrix}$$

$\boldsymbol{A}$ 是以每一阶主振型作为矩阵的一列而组成的变换矩阵;$\boldsymbol{\xi}$ 是一组新的广义坐标。把式(2-13)代入运动方程(2-12)中,可得出一组用新的广义坐标 $\boldsymbol{\xi}$ 表示的运动方程。经过这

样的变换后，系统运动方程中不含有耦合项，每个方程只含有一个独立变量，这组变量称为系统的主坐标。自然，主坐标也是广义坐标的一种。

主坐标可以定义如下：一个系统的主坐标是这样一种广义坐标，即按它建立的运动方程是相互独立的方程，主坐标的坐标基就是该系统的主振型。为了找到一个系统的主坐标，一般必须先求出该系统的主振型，即先求解系统的运动方程。虽然主坐标对自由振动没有实际意义，但它对求解强迫振动、动力响应和颤振等问题却十分有用。

2.3.3 多自由度无阻尼振动的一般论述

实际的工程结构多是复杂而又连续的，需要把它离散化成多自由度系统。因此，多自由度系统的振动理论及其应用是解决工程振动问题的基础。

考虑一个 n 自由度系统，用 n 个广义坐标 $q_1, q_2, \cdots, q_n$ 来描述其位置状态。

1. 运动方程

为了建立多自由度系统无阻尼振动的运动方程，首先要确定系统的自由度，即确定独立坐标数，以选择合适的变量作为广义坐标。在选择了广义坐标之后，可以采用不同方法来导出系统的运动方程。例如，根据达朗贝尔原理或牛顿运动定律来确定系统的运动方程。也可引入影响系数的概念，从研究系统在惯性力作用下的变形来求得系统的运动方程。还可应用拉格朗日方程建立系统运动方程。下面采用拉格朗日方程的方法来推导运动方程。

采用拉格朗日方程推导运动方程，首先要列写系统应变能及动能。

① 应变能。对于线性系统，应变能等于全部外力所做的功，即

$$U=\frac{1}{2}(Q_1q_1+Q_2q_2+\cdots+Q_nq_n)=\frac{1}{2}\sum_{i=1}^{n}Q_iq_i \tag{2-14}$$

而载荷 Q_i 与位移 q_i 之间的线性关系为

$$Q_i=k_{i1}q_1+k_{i2}q_2+\cdots+k_{in}q_n=\sum_{j=1}^{n}k_{ij}q_j \quad (i=1,2,\cdots,n) \tag{2-15}$$

式中，k_{ij} 称为刚度影响系数。把式(2-15)代入式(2-14)中，得到应变能的一般表达式

$$U=\frac{1}{2}\sum_{i=1}^{n}\sum_{j=1}^{n}k_{ij}q_iq_j \tag{2-16a}$$

写成矩阵形式为

$$U=\frac{1}{2}\boldsymbol{qKq} \tag{2-16b}$$

② 动能。动能可以表示为广义速度的二次齐次函数，即

$$T=\frac{1}{2}\sum_{i=1}^{n}\sum_{j=1}^{n}m_{ij}\dot{q}_i\dot{q}_j \tag{2-17a}$$

写成矩阵形式，即

$$T=\frac{1}{2}\dot{\boldsymbol{q}}\boldsymbol{M}\dot{\boldsymbol{q}} \tag{2-17b}$$

将系统的应变能及动能代入拉格朗日方程，可导出系统无阻尼自由振动的运动方程

$$\left.\begin{aligned}m_{11}\ddot{q}_1+m_{12}\ddot{q}_2+\cdots+m_{1n}\ddot{q}_n+k_{11}q_1+k_{12}q_2+\cdots+k_{1n}q_n=0\\m_{21}\ddot{q}_1+m_{22}\ddot{q}_2+\cdots+m_{2n}\ddot{q}_n+k_{21}q_1+k_{22}q_2+\cdots+k_{2n}q_n=0\\\vdots\qquad\qquad\\m_{n1}\ddot{q}_1+m_{n2}\ddot{q}_2+\cdots+m_{nn}\ddot{q}_n+k_{n1}q_1+k_{n2}q_2+\cdots+k_{nn}q_n=0\end{aligned}\right\}\tag{2-18a}$$

写成矩阵形式,即

$$\boldsymbol{M}\ddot{\boldsymbol{q}}+\boldsymbol{K}\boldsymbol{q}=\boldsymbol{0}\tag{2-18b}$$

2. 特征方程、特征根与特征向量

微分方程(2-18a)是一组线性常系数微分方程,其通解具有形式

$$q_i=A_i\mathrm{e}^{\lambda t}\quad(i=1,2,\cdots,n)\tag{2-19}$$

将式(2-19)代入式(2-18a),消去 $\mathrm{e}^{\lambda t}$,得到

$$\left.\begin{aligned}(m_{11}\lambda^2+k_{11})A_1+(m_{12}\lambda^2+k_{12})A_2+\cdots+(m_{1n}\lambda^2+k_{1n})A_n=0\\(m_{21}\lambda^2+k_{21})A_1+(m_{22}\lambda^2+k_{22})A_2+\cdots+(m_{2n}\lambda^2+k_{2n})A_n=0\\\vdots\qquad\qquad\\(m_{n1}\lambda^2+k_{n1})A_1+(m_{n2}\lambda^2+k_{n2})A_2+\cdots+(m_{nn}\lambda^2+k_{nn})A_n=0\end{aligned}\right\}\tag{2-20}$$

式(2-20)规定了当系统振动时为了满足平衡条件,A_1,A_2,…,A_n 与 λ 相互之间必须满足的关系。A_1,A_2,…,A_n 不同时为零的条件是式(2-20)的系数行列式 $\Delta(\lambda^2)$ 为零,即

$$\Delta(\lambda^2)=\begin{vmatrix}m_{11}\lambda^2+k_{11} & m_{12}\lambda^2+k_{12} & \cdots & m_{1n}\lambda^2+k_{1n}\\m_{21}\lambda^2+k_{21} & m_{22}\lambda^2+k_{22} & \cdots & m_{2n}\lambda^2+k_{2n}\\\vdots & \vdots & & \vdots\\m_{n1}\lambda^2+k_{n1} & m_{n2}\lambda^2+k_{n2} & \cdots & m_{nn}\lambda^2+k_{nn}\end{vmatrix}=0\tag{2-21}$$

方程(2-21)称为方程(2-18)的特征方程。展开式(2-21)得到 λ^2 的 n 次方程,故可以求得 λ^2 的 n 个根,即特征值,设用 $\lambda_1^2,\lambda_2^2,\cdots,\lambda_n^2$ 来表示。对应每一个特征值 λ_i^2,系数 A_1,A_2,…,A_n 之间应当满足一定的比例关系,设以 $A_1^{(i)}$,$A_2^{(i)}$,…,$A_n^{(i)}$ 来表示,这种比例关系可由式(2-20)求得,即

$$\frac{A_1^{(i)}}{\Delta_{1n}(\lambda_i^2)}=\frac{A_2^{(i)}}{\Delta_{2n}(\lambda_i^2)}=\cdots=\frac{A_n^{(i)}}{\Delta_{nn}(\lambda_i^2)}=A^{(i)}\quad(i=1,2,\cdots,n)\tag{2-22}$$

式中,Δ_{in} 为式(2-21)去掉 i 行 n 列的子行列式,其符号由 $(-1)^{i+n}$ 决定。$A^{(i)}$ 是任意常数,由初始条件确定。可以证明 λ^2 的根必定是负的实数,设

$$\lambda^2=-\omega^2\tag{2-23}$$

ω^2 将有 n 个根,可由公式

$$\Delta(\omega^2)=\begin{vmatrix}k_{11}-m_{11}\omega^2 & k_{12}-m_{12}\omega^2 & \cdots & k_{1n}-m_{1n}\omega^2\\k_{21}-m_{21}\omega^2 & k_{22}-m_{22}\omega^2 & \cdots & k_{2n}-m_{2n}\omega^2\\\vdots & \vdots & & \vdots\\k_{n1}-m_{n1}\omega^2 & k_{n2}-m_{n2}\omega^2 & \cdots & k_{nn}-m_{nn}\omega^2\end{vmatrix}=0\tag{2-24}$$

求得。通解式(2-19)可最终表示为

$$\begin{aligned}q_i=&B_i^{(1)}q_0^{(1)}\cos(\omega_1t+\varphi_1)+B_i^{(2)}q_0^{(2)}\cos(\omega_2t+\varphi_2)+\cdots+\\&B_i^{(n)}q_0^{(n)}\cos(\omega_nt+\varphi_n)\quad(i=1,2,\cdots,n)\end{aligned}\tag{2-25}$$

式(2-25)中的 $B_i^{(n)}$ 即是式(2-22)中的 $\Delta_{in}(\lambda_i^2)$，而 $q_0^{(i)}$ 与 φ_i 是两个待定常数。其中每一项都代表一个简谐运动，其频率为 $\omega_1,\omega_2,\cdots,\omega_n$。对应每一个频率 ω_i，各广义坐标的大小在变化过程中始终保持一定的比例关系和相位关系。也就是说，系统各点将以同一频率及相位关系进行振动，而各点的振幅保持一定的比例关系。

ω_i 称为系统的固有频率，由系统的固有特性决定，通常按大小次序排列。此外，与固有频率相对应的固有振型(也称固有形态或固有模态)也完全由系统特性决定。固有振型规定了各点振幅的相对大小。

式(2-25)表明系统的一般运动总是由 n 个固有振型叠加而成。虽然固有振型都是简谐运动，但是因初始条件的不同，它们的综合运动可能是很复杂的。

3. 正交条件、广义质量及广义刚度

在分析 n 自由度系统振动时，如果选择一般的广义坐标，那么在这组广义坐标之间总会存在弹性耦合或惯性耦合。但也可以选择一组特殊的广义坐标，使这些坐标之间不存在惯性耦合和弹性耦合，由此得到一组相互独立的微分方程。这种特殊的广义坐标称为主坐标。事实上，如果已经求出了系统的固有振型，那么也就可以写出主坐标来。设 $q_1, q_2, \cdots, q_n$ 为任意选择的广义坐标，对这些广义坐标已经求出了系统的各个固有形态 $B_1^{(i)}:B_2^{(i)}:\cdots:B_n^{(i)}$ $(i=1,2,\cdots,n)$。设主坐标为 $\xi_1,\xi_2,\cdots,\xi_n$，它们与 $q_1, q_2, \cdots, q_n$ 之间的转换关系为

$$q_i=B_i^{(1)}\xi_1+B_i^{(2)}\xi_2+\cdots+B_i^{(n)}\xi_n \quad (i=1,2,\cdots,n) \tag{2-26a}$$

矩阵形式为

$$\boldsymbol{q}=\boldsymbol{B\xi} \tag{2-26b}$$

式中

$$\boldsymbol{B}=\begin{bmatrix} B_1^{(1)} & B_1^{(2)} & \cdots & B_1^{(n)} \\ B_2^{(1)} & B_2^{(2)} & \cdots & B_2^{(n)} \\ \vdots & \vdots & & \vdots \\ B_n^{(1)} & B_n^{(2)} & \cdots & B_n^{(n)} \end{bmatrix}$$

以下证明经过这种选择的坐标 $\xi_i(i=1,2,\cdots,n)$ 之间将不存在惯性耦合和弹性耦合。现任取两个坐标 ξ_r 与 ξ_s，它们所描述的系统位置状态分别对应于第 r 次及第 s 次固有形态。当系统进行主振动时，必然满足平衡条件，则有

$$\boldsymbol{M}\ddot{\boldsymbol{q}}^{(r)}+\boldsymbol{K}\boldsymbol{q}^{(r)}=\boldsymbol{0}$$

由于

$$\boldsymbol{q}^{(r)}=\boldsymbol{B}^{(r)}\xi_r$$

$$\ddot{\boldsymbol{q}}^{(r)}=-\omega_r^2\boldsymbol{B}^{(r)}\xi_r$$

故

$$\boldsymbol{KB}^{(r)}-\omega_r^2\boldsymbol{MB}^{(r)}=\boldsymbol{0} \tag{2-27}$$

同理可得

$$\boldsymbol{KB}^{(s)}-\omega_s^2\boldsymbol{MB}^{(s)}=\boldsymbol{0} \tag{2-28}$$

式(2-27)等号左边乘以行矩阵 $\boldsymbol{B}^{(s)}$，式(2-28)等号左边乘以行矩阵 $\boldsymbol{B}^{(r)}$，得到

$$\boldsymbol{B}^{(s)}\boldsymbol{KB}^{(r)}-\omega_r^2\boldsymbol{B}^{(s)}\boldsymbol{MB}^{(r)}=\boldsymbol{0} \tag{2-29}$$

$$\boldsymbol{B}^{(r)}\boldsymbol{KB}^{(s)}-\omega_s^2\boldsymbol{B}^{(r)}\boldsymbol{MB}^{(s)}=\boldsymbol{0} \tag{2-30}$$

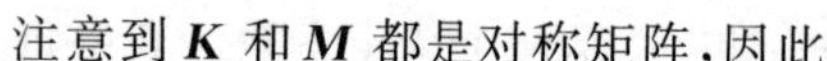

注意到 $\boldsymbol{K}$ 和 $\boldsymbol{M}$ 都是对称矩阵,因此

$$\boldsymbol{B}^{(s)}\boldsymbol{K}\boldsymbol{B}^{(r)}=\boldsymbol{B}^{(r)}\boldsymbol{K}\boldsymbol{B}^{(s)} \tag{2-31}$$

$$\boldsymbol{B}^{(s)}\boldsymbol{M}\boldsymbol{B}^{(r)}=\boldsymbol{B}^{(r)}\boldsymbol{M}\boldsymbol{B}^{(s)} \tag{2-32}$$

把式(2-31)和式(2-32)代入式(2-29),然后与式(2-30)相减,得到

$$(\omega_s^2-\omega_r^2)\boldsymbol{B}^{(r)}\boldsymbol{M}\boldsymbol{B}^{(s)}=\boldsymbol{0} \tag{2-33}$$

由于 $\omega_s\neq\omega_r$,故

$$\boldsymbol{B}^{(r)}\boldsymbol{M}\boldsymbol{B}^{(s)}=\boldsymbol{0} \tag{2-34a}$$

再将式(2-34a)代入式(2-30),又得到

$$\boldsymbol{B}^{(r)}\boldsymbol{K}\boldsymbol{B}^{(s)}=\boldsymbol{0} \tag{2-34b}$$

式(2-34)所示的关系式即是固有振型的正交性。它的物理意义可阐述如下:实际上 $\boldsymbol{M}\boldsymbol{B}^{(s)}$ 与 $\boldsymbol{K}\boldsymbol{B}^{(s)}$ 分别代表了系统作 s 阶主振动时产生的惯性力及弹性力的分布规律,而 $\boldsymbol{B}^{(r)}\boldsymbol{M}\boldsymbol{B}^{(s)}$ 与 $\boldsymbol{B}^{(r)}\boldsymbol{K}\boldsymbol{B}^{(s)}$ 则分别代表了这些力对于第 r 次主振动形态的广义力。正交条件指出了此广义力都等于零,即意味着在系统两次不同的主振动之间不存在惯性耦合和弹性耦合作用,没有能量转换关系,因此它们都是独立进行的。

采用主坐标来描述系统的位置状态,就可利用式(2-27)的正交条件。系统的动能可写为

$$T=\frac{1}{2}\dot{\boldsymbol{q}}\boldsymbol{M}\dot{\boldsymbol{q}}=\frac{1}{2}\dot{\boldsymbol{\xi}}\boldsymbol{B}'\boldsymbol{M}\boldsymbol{B}\dot{\boldsymbol{\xi}}=\frac{1}{2}\dot{\boldsymbol{\xi}}\overline{\boldsymbol{M}}\dot{\boldsymbol{\xi}} \tag{2-35}$$

或

$$T=\frac{1}{2}(m^{(1)}\dot{\xi}_1^2+m^{(2)}\dot{\xi}_2^2+\cdots+m^{(n)}\dot{\xi}_n^2)$$

式中,$m^{(i)}=\boldsymbol{B}^{(i)}\boldsymbol{M}\boldsymbol{B}^{(i)}(i=1,2,\cdots,n)$称为系统对应于主坐标 ξ_i 的广义质量。$\overline{\boldsymbol{M}}$ 是由 $m^{(i)}$ $(i=1,2,\cdots,n)$等组成的对角矩阵。系统的应变能可表示为

$$U=\frac{1}{2}\boldsymbol{\xi}\overline{\boldsymbol{K}}\boldsymbol{\xi}=\frac{1}{2}(k^{(1)}\xi_1^2+k^{(2)}\xi_2^2+\cdots+k^{(n)}\xi_n^2) \tag{2-36}$$

式中,$k^{(i)}=\boldsymbol{B}^{(i)}\boldsymbol{K}\boldsymbol{B}^{(i)}(i=1,2,\cdots,n)$称为系统对应于主坐标的广义刚度。$\overline{\boldsymbol{K}}$ 是由 $k^{(i)}(i=1,2,\cdots,n)$组成的对角矩阵。把式(2-35)的动能及式(2-36)的应变能代入拉格朗日方程,即可得到 n 个独立的二阶常系数微分方程

$$m^{(i)}\ddot{\xi}_i+k^{(i)}\xi_i=0\quad(i=1,2,\cdots,n) \tag{2-37}$$

在有外力作用时,要先对主坐标 ξ_i 求出相应的广义外力 Ξ_i,Ξ_i 与原有的 Q_i 之间的转换关系为

$$\boldsymbol{\Xi}\boldsymbol{\xi}=W=\boldsymbol{Q}\boldsymbol{q}=\boldsymbol{Q}\boldsymbol{B}\boldsymbol{\xi}$$

式中

$$\boldsymbol{\Xi}=\boldsymbol{Q}\boldsymbol{B}$$

相应的运动方程为

$$m^{(i)}\ddot{\xi}_i+k^{(i)}\xi_i=\Xi_i\quad(i=1,2,\cdots,n) \tag{2-38}$$

由式(2-38)可见,采用主坐标的最大优点是可将 n 个自由度的系统分解为 n 个彼此独立的单自由度系统来处理,从而避免在整个分析过程中研究一组联立方程。

总结以上论述,可得到如下结论:

① 无阻尼的单自由度系统的自由振动总是简谐振动。但多自由度系统,在一般的初始条

件下是不规则的运动。只有在特定的初始条件下，无阻尼多自由度系统才可能作简谐的自由振动。这种可能的简谐振动称为“主振动”或“固有振动”，其频率称为“固有频率”。通常把这些频率按大小排列，称为第一阶频率、第二阶频率等。

② 作主振动时，系统各点都以同一频率振动，各点位移也保持一定的比例关系，这种比例关系说明了系统在主振动时的形态，称为主振型或“主振动模态”。如果各点的简谐振动用旋转向量表示，则各向量之间的相位差只是 0°(同相位)或 180°(反相位)。

③ 多自由度系统的一般自由振动是所有主振动叠加而成的。

④ 固有频率和模态是系统固有的本性。

4. 受迫振动

在系统上加一组和谐的干扰力，系统将产生受迫振动。同样，也可由拉格朗日方程导出受迫振动的运动方程。

设一个 n 自由度的系统，受到一组与坐标 $\boldsymbol{q}=[q_1\ q_2\cdots\ q_n]$ 相对应的外力 $\boldsymbol{Y}$，则对应主坐标 $\boldsymbol{\xi}=[\xi_1\ \xi_2\cdots\ \xi_n]$ 的广义外力 $\boldsymbol{\Xi}=[\Xi_1\ \Xi_2\cdots\ \Xi_n]$ 可由元功不变量求得，即 $\boldsymbol{\Xi}=\boldsymbol{A}^{\mathrm{T}}\boldsymbol{Y}$。

设简谐干扰力

$$\boldsymbol{Y}=\boldsymbol{P}\mathrm{e}^{ipt}$$

则有

$$\boldsymbol{\Xi}=\boldsymbol{A}^{\mathrm{T}}\boldsymbol{P}\mathrm{e}^{ipt}$$

由此得到受迫无阻尼振动的运动方程为

$$\boldsymbol{m}\ddot{\boldsymbol{\xi}}+\boldsymbol{k}\boldsymbol{\xi}=\boldsymbol{A}^{\mathrm{T}}\boldsymbol{P}\mathrm{e}^{ipt}$$

这是一组没有耦合项的方程组。可见，只要引用了主坐标的概念，受迫振动的方程也大为简化，只要算出对应于主坐标的广义质量 $m^{(i)}$、广义刚度 $k^{(i)}$ 和广义外力 Ξ_i，系统就可按单自由度系统的方法处理。因此，第 i 个主坐标对简谐外力的稳态响应为

$$\xi_i=\frac{\boldsymbol{A}^{(i)}\boldsymbol{P}\cos pt}{k^{(i)}\left[1-\left(\dfrac{p}{\omega_i}\right)^2\right]}$$

把上式再代回坐标线性变换式 $\boldsymbol{q}=\boldsymbol{A}\boldsymbol{\xi}$ 中，得到用坐标 $\boldsymbol{q}$ 表示的稳态响应为

$$q_j=\sum_{i=1}^{n}\frac{\boldsymbol{A}^{(i)\mathrm{T}}\boldsymbol{P}\cos pt}{k^{(i)}\left[1-\left(\dfrac{p}{\omega_i}\right)^2\right]}A_j^{(i)}\quad(j=1,2,\cdots,n)$$

由此可见，系统的稳态响应总是由 n 个主振型的和谐运动叠加而成的。当外加干扰力的频率 p 趋近于系统某一个固有频率 ω_i 时，由上式可见，此时将使对应的 ξ_i 急剧增大，这就出现了共振现象，而其他坐标对应的振幅可忽略不计。可以认为系统的稳态响应完全取决于上式的第 i 项，于是得

$$q_j\approx\frac{\boldsymbol{A}^{(i)\mathrm{T}}\boldsymbol{P}\cos pt}{k^{(i)}\left[1-\left(\dfrac{p}{\omega_i}\right)^2\right]}A_j^{(i)}\quad(j=1,2,\cdots,n)$$

此式表明，当外加干扰力频率 p 趋近于 i 阶固有频率 ω_i 时，系统的振幅分布趋近于第 i 阶主振型 $A^{(i)}$。

2.4 弹性体的无阻尼自由振动

本节讨论弹性体的无阻尼自由振动包含等剖面梁的扭转振动和等剖面梁的弯曲振动等。

许多典型的航空结构都具有梁的特性。事实上,大展弦比机翼和直升机旋翼都可以理想化为梁的模型。对于小展弦比机翼采用平板模型更接近实际情况。

2.4.1 等剖面梁的自由扭转振动

为讨论梁的无阻尼自由扭转振动问题,首先建立与梁弹性轴一致的坐标轴。

1. 运动方程

设轴的扭角为 $\theta(y,t)$,由材料力学可知

$$\frac{\partial\theta}{\partial x}=\frac{T}{GJ} \tag{2-39}$$

式中,T 是梁剖面上的扭转力,GJ 是轴的扭转刚度。

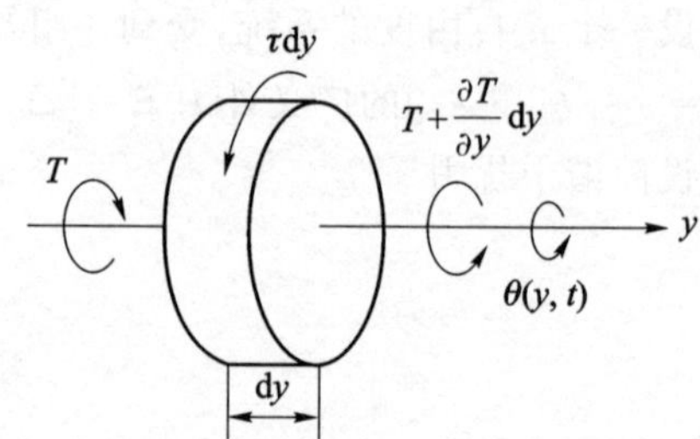

图 2-8 受扭转作用的梁微元

由图 2-8 所示的微段平衡,有

$$\frac{\partial T}{\partial y}+\tau=0 \tag{2-40}$$

式中,τ 是每单位长度上的外扭矩。将式(2-39)与式(2-40)两式合并,即有

$$\frac{\partial}{\partial y}\left(GJ\,\frac{\partial\theta}{\partial y}\right)+\tau=0 \tag{2-41}$$

在自由振动时,τ 就是惯性力矩,有

$$\tau=-I(y)\,\frac{\partial^2\theta}{\partial t^2} \tag{2-42}$$

式中,$I(y)$代表单位长度梁对扭转轴的转动惯量。把式(2-42)代入式(2-41),就得到自由振动方程

$$\frac{\partial}{\partial y}\left(GJ\,\frac{\partial\theta}{\partial y}\right)-I(y)\,\frac{\partial^2\theta}{\partial t^2}=0 \tag{2-43}$$

为了得到梁的振动特性,这里采用分离变量法,即设 $\theta(y,t)$是由一个坐标 y 的函数 $\Theta(y)$和一个时间 t 的函数 $T(t)$二者的乘积组成的,即

$$\theta(y,t)=\Theta(y)T(t) \tag{2-44}$$

将式(2-44)代入式(2-43),得到

$$\frac{\partial}{\partial y}\left[GJ\,\frac{\partial\Theta(y)}{\partial y}\right]T(t)-I(y)\Theta(y)\,\frac{\partial^2 T(t)}{\partial t^2}=0$$

两端同除以 $I(y)\Theta(y)$,并移项,得到

$$\frac{\dfrac{\partial}{\partial y}\left[GJ\,\dfrac{\partial\Theta(y)}{\partial y}\right]}{I(y)\Theta(y)}=\frac{\dfrac{\partial^2 T(t)}{\partial t^2}}{T(t)}$$

由于 $\Theta(y)$与 $T(t)$是两个彼此独立的函数,上式若成立,则等式两边的结果必定为一常数,设

用 $-\omega^2$ 表示，则可得到两个微分方程

$$[GJ\Theta'(y)]' + \omega^2 I(y)\Theta(y) = 0 \tag{2-45a}$$

$$\ddot{T}(t) + \omega^2 T(t) = 0 \tag{2-45b}$$

由式(2-45b)可得到

$$T(t) = \overline{A}\cos\omega t + \overline{B}\sin\omega t \tag{2-46}$$

式中，$\overline{A}$ 和 $\overline{B}$ 为积分常数。函数 $T(t)$ 代表扭角 θ 随时间的变化规律，则 ω 显然代表了梁扭转振动的圆周频率。从物理上看，在无阻尼的自由振动中，既没有能量的输入，也没有能量的散逸，ω^2 为一正实数是必然结果。另外从数学上分析，若 ω^2 不为正实数，就得不到既满足边界条件又不恒等于零的结果。对于均匀梁的情况，$I(y)/GJ$ 为一常数，设用 $1/a^2$ 表示，则式(2-45a)可写为

$$\Theta''(y) + \left(\frac{\omega}{a}\right)^2 \Theta(y) = 0$$

由此

$$\Theta(y) = C_1 \sin\left(\frac{\omega}{a}\right) y + C_2 \cos\left(\frac{\omega}{a}\right) y \tag{2-47}$$

式中，C_1 和 C_2 均为积分常数。

注意：运动平衡微分方程(2-43)是根据梁自由体列出的，并没有反映端部条件所提出的特殊关系，即边界条件。

2. 边界条件

梁在运动时，除了满足所必须遵循的规律外，还要满足边界条件。为了进一步确定梁的振动情况，应该研究边界条件，并由此确定积分常数及未知数 ω 之间的关系。

(1) 固支端

如图 2-9 所示，此时固支端不会有由扭转引起的扭转变形，它的边界条件是

$$\theta(0,t) = 0 = \Theta(0)T(t)$$

若要该式恒成立，则有

$$\Theta(0) = 0$$

(2) 自由端

如图 2-10 所示，作用在梁上的外载荷为零，对于均匀梁，有

$$\frac{\partial\theta}{\partial x}(0,t) = \Theta'(y)T(t) = 0$$

则

$$\Theta'(y) = 0$$

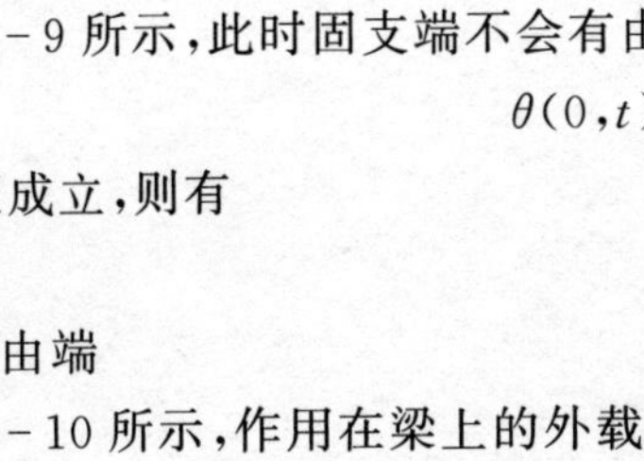

y=0

图 2-9　一端固支梁

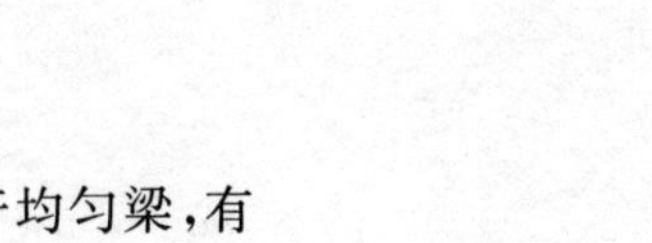

y=0

图 2-10　一端自由梁

(3) 弹性支持

如图2-11所示,弹性约束可以看作在梁的一端连接有一个线性扭转弹簧。由于两端是有限变形,由作用力和反作用力关系可知,梁端扭转与弹簧反作用力的大小相等,方向相反,有

$$GJ\Theta'(l)T(t) = -k\Theta(l)T(t)$$

式中,k 是弹簧系数,并有

$$GJ\Theta'(l) = -k\Theta(l)$$

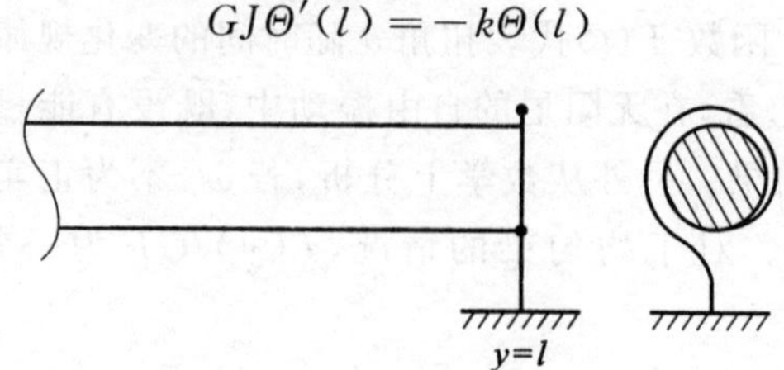

图2-11 一端弹性约束的梁

3. 一端固支一端自由梁的振动举例

为了描述这种边界条件,假定梁在 $y=0$ 处固支,在 $y=l$ 处自由,则边界条件可表示为

$$\Theta(0) = \Theta'(l) = 0$$

把这个条件应用到式(2-47)中,得到

$$C_2 = 0$$

及

$$\frac{\omega}{a}C_1\cos\left(\frac{\omega}{a}\right)l = 0$$

显然,ω 或 C_1 不可能为零,因为这是表示梁处于静止状态的条件,于是

$$\cos\left(\frac{\omega}{a}\right)l = 0$$

即

$$\frac{\omega}{a}l = \frac{n}{2}\pi$$

或

$$\omega = \frac{na}{2l}\pi = \frac{n\pi}{2l}\sqrt{\frac{GJ}{I}} \quad (n=1,3,5,\cdots,\infty) \tag{2-48a}$$

于是

$$\Theta(y) = C_1\sin\left(\frac{ny}{2l}\right)\pi \quad (n=1,3,5,\cdots,\infty) \tag{2-48b}$$

式(2-48)指出了均匀悬臂梁自由扭转振动所必须遵循的特殊规律。这种扭角分布规律称为固有振型,其相应的频率称为固有频率。频率及相应的振型数目可以有无穷多个,按频率值自小到大排序,并分别称为第一阶固有振动频率及振型,第二阶固有振动频率及振型……图2-12展示了均匀梁自由扭转振动的前三阶固有振型。

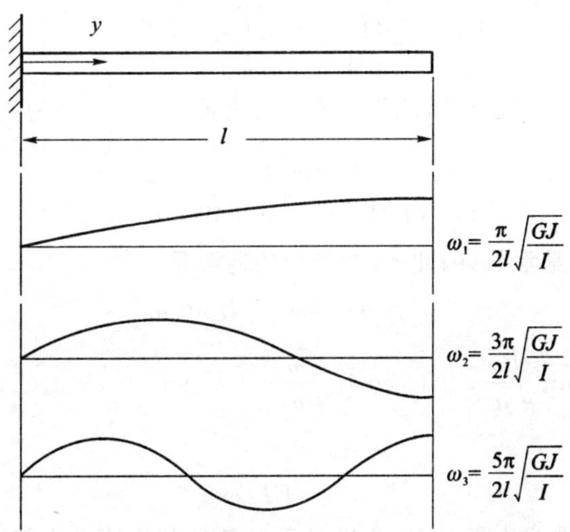

图 2-12　均匀梁自由扭转振动的前三阶固有振型

2.4.2　等剖面梁的自由弯曲振动

梁的横向弯曲无阻尼自由振动通常称为横向振动。它和梁的扭转振动具有不同的数学形式，但求解方法和物理运动特征是相似的。

1. 运动方程

图 2-13 所示为从梁上取下来的自由体，并画出了当自由振动时作用在自由体上的力及弯矩。这时自由振动的平衡方程为

$$\frac{\partial Q}{\partial y}-m\frac{\partial^2 w}{\partial t^2}=0 \tag{2-49}$$

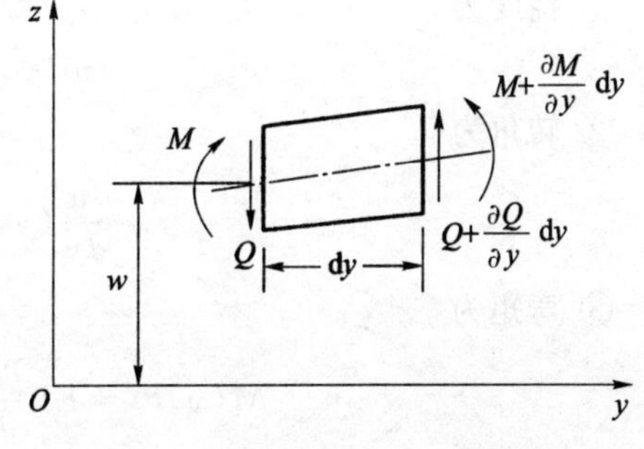

图 2-13　自由体上的力和力矩

式中，Q 代表剪力，m 代表线质量，w 代表挠度。由于

$$Q=-\frac{\partial M}{\partial y}$$

当略去剪切变形对挠度的影响时，有

$$M=EI\frac{\partial^2 w}{\partial y^2}$$

式中，M 代表弯矩，EI 代表梁的抗弯刚度。因此，将以上结果代入式(2-49)，得到以挠度 w 表示的运动平衡方程

$$\frac{\partial^2}{\partial y^2}\left(EI\frac{\partial^2 w}{\partial y^2}\right)+m\frac{\partial^2 w}{\partial t^2}=0 \tag{2-50}$$

用分离变量法求解式(2-50)，设

$$w(y,t)=W(y)T(t)$$

代入式(2-50)并除以 $W(y)T(t)$，移项后，得到

$$\frac{(EIW'')''}{W}=\frac{\ddot{T}}{T}=\omega^2$$

式中,ω^2 是一未知常数,同样也可以证明当梁作自由振动时,ω^2 必为一正实数,展开上式得到

$$\ddot{T}+\omega^2 T=0 \tag{2-51a}$$

$$(EIW'')''-m\omega^2 W=0 \tag{2-51b}$$

对于均匀梁,EI 与 m 都是常数,因此式(2-51)的通解是

$$T=\bar{A}\cos\omega t+\bar{B}\sin\omega t \tag{2-52a}$$

$$W=C_1\sinh\sqrt{\frac{\omega}{a}}y+C_2\cosh\sqrt{\frac{\omega}{a}}y+C_3\sin\sqrt{\frac{\omega}{a}}y+C_4\cos\sqrt{\frac{\omega}{a}}y \tag{2-52b}$$

式中

$$a^2=EI/m$$

上式规定了均匀梁作弯曲自由振动时,为满足平衡条件其挠度分布情况所必须遵循的一般规律,其中 ω 代表振动的圆周频率,并与积分常数 C_1,C_2,C_3 及 C_4 一起均可是任意的,它们可由边界条件及初始条件决定。

2. 边界条件

边界条件规定了具体梁作自由弯曲振动时频率及振型所必须遵循的特殊规律。提供梁两端的边界条件是必要的。边界条件可以是梁的挠度及其偏微分的线性齐次关系,它可以呈现以下四种实际状态:

① 挠度为

$$w(y,t)=W(y)T(t)$$

② 转角为

$$\frac{\partial w}{\partial y}(y,t)=W'(y)T(t)$$

③ 弯矩为

$$M(y,t)=EI\,\frac{\partial^2 w}{\partial y^2}(y,t)=EIW''(y)T(t)$$

④ 剪力为

$$Q(y,t)=EI\,\frac{\partial^3 w}{\partial y^3}(y,t)=EIW'''(y)T(t)$$

作用于梁两端最常见的边界条件如下:

① 简支梁。零挠度、零弯矩,即

$$w(0,t)=0 \quad 即 \quad W(0)=0$$

$$M(0,t)=0 \quad 即 \quad W''(0)=0$$

② 固支端。零挠度、零转角,即

$$w(0,t)=0 \quad 即 \quad W(0)=0$$

$$\frac{\partial w(0,t)}{\partial x}=0 \quad 即 \quad W''(0)=0$$

③ 自由端。零弯矩、零剪力,即

$$\frac{\partial^2 w(0,t)}{\partial y^2}=0 \quad 即 \quad W''(0)=0$$

$$\frac{\partial^3 w(0,t)}{\partial y^3}=0 \quad 即 \quad W'''(0)=0$$

边界条件还可以来自弹性或惯性条件约束作用。

3. 固支——自由梁求解实例

对于悬臂梁的边界条件可写为

固支端处　　$y=0$，　$W(0)=W'(0)=0$　（即位移与转角为零）

自由端处　　$y=l$，　$W''(l)=W'''(l)=0$　（即弯矩与剪力为零）

把上述固支端边界条件施加到式(2-52b)上去，得到

$$0=C_2+C_4, \quad 即 \quad C_2=-C_4$$

$$0=\sqrt{\frac{\omega}{a}}C_1+\sqrt{\frac{\omega}{a}}C_3, \quad 即 \quad C_1=-C_3$$

则式(2-52b)可改写为

$$W(y)=C_1\left(\sinh\sqrt{\frac{\omega}{a}}y-\sin\sqrt{\frac{\omega}{a}}y\right)+C_2\left(\cosh\sqrt{\frac{\omega}{a}}y-\cos\sqrt{\frac{\omega}{a}}y\right)$$

再把上述自由端边界条件施加于上式，得到

$$0=\left(\frac{\omega}{a}\right)C_1\left(\sinh\sqrt{\frac{\omega}{a}}l+\sin\sqrt{\frac{\omega}{a}}l\right)+\left(\frac{\omega}{a}\right)C_2\left(\cosh\sqrt{\frac{\omega}{a}}l+\cos\sqrt{\frac{\omega}{a}}l\right)$$

及

$$0=\sqrt{\left(\frac{\omega}{a}\right)^3}C_1\left(\cosh\sqrt{\frac{\omega}{a}}l+\cos\sqrt{\frac{\omega}{a}}l\right)+\sqrt{\left(\frac{\omega}{a}\right)^3}C_2\left(\sinh\sqrt{\frac{\omega}{a}}l-\sin\sqrt{\frac{\omega}{a}}l\right)$$

式中，C_1 和 C_2 等于零是一种解，但没有实际意义。故 C_1 和 C_2 不全为零，则方程组的行列式必为零，即

$$\begin{vmatrix} \sinh\sqrt{\frac{\omega}{a}}l+\sin\sqrt{\frac{\omega}{a}}l & \cosh\sqrt{\frac{\omega}{a}}l+\cos\sqrt{\frac{\omega}{a}}l \\ \cosh\sqrt{\frac{\omega}{a}}l+\cos\sqrt{\frac{\omega}{a}}l & \sinh\sqrt{\frac{\omega}{a}}l-\sin\sqrt{\frac{\omega}{a}}l \end{vmatrix}=0$$

展开上式，得到

$$\sinh^2\sqrt{\frac{\omega}{a}}l-\sin^2\sqrt{\frac{\omega}{a}}l-\cosh^2\sqrt{\frac{\omega}{a}}l-\cos^2\sqrt{\frac{\omega}{a}}l-2\cosh\sqrt{\frac{\omega}{a}}l\cos\sqrt{\frac{\omega}{a}}l=0$$

整理后得到

$$\cosh\sqrt{\frac{\omega}{a}}l\cos\sqrt{\frac{\omega}{a}}l=-1 \tag{2-53}$$

式(2-53)规定了悬臂梁在作自由弯曲振动时振动圆频率必须满足的条件，并称之为频率方程，或称为特征方程。它的求解过程如图 2-14 所示，以 $\sqrt{\frac{\omega}{a}}l$ 为横轴画出 $\cos\sqrt{\frac{\omega}{a}}l$ 和 $-1/\cosh\sqrt{\frac{\omega}{a}}l$ 两条曲线，这两条曲线交点的横坐标即是特征根 $\sqrt{\frac{\omega}{a}}l$。除了 ω 必须满足频率

方程外,边界条件还要求 C_1 和 C_2 常数保持一定的比例关系(而不同的 ω_i 就有不同的比例关系),即

$$\frac{C_1}{C_2}=\frac{\cosh\sqrt{\frac{\omega_i}{a}}l+\cos\sqrt{\frac{\omega_i}{a}}l}{\sinh\sqrt{\frac{\omega_i}{a}}l+\sin\sqrt{\frac{\omega_i}{a}}l}=-\frac{\sinh\sqrt{\frac{\omega_i}{a}}l-\sin\sqrt{\frac{\omega_i}{a}}l}{\cosh\sqrt{\frac{\omega_i}{a}}l+\cos\sqrt{\frac{\omega_i}{a}}l}=B^{(i)} \tag{2-54}$$

式中,符号 $B^{(i)}$ 代表对应于 ω_i 的比例常数。与 ω_i 对应的 $W_i(y)$ 可写为

$$W_i(y)=\left(\sinh\sqrt{\frac{\omega_i}{a}}y-\sin\sqrt{\frac{\omega_i}{a}}y\right)+B^{(i)}\left(\cosh\sqrt{\frac{\omega_i}{a}}y-\cos\sqrt{\frac{\omega_i}{a}}y\right) \tag{2-55}$$

图 2-15 绘出了自由均匀梁弯曲振动的前四阶固有振型。把式(2-55)的结果代入下式:

$$w(y,t)=W(y)T(t)=\sum_{i=1}^{\infty}W_i(y)T_i(t)$$

即可表示梁的一般弯曲振动是梁无穷多个振动叠加起来的结果。

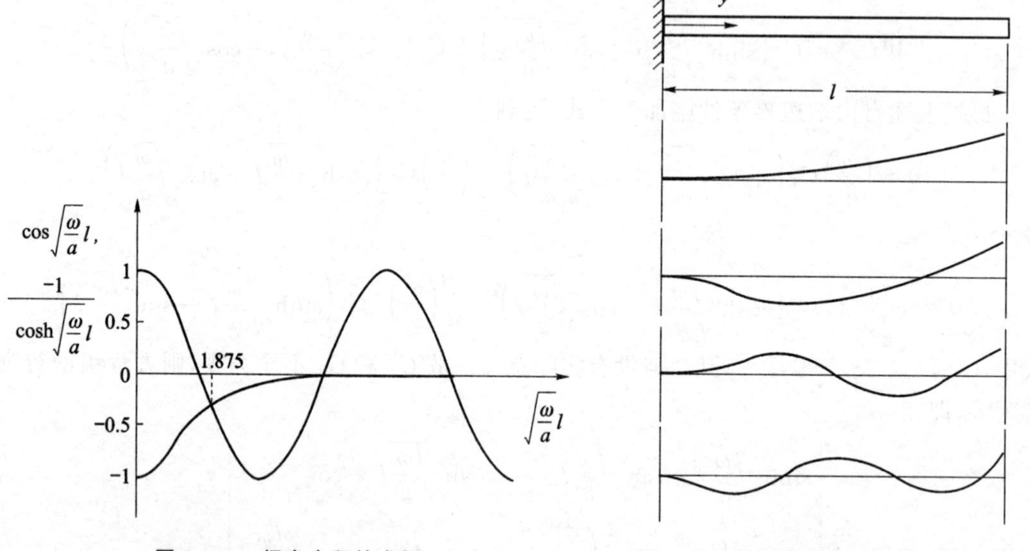

图 2-14 频率方程的求解

图 2-15 悬臂梁弯曲振动的前四阶振型

2.4.3 长直机翼的弯扭自由振动

长直机翼可以看作一悬臂梁固定在机身上,如图 2-16 所示。假设机翼有一根刚轴(即各剖面刚心的连线),机翼扭转时各剖面绕这根刚轴扭转。但是,通常机翼的质心轴与刚轴不重合,因此机翼振动时既有弯曲又有扭转,从而发生弯扭耦合振动。以下推导它的运动方程。

设机翼剖面上的扭矩为 T,扭角为 θ,则

$$T=GJ\frac{\partial\theta}{\partial x}$$

式中,GJ 是扭转刚度。由图 2-17 可见,扭矩与单位长度上外力矩的关系是

$$\tau=\frac{\partial T}{\partial x}$$

则

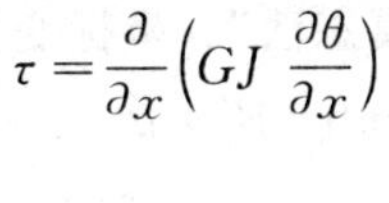

$$\tau=\frac{\partial}{\partial x}\left(GJ\ \frac{\partial \theta}{\partial x}\right)$$

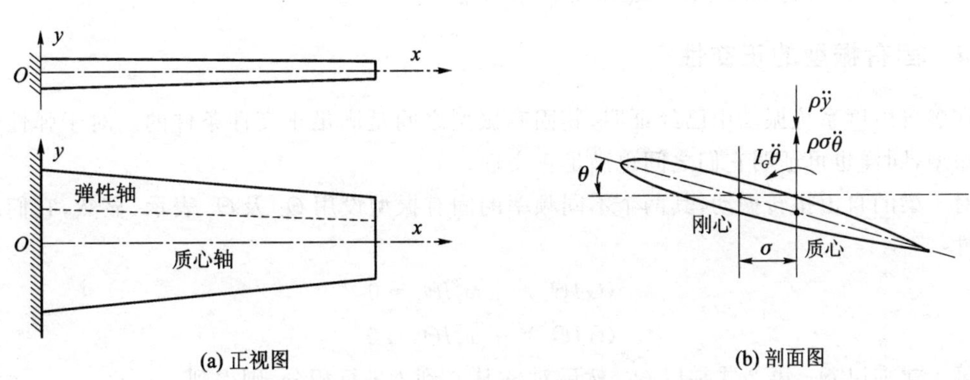

图 2-16　悬臂机翼示意图

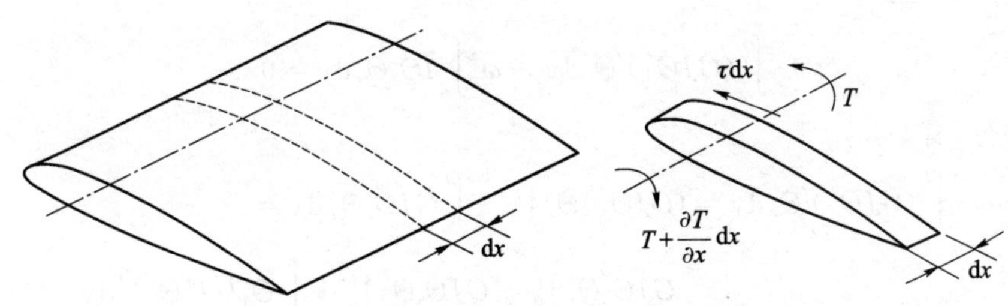

图 2-17　扭矩与单位长度上外力矩的关系

由图 2-16 可见，当机翼作自由振动时，作用在单位长度翼段上的外力只有惯性力 $\rho\ddot{y}$，$\rho\sigma\ddot{\theta}$ 及惯性力矩 $I_G\ddot{\theta}$，方向如图 2-16(b) 所示，把它们代入弯曲公式，得

$$\frac{\partial^2}{\partial x^2}\left(EI\ \frac{\partial^2 y}{\partial x^2}\right)=P=-\rho\ \frac{\partial^2 y}{\partial t^2}+\rho\sigma\ \frac{\partial^2 \theta}{\partial t^2}$$

再代入扭转公式，得

$$\frac{\partial}{\partial x}\left(GJ\ \frac{\partial \theta}{\partial x}\right)=\tau=I_G\ \frac{\partial^2 \theta}{\partial t^2}+\sigma\cdot\rho\sigma\ \frac{\partial^2 \theta}{\partial t^2}-\sigma\rho\ \frac{\partial^2 y}{\partial t^2}$$

以上两个方程经过整理，得到机翼振动运动方程

$$\rho\ \frac{\partial^2 y}{\partial t^2}-\rho\sigma\ \frac{\partial^2 \theta}{\partial t^2}+\frac{\partial^2}{\partial x^2}\left(EI\ \frac{\partial^2 y}{\partial x^2}\right)=0$$

$$-\rho\sigma\ \frac{\partial^2 y}{\partial t^2}+(I_G+\rho\sigma^2)\ \frac{\partial^2 \theta}{\partial t^2}-\frac{\partial}{\partial x}\left(GJ\ \frac{\partial \theta}{\partial x}\right)=0$$

由于质心轴在刚心轴之后 σ 距离处，故以上方程中存在耦合项 $-\rho\sigma\ \frac{\partial^2 \theta}{\partial t^2}$ 和 $-\rho\sigma\ \frac{\partial^2 y}{\partial t^2}$，它们会引起弯扭耦合振动。

显然，这两个联立的偏微分方程不可能用解析方法求出精确解，通常只能用数值解法来近似求解。近似求解法的原则是把连续系统“离散化”成为离散系统，常用的方法如下：

① 把分布质量假想集中在一些分散的点上，这样就把连续系统简化成离散系统。

② 假想所要求的解由一系列已知函数组合而成。这实际上是采用有限个广义坐标,其坐标模态是预先假定的,因而称为“假设模态法”。坐标变换后得到的系统,从广义坐标来看是离散的,这种方法常称为 Ritz 法和 Rayleigh - Ritz 法。

2.4.4 固有振型的正交性

在多自由度系统振动中已经证明,其固有振型之间是满足正交性条件的。对于弹性体的固有振型,同样也可证明它们之间也满足正交性。

对于梁的自由扭转振动,其两个不同频率的固有振型设用 Θ_r 及 Θ_s 表示,显然,它们应满足条件:

$$(GJ\Theta_s')' + \omega_s^2 I\Theta_s = 0$$

$$(GJ\Theta_r')' + \omega_r^2 I\Theta_r = 0$$

现将第1式乘以 Θ_r,第2式乘以 Θ_s,然后对 y 从0到 l 进行积分,则得到

$$\int_0^l (GJ\Theta_s')'\Theta_r \,\mathrm{d}y + \omega_s^2\int_0^l I\Theta_s\Theta_r \,\mathrm{d}y = 0 \tag{2-56a}$$

$$\int_0^l (GJ\Theta_r')'\Theta_s \,\mathrm{d}y + \omega_r^2\int_0^l I\Theta_r\Theta_s \,\mathrm{d}y = 0 \tag{2-56b}$$

利用分部积分,有

$$\int_0^l (GJ\Theta_s')'\Theta_r \,\mathrm{d}y = (GJ\Theta_s')\Theta_r \Big|_0^l - \int_0^l GJ\Theta_s'\Theta_r' \,\mathrm{d}y =$$

$$GJ\Theta_s'\Theta_r \Big|_0^l - GJ\Theta_s\Theta_r' \Big|_0^l + \int_0^l \Theta_s (GJ\Theta_r')' \mathrm{d}y$$

显然,对于任何边界条件,$GJ\Theta_s'\Theta_r \big|_0^l$ 及 $GJ\Theta_s\Theta_r' \big|_0^l$ 均恒等于零,因此

$$\int_0^l (GJ\Theta_s')'\Theta_r \,\mathrm{d}y = \int_0^l (GJ\Theta_r')\Theta_s' \,\mathrm{d}y \tag{2-57}$$

将式(2-57)代入式(2-56),然后相减,得到

$$(\omega_s^2 - \omega_r^2)\int_0^l I\Theta_r\Theta_s \,\mathrm{d}y = 0$$

因为 $\omega_r \neq \omega_s$,所以

$$\int_0^l I\Theta_r\Theta_s \,\mathrm{d}y \equiv \int_0^l GJ\Theta_s'\Theta_r' \,\mathrm{d}y \equiv 0 \tag{2-58}$$

式(2-58)就是悬臂梁扭转振型的正交条件。

根据同样的推导方法,也可以证明弯曲振动时固有振型之间的正交性,其结果为

$$\int_0^l mW_rW_s \,\mathrm{d}y = \int_0^l EIW''_rW''_s \,\mathrm{d}y = 0 \tag{2-59}$$

固有振型之间的正交关系是一切振动现象中的重要特征。利用这一概念可以使分析一般振动现象的工作大为简化。

2.5 频率的近似计算法

工程上所用的结构往往是比较复杂的弹性体。当从微分方程出发研究连续弹性系统的振动特性时,除了几何形状简单的杆、梁和板之外,要精确求解它们的固有特性是不可能的。一

种处理方法是把它们简化为多自由度系统，然后求解，这在多自由度系统振动中已经阐述过。但在工程实践中，知道一阶或前几阶固有振动频率，采用近似计算方法就可以很方便地求解。

2.5.1　瑞利法

英国著名力学家瑞利(Rayleigh)提出了一种计算连续弹性系统基频的有效近似方法，它是振动理论中一些极值原理以及计算固有频率和振型的瑞利-里兹法的理论基础。

瑞利法可以求得弹性系统的基音频率。该方法是建立在保守系统能量守恒基础上的。一个保守系统以简谐运动振动，其最大势能(当系统处于最大位移时)等于最大动能(当系统通过平衡位置时)。由此可知，只要假设出与基音频率对应的振型曲线，该曲线就必须满足边界条件。然后按此振型计算系统的最大动能与势能，并使二者相等，即可求得系统的基音频率。

瑞利法的要点是，计算这些动能和势能时不是根据真正的固有振型，而是根据人为假设，假设位移函数仅依赖一个参数。自然，假设 $V=V_{\max}$。将能量守恒定律应用到该情况，即有

$$T_{\max}=V_{\max}$$

例如，弹性梁作简谐振动，有位移函数

$$w(y,t)=W(y)\cos\omega t$$

动能为

$$T=\frac{1}{2}\int_0^l \rho A\left(\frac{\partial w}{\partial t}\right)^2\mathrm{d}y=\frac{1}{2}\omega^2\int_0^l \rho AW^2\mathrm{d}y\cos\omega t$$

$$T_{\max}=\frac{1}{2}\omega^2\int_0^l \rho AW^2\mathrm{d}y=\omega^2 T^*$$

式中

$$T^*=\frac{1}{2}\int_0^l \rho AW^2\mathrm{d}y$$

称为参考动能。势能(即应变能)为

$$V=\frac{1}{2}\int_0^l EI\left(\frac{\partial^2 w}{\partial y^2}\right)^2\mathrm{d}y=\frac{1}{2}\int_0^l EI(W'')^2\mathrm{d}y\cos\omega t$$

$$V_{\max}=\frac{1}{2}\int_0^l EI(W'')^2\mathrm{d}y$$

于是有

$$\omega^2 T^*=V_{\max}$$

$$\omega^2=\frac{V_{\max}}{T^*}=\frac{\frac{1}{2}\int_0^l EI(W'')^2\mathrm{d}y}{\frac{1}{2}\int_0^l \rho Aw^2\mathrm{d}y}\tag{2-60}$$

若已知振型并代入式(2-74)，即可得到相应的固有频率。当假定的一个函数 $W(y)$ 与第一阶振型相近时，代入式(2-74)，则得基音频率 ω_1 的近似值。

例如，求悬臂均匀梁横向振动的基音频率。设

$$W(y)=3\left(\frac{y}{l}\right)^2-\left(\frac{y}{l}\right)^3$$

这是悬臂梁在自由端受集中力而产生的静挠度曲线，自由端的挠度是 $W(l)=2$，则

$$T^* = \frac{1}{2}\rho A\int_0^l \left[3\left(\frac{y}{l}\right)^2 - \left(\frac{y}{l}\right)^3\right]^2 \mathrm{d}y = \frac{1}{2}\cdot\frac{33\rho Al}{35}$$

$$V_{\max} = \frac{1}{2}EI\int_0^l \frac{36}{l^4}\left(1-\frac{y}{l}\right)^2 \mathrm{d}y = \frac{1}{2}\cdot\frac{12EI}{l^3}$$

把以上 T^* 和 $V_{\max}$ 代入式(2-74),得

$$\omega_1^2 = \frac{12\times 35EI}{33\rho Al^4} = 12.727\frac{EI}{\rho Al^4}$$

$$\omega_1 = 3.567\sqrt{\frac{EI}{\rho Al^4}}$$

与精确解

$$\omega_1 = 3.516\sqrt{\frac{EI}{\rho Al^4}}$$

相比,误差只有1.5%。上述是只假定一个函数来求固有频率的方法,称为瑞利法,比值 $(V_{\max}/T^*) = R(W)$ 称为"瑞利商"。它是函数的函数,即泛函。瑞利原理指出:泛函 $R(W)$ 在 $W(y)$ 是主振型时取逗留值,或者说当 $W(y)$ 是第一阶振型时,$R(W)$ 为最小,等于 ω_1^2。

应用瑞利法的重要问题之一是选择近似的位移函数。通常认为,近似位移函数必须满足位移边界条件且具有足够的连续性。

瑞利法具有使用简单的优点,但在选择近似位移函数时,稍有不当,精度就会下降。此外,该方法不适合于计算高阶固有频率。

2.5.2 里兹法

里兹(Ritz)把位移函数 $W(y)$ 假定为一系列既定函数的组合,即设

$$W(y) = a_1\phi(y) + a_2\phi_2(y) + \cdots + a_n\phi_n(y)$$

式中,$\phi_j(y)$ 是预先假定的函数,a_j 则是待求系数。把上式代入泛函 $R(W)$ 中即成为 $a_1, a_2, \cdots, a_n$ 的函数。按最小值的求法,令

$$\frac{\partial R}{\partial a_j} = 0 \quad (j = 1, 2, \cdots, n)$$

可得 n 个齐次方程,由此可求得固有频率。

因为

$$R = \frac{V_{\max}}{T^*} = \omega^2$$

这里 ω^2 就是 R,是未知的特征值,所以

$$\frac{\partial R}{\partial a_j} = \frac{1}{T^*}\left(\frac{\partial V_{\max}}{\partial a_j} - \frac{V_{\max}}{T^*}\frac{\partial T^*}{\partial a_j}\right) = \frac{1}{T^*}\left(\frac{\partial V_{\max}}{\partial a_j} - \omega^2\frac{\partial T^*}{\partial a_j}\right)$$

$$\frac{\partial R}{\partial a_j} = 0, \quad \frac{\partial V_{\max}}{\partial a_j} - \omega^2\frac{\partial T^*}{\partial a_j} = 0 \quad (j = 1, 2, \cdots, n) \tag{2-61}$$

现在,作为示例,仍使用前面提到的悬臂梁。设 $W(y)$ 由两个函数组成,即

$$W(y) = a_1\left(\frac{y}{l}\right)^2 + a_2\left(\frac{y}{l}\right)^3$$

则

$$V_{\max}=\frac{1}{2}\int_0^l EI(W'')^2\mathrm{d}x=\frac{1}{2}\frac{EI}{l^3}\int_0^l\left[2a_1+6a_2\left(\frac{y}{l}\right)\right]^2\mathrm{d}\left(\frac{y}{l}\right)=$$

$$\frac{1}{2}\frac{EI}{l^3}(4a_1^2+12a_1a_2+12a_2^2)$$

$$T^*=\frac{1}{2}\int_0^l\rho AW^2\mathrm{d}y=\frac{1}{2}\rho Al\int_0^l\left[a_1\left(\frac{y}{l}\right)^2+a_2\left(\frac{y}{l}\right)^3\right]^2\mathrm{d}\left(\frac{y}{l}\right)=$$

$$\frac{1}{2}\rho Al\left(\frac{1}{5}a_1^2+\frac{1}{3}a_1a_2+\frac{1}{7}a_2^2\right)$$

代入方程(2-60),并记 $\lambda=\dfrac{\rho Al^4}{EI}\omega^2$,得

$$\left.\begin{aligned}4a_1+6a_2-\frac{1}{5}\lambda a_1-\frac{1}{6}\lambda a_2=0\\6a_1+12a_2-\frac{1}{6}\lambda a_1-\frac{1}{7}\lambda a_2=0\end{aligned}\right\}$$

即

$$\begin{bmatrix}4-\frac{1}{5}\lambda & 6-\frac{1}{6}\lambda\\6-\frac{1}{6}\lambda & 12-\frac{1}{7}\lambda\end{bmatrix}\begin{bmatrix}a_1\\a_2\end{bmatrix}=0$$

其特征方程是

$$\lambda^2-1\,224\lambda+15\,120=0$$

由此解得特征根

$$\lambda_1=12.48,\quad\lambda_2=1\,211.52$$

即得

$$\omega_1=3.533\sqrt{\frac{EI}{\rho Al^4}},\quad\omega_2=34.81\sqrt{\frac{EI}{\rho Al^4}}$$

由上述结果可见,所求得的基音频率比用瑞利法求得的基音频率更接近于精确解。

里兹法实际上也是应用了广义坐标,假定了坐标基,设

$$w(y,t)=\sum_{j=1}^n\phi_j(y)q_j(t)\tag{2-62}$$

式中,函数 $\phi_j(y)$就是预定的,我们经常选择固有振型作为坐标模态。由此,可以求出如下形式的动能 T 和应变能 V,即

$$T=\frac{1}{2}\sum_{i=1}^n\sum_{j=1}^n\mu_{ij}\dot{q}_i\dot{q}_j$$

$$V=\frac{1}{2}\sum_{i=1}^n\sum_{j=1}^n\chi_{ij}q_iq_j$$

再代入拉格朗日方程,得到

$$\sum_{j=1}^n\mu_{ij}\ddot{q}_j+\sum_{j=1}^n\chi_{ij}q_j=0\qquad(i=1,2,\cdots,n)\tag{2-63}$$

因为里兹法只用有限个广义坐标,而且坐标模态也是假定的,这就使得弹性体只能按某种

硬性规定变形,这样也就相当于加上了一些广义约束,所以这样求得的固有频率比精确值要高。

按里兹法假定的位移函数 $\phi_j(y)$ 只需满足连续条件和边界上的几何条件,而不一定要满足边界上的平衡条件。例如,上述例题中所取的 $\phi_1(y)=\left(\dfrac{y}{l}\right)^2$ 和 $\phi_2(y)=\left(\dfrac{y}{l}\right)^3$,都满足 $\phi(0)=\phi'(0)=0$,但 $\phi_1''(l)=\dfrac{2}{l^2}\neq 0$ 和 $\phi_2''(l)=\dfrac{6}{l^2}\neq 0$ 都不满足自由端弯矩为零的条件。

瑞利法和里兹法是基于结构固有振动特性的位移描述方法,一般称为基于模态的位移法,其本质是结构的位移(静位移或振动位移)均可以用结构固有振动的振型的线性叠加来描述,振型作为线性叠加的基底。对大部分结构来说,一般不需要所有的固有振型参与,只需要前几阶振型即可。

这种基于模态的位移描述方法对经典颤振和气动伺服弹性等问题的理论、计算分析以及工程设计非常便捷和重要,使得复杂系统颤振问题往往只用到前几阶(机翼、弹翼等部件)或前几十阶(全机或全弹整体)的固有振动模态(频率和振型)即可,而这些固有振动模态(频率和振型)还可以通过地面实际结构的固有振动试验准确测得,用以验证结构计算模型,在工程上有很强的可实施性。

思考题

2.1 设有一刚硬翼段,质量为 $1\ \text{kg}\cdot\text{s}^2/\text{m}$,用两个弹簧悬挂,如题图 2-1 所示。若用弹簧 k_y 悬挂,测得翼段垂直运动频率 $f_y=10$ Hz;若用扭转弹簧 k_θ 悬挂,测得扭转振动频率 $f_\theta=15$ Hz。试求系统的固有频率及振型。已知翼段对刚心的静矩 $S=mx_0=0.5\ \text{kg}\cdot\text{s}^2$,对刚心的转动惯量 $I=I_0+mx_0^2=0.5\ \text{kg}\cdot\text{m}\cdot\text{s}^2$。

2.2 刚硬翼段用两根弹簧悬挂,如题图 2-2 所示。翼段质量为 m,对质心的转动惯量为 I_c,试取下列坐标,列出系统的自由振动方程:

(1) 点 1 和点 2 的垂直位移 $\{y_1,y_2\}$;

(2) 质心的垂直位移和绕质心的转角 $\{y_c,\theta_c\}$;

(3) 点 1 的垂直位移和绕该点的转角 $\{y_1,\theta_1\}$。

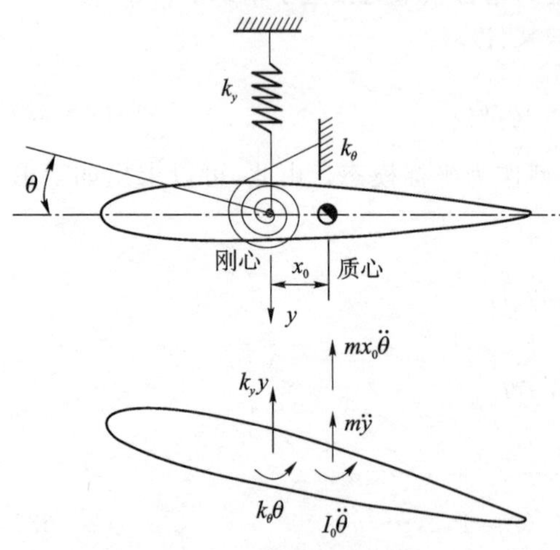

题图 2-1 刚硬翼段示意图

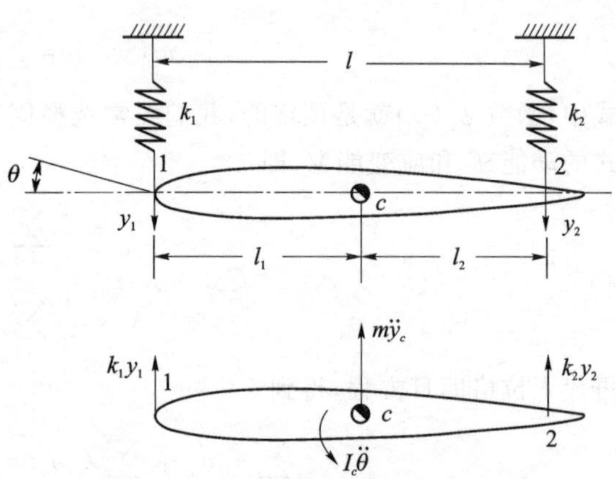

题图 2-2 两根弹簧悬挂的刚硬翼段

2.3　试说明正交条件的力学意义。

2.4　试以单自由度的质量弹簧系统为例，采用不同的方法推导其运动方程。

参考文献

[1] 张世基，诸德超，章思骙. 振动学基础. 北京：国防工业出版社，1982.

[2] 诸德超，邢誉峰. 工程振动基础. 北京：北京航空航天大学出版社，2004.

[3] 刘延柱，陈文良，陈立群. 振动力学. 北京：高等教育出版社，1998.

第 3 章　气动弹性静力学的基本原理和解析方法

气动弹性静力学(或称静气动弹性力学)是研究飞行器弹性变形对定常气动力分布的影响以及研究气动力所产生的静变形的稳定特性。该问题对于飞行器升力面和操纵面的结构设计具有特别重要的意义,弹性变形对于现代高性能飞行器(如带有大展弦比升力面、复合材料升力面以及其他采用轻质材料变形较大的飞行器等)的性能、操纵性、稳定性、飞行品质、飞行控制等也有不可忽视的影响。在处理气动弹性静力问题时,可以采用定常气动力理论来计算空气动力,时间不作为一个独立变量;或者认为结构的弹性变形是一个缓慢的过程,结构因弹性变形所引起的惯性力比气动力要小得多,运动引起的附加气动力也很小,均可略去不计。

气动弹性静力问题主要包括两种类型:第一类是扭转发散问题以及与之密切相关的载荷重新分布问题;第二类是操纵效率与操纵反效问题。

本章首先从二元翼段出发,分析气动弹性静力问题的基本现象,建立物理基础,然后讨论长直机翼的静气动弹性计算。

3.1　气动弹性静力学的基本原理

为了便于理解静气动弹性问题的现象和机理,以二元翼段作为讨论的起点比较简捷。

所谓二元翼段,就是一个刚硬的平直机翼的翼段。翼段的弯曲和扭转变形可以分别用剖面刚心(即翼段弹性轴)的上、下平移和剖面绕它的转动来表示。由于在气动弹性静力问题中,认为翼段的上、下平移不引起附加的气动力,因此翼段的平移就可以不予考虑。在翼段的刚心处(E 点)连有一个扭转弹簧,将这个弹簧固定到风洞壁上。这样,翼段可以绕刚心旋转。另外,忽略重力的影响。图 3-1 所示为最简单的二元翼段模型。

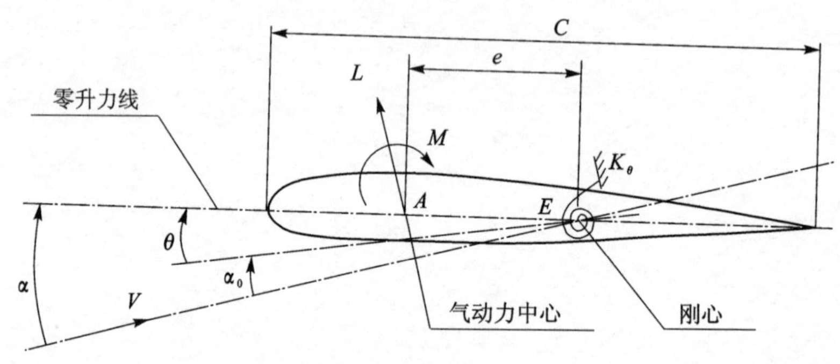

图 3-1　二元翼段

3.1.1　扭转发散

将上述二元翼段连同刚心处的扭转弹簧一起偏转一个初始角度 α_0,然后开启风洞,气流

速度为 V。此时，由于翼段是弹性连接于支点上的，故在气动力与弹簧力的作用下，翼段将在新的迎角 $\alpha(\alpha=\alpha_0+\theta)$ 下达到平衡（见图 3-1）。显然，附加的迎角 θ 是因为翼段具有弹性支持而产生的扭转变形，体现了弹性体在气流中的效应，所以这是一种气动弹性效应。

不难设想，如果弹簧的刚度很大，或者风洞的流速很低，则扭角 θ 会很小；如果弹簧的刚度很低，或者翼段处于高速气流下，则扭角 θ 将很大，以至于发生弹簧扭转超过极限而导致破坏的现象。

这个附加迎角 θ 与气流速度有密切的关系，这种关系有时会达到极为敏感的程度。根据气动力理论，翼型上的二元（平面）流动的气动力可以表示为升力（作用于气动力中心 A，向上为正）和绕 A 点的力矩 M_A（抬头为正，与迎角无关）。因此，可得到升力和绕刚心的气动力矩分别为

$$L=C_L qS=\frac{\partial C_L}{\partial\alpha}(\alpha_0+\theta)qS \tag{3-1}$$

$$M=M_A+Le \tag{3-2}$$

式中，C_L——升力系数；

q——气流动压，$q=\frac{1}{2}\rho V^2$，ρ 为空气密度；

S——翼段参考面积；

M——绕刚心的气动力矩；

e——以气动力中心 A 为起点量至刚心 E 的距离，向后为正，即 A 在 E 的前面时为正；

$\frac{\partial C_L}{\partial\alpha}$——翼段升力线斜率。

事实上，在不影响问题本质的前提下，不妨假定 $M_A=0$，于是绕刚心的气动力矩成为

$$Le=C_L qSe=\frac{\partial C_L}{\partial\alpha}(\alpha_0+\theta)qSe \tag{3-3}$$

根据气动力矩与弹簧力矩平衡的条件，可以写出平衡方程

$$K_\theta\theta=\frac{\partial C_L}{\partial\alpha}(\alpha_0+\theta)qSe \tag{3-4}$$

式中，K_θ 是扭转弹簧常数。进一步处理成

$$\left(K_\theta-\frac{\partial C_L}{\partial\alpha}eqS\right)\theta=\frac{\partial C_L}{\partial\alpha}eqS\alpha_0 \tag{3-5}$$

由此解得

$$\theta=\frac{\frac{\partial C_L}{\partial\alpha}eqS\alpha_0}{K_\theta-\frac{\partial C_L}{\partial\alpha}eqS} \tag{3-6}$$

由式（3-6）可以看出，当动压 q 达到某一特定值时，式（3-6）的分母项成为零，θ 就趋于无穷大，翼段成为扭转不稳定。这种现象称为扭转发散。显然，在变形达到无穷大之前，弹簧早已破坏了。可见式（3-6）分母为零的条件就是扭转发散的“发散条件”，即发散条件可表示为

$$K_\theta-\frac{\partial C_L}{\partial\alpha}eqS=0 \tag{3-7}$$

由此可得发散动压为

$$q_{\mathrm{D}}=\frac{K_{\theta}}{\dfrac{\partial C_{L}}{\partial \alpha} e S} \tag{3-8}$$

又由于动压为$\frac{1}{2}\rho V^{2}$,故可求得发散速度为

$$V_{\mathrm{D}}=\sqrt{\frac{2 K_{\theta}}{\rho \dfrac{\partial C_{L}}{\partial \alpha} e S}} \tag{3-9}$$

分析式(3-8)可以发现,当e是负值时,即刚心移至气动中心之前,q_{D}为负,没有物理意义。这说明此时二元翼段在任何动压下都是气动弹性扭转稳定的。正因为如此,对于超声速情况,由于气动中心大幅后移,刚心甚至可能到了气动中心之前,扭转发散的危险就大大降低了,可见,扭转发散是典型的亚声速现象。同时,式(3-8)还表明,发散动压q_{D}与初始迎角α_{0}无关。因此,可以进一步令方程(3-5)的等号右边为零来研究这一现象。当$\alpha_{0}=0$时,方程(3-5)即

$$\left(K_{\theta}-\frac{\partial C_{L}}{\partial \alpha} e q S\right) \theta=0 \tag{3-10}$$

这是一个以θ为变量的齐次方程。这个方程除有$\theta=0$的解之外,还可以是任意非零解,其条件是式(3-10)中θ的系数等于零。该条件可表示为

$$K_{\theta}-\frac{\partial C_{L}}{\partial \alpha} e q S=0 \tag{3-11}$$

由式(3-11)可解得使θ具有非零解的动压q,这一动压就是式(3-8)表示的发散动压q_{D},而式(3-11)也正是发散条件式(3-7)。

3.1.2 气动载荷重新分布

将式(3-6)中的θ值代入升力L的表达式(3-1),则有

$$L=\frac{\partial C_{L}}{\partial \alpha}\left(\alpha_{0}+\frac{\dfrac{\partial C_{L}}{\partial \alpha} e q S \alpha_{0}}{K_{\theta}-\dfrac{\partial C_{L}}{\partial \alpha} e q S}\right) q S=\frac{K_{\theta} \dfrac{\partial C_{L}}{\partial \alpha}}{K_{\theta}-\dfrac{\partial C_{L}}{\partial \alpha} e q S} \alpha_{0} q S \tag{3-12}$$

可见,在发散条件式(3-7)成立时,升力亦同样趋于无穷大。而当动压q小于发散动压q_{D}时,式(3-12)的分母将大于零,此时式(3-12)具有确定值,升力将随动压而改变。这种现象就属于气动载荷重新分布的问题。

综上所述,可以用一个框图来表示气动力与弹性系统之间的关系。图3-2所示的迎角α_{0}为输入,升力L为输出,弹性扭角θ则是系统的反馈量。由此可见,气动弹性问题就是当系统具有弹性反馈时的气动问题。

观察式(3-6)可以发现,如果将其分子、分母同除以K_{θ},则有

$$\theta=\frac{\dfrac{\partial C_{L}}{\partial \alpha} e q S \alpha_{0} / K_{\theta}}{1-\dfrac{\partial C_{L}}{\partial \alpha} e q S / K_{\theta}} \tag{3-13}$$

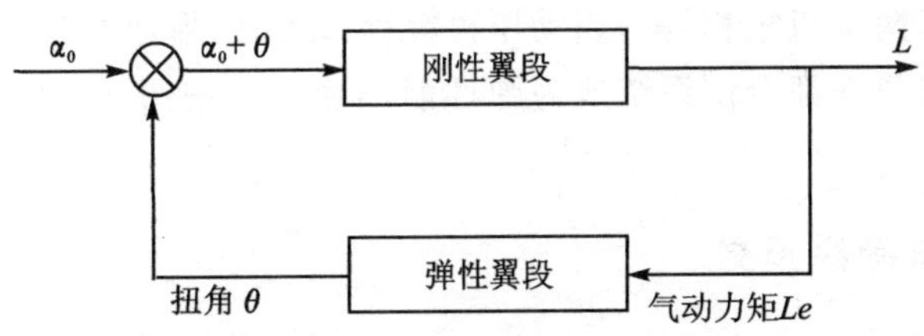

图 3-2　弹性机翼的气动弹性反馈

上式分子项表示当不考虑气动弹性效应所附加的气动力时，亦即在原先的 α_0 迎角下的气动力所产生的弹性扭角，记作 θ^{r}，即

$$\theta^{\mathrm{r}}=\frac{\partial C_L}{\partial \alpha}eqS\alpha_0/K_\theta \tag{3-14}$$

利用式(3-8)，式(3-13)可写为

$$\frac{\theta}{\theta^{\mathrm{r}}}=\frac{1}{1-\dfrac{\partial C_L}{\partial \alpha}eqS/K_\theta}=\frac{1}{1-\dfrac{q}{q_{\mathrm{D}}}} \tag{3-15}$$

此式表示考虑了气动弹性效应后弹性扭转变形的放大因子；当动压趋近于发散动压时，扭角 θ 将急剧增大。当然对于任何实际升力面，弹性扭角不可能达到无穷大，这是因为弹性扭转与气动力矩之间的线性关系只能在小迎角时成立；迎角稍大时，这种关系早已不符合了。但是，弹性扭转加大，会使结构破坏。因此，飞行器的允许飞行速度必须低于升力面的发散速度。

当式(3-5)的等号右边不为零时，也就是在一定的初始迎角 α_0 下，将成为变量 θ 的非齐次方程，于是在 θ 的系数不等于零的条件下，θ 可有确定值。而只有当动压 q 小于发散动压 q_{D} 时，系数才不等于零。有了 θ 的确定值，就可以根据式(3-1)求得在考虑气动弹性效应后的升力 L。这个问题就是气动载荷重新分布问题。根据以上所述，可以了解到扭转发散与气动载荷重新分布具有密切的联系；但它们又有本质的区别，并且不可能同时存在。从数学上讲，求发散动压属于求解方程(3-10)的特征值问题，参数 q_{D} 是其特征值。由此可以得到确定发散动压 q_{D} 的一般方法。而气动载荷重新分布问题则是非齐次方程的问题。

如果再把式(3-10)改写为

$$K_\theta\theta=\frac{\partial C_L}{\partial \alpha}eqS\theta$$

则可以更明显地看出它的力学意义：假想系统产生一个小的扭角 θ，当 $q=q_{\mathrm{D}}$ 时，因 θ 而附加的气动力恰好与扭角 θ 产生的弹簧扭矩相平衡。在力学中这是静力稳定性问题。q_{D} 就是随遇平衡的临界值。上式中的两项若都以 q 为横坐标，则可以画出如图 3-3 所示的两条直线。由图可知，当动压 q 较小时，附加的气动力矩小于弹簧扭矩，说明系统是稳定的；当动压 q 增大时，同样的 θ 角产生的气动力矩将随之增大，而弹簧扭矩却是一个恒定值，与动压无关。因此，

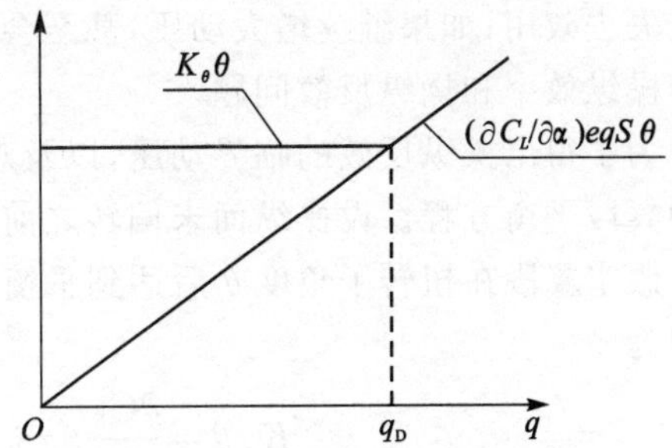

图 3-3　弹性反作用力矩和附加气动力矩随动压的变化

必定在某一动压 q 下,两个扭矩相等。当动压再继续增大时,附加的气动力矩将超过弹簧的恢复力矩,从而微小的扭角 θ 都会使系统成为弹性静不稳定。按图 3-3 中的交点,可以确定发散动压 q_D。

3.1.3 操纵效率与操纵反效

为了研究二元翼段操纵面效率的基本物理关系,可以利用一个带有操纵舵面的模型来阐明,如图 3-4 所示。

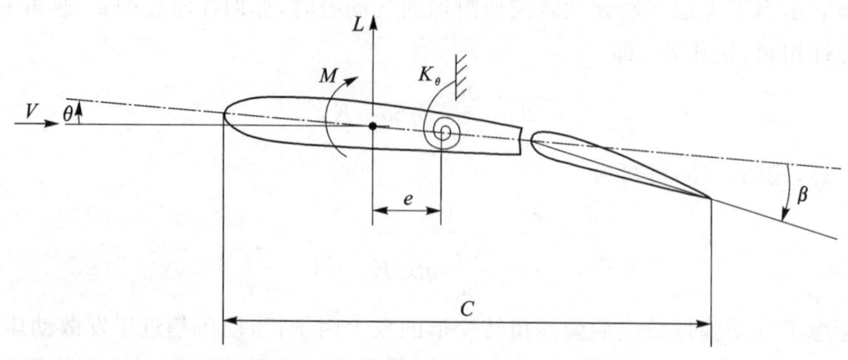

图 3-4 带操纵面的二元翼段

3.1.2 小节讨论的是翼段在对称面内飞行的基本气动弹性现象。这里将讨论当操纵面偏转(可对应于机翼的副翼),飞行器产生绕机体轴的滚转时所产生的气动弹性现象。仍然同以前一样,将二元翼段用弹簧支持在刚心上,使机翼迎角为零,固定在风洞壁中。然后操纵面偏转 β 角,并开启风洞。此时偏转操纵面引起翼段上气动力改变。例如,操纵面向下偏转,将使翼型弯度加大,从而使升力增大。这个增量可以表示为 $\frac{\partial C_L}{\partial \beta}\beta q S$。其作用点一般均位于翼剖面的气动中心的后面;如果把它移至气动中心上,则同时产生一个对气动中心的力矩,可以用 $\frac{\partial C_{m0}}{\partial \beta}\beta q S C$ 来表示,C 为翼段弦长。通常这个力矩为低头力矩,也就是导数 $\frac{\partial C_{m0}}{\partial \beta}$ 为负值。这个低头力矩使翼段向减小迎角的方向产生弹性扭转变形,于是将附加一个向下的升力,使总升力减小。一般情况下,这个附加升力往往与操纵面偏转直接产生的升力方向相反,从而减小操纵面偏转的效率。随着动压的增大,效率会不断降低。当动压增大到某一临界值时,偏转角 β 将完全失去效用;如果继续增大动压,甚至会产生相反的效果。这就是气动弹性的又一种现象,称为操纵效率和操纵反效问题。

为了得出操纵反效的临界动压,以及观察操纵效率随动压的变化,在这里列出图 3-4 所示的翼段平衡方程。设操纵面未偏转之前翼段迎角为零,这个假定对于所论问题是没有影响的。假定翼段在扭转了角度 θ 后达到平衡位置,那么根据平衡条件,可得出对刚心的力矩平衡方程为

$$K_\theta \theta = \frac{\partial C_L}{\partial \beta}\beta q S e + \frac{\partial C_L}{\partial \alpha}\theta q S e + \frac{\partial C_{m0}}{\partial \beta}\beta q S C$$

即

$$\left(K_\theta - \frac{\partial C_L}{\partial \alpha} q S e\right)\theta = q S\left(e\frac{\partial C_L}{\partial \beta} + C\frac{\partial C_{m0}}{\partial \beta}\right)\beta \tag{3-16}$$

上式表明,该气动弹性系统在偏转操纵面 β 后,在气动力与弹性力作用下产生的扭转变形为

$$\theta=\frac{qS\left(e\,\dfrac{\partial C_L}{\partial\beta}+C\,\dfrac{\partial C_{m0}}{\partial\beta}\right)}{K_\theta-\dfrac{\partial C_L}{\partial\alpha}qSe}\beta \tag{3-17}$$

此时的升力系数由两部分组成:一部分是弹性扭角 θ 引起的;另一部分是偏转 β 直接引起的。利用式(3-17),即可得到

$$C_L=\frac{\partial C_L}{\partial\alpha}\theta+\frac{\partial C_L}{\partial\beta}\beta=\frac{\dfrac{\partial C_L}{\partial\alpha}\dfrac{\partial C_{m0}}{\partial\beta}qSC+K_\theta\dfrac{\partial C_L}{\partial\beta}}{K_\theta-\dfrac{\partial C_L}{\partial\alpha}qSe}\beta \tag{3-18}$$

式中,由于$\dfrac{\partial C_{m0}}{\partial\beta}$通常为负,故在动压尚未到达发散动压之前(即分母不为零),如果动压 q 增大,则可致使分子成为零。此时 $C_L=0$,说明在这一动压下操纵面偏转不产生升力,操纵面失去效用。这一动压称为操纵反效临界动压,记作 q_R。由上式分子为零的条件得

$$q_R S\,C\,\frac{\partial C_L}{\partial\alpha}\frac{\partial C_{m0}}{\partial\beta}+K_\theta\frac{\partial C_L}{\partial\beta}=0 \tag{3-19}$$

可解得反效动压

$$q_R=\frac{K_\theta\left(\dfrac{\partial C_L}{\partial\beta}\Big/\dfrac{\partial C_L}{\partial\alpha}\right)}{-S\,C\,\dfrac{\partial C_{m0}}{\partial\beta}} \tag{3-20}$$

或反效速度

$$V_R=\sqrt{\frac{K_\theta\left(\dfrac{\partial C_L}{\partial\beta}\Big/\dfrac{\partial C_L}{\partial\alpha}\right)}{-\dfrac{\rho}{2}S\,C\,\dfrac{\partial C_{m0}}{\partial\beta}}} \tag{3-21}$$

由上式可见,反效的临界状态与距离 e 无关,即翼段刚心位置对操纵反效速度没有影响。这是因为翼段处于反效临界状态时,升力为零,仅有纯力偶。另外,反效临界状态与初始迎角也没有关系。

假如翼段是刚硬支持的,显然此时操纵面偏转角所产生的升力增量仅仅与 β 有关,把这个升力系数记作 C_L^r,即

$$C_L^r=\frac{\partial C_L}{\partial\beta}\beta \tag{3-22}$$

当动压 $q<q_R$ 时,虽然尚未达到操纵反效的极端情况,但是由于气动弹性的影响,将使操纵效率降低;降低的程度可以用比值 C_L/C_L^r 来表示。这一比值称为操纵效率,记作 η。由式(3-18)和式(3-22)可得

$$\eta=\frac{C_L}{C_L^r}=\frac{\dfrac{\partial C_L}{\partial\alpha}\dfrac{\partial C_{m0}}{\partial\beta}qSC+K_\theta\dfrac{\partial C_L}{\partial\beta}}{\left(K_\theta-\dfrac{\partial C_L}{\partial\alpha}qSe\right)\dfrac{\partial C_L}{\partial\beta}}$$

即

$$\eta=\frac{\left(q\frac{Se}{K_\theta}\frac{\partial C_L}{\partial\alpha}\cdot\frac{C}{e}\frac{\partial C_{m0}}{\partial\beta}\Big/\frac{\partial C_L}{\partial\beta}\right)+1}{1-\frac{\partial C_L}{\partial\alpha}\cdot\frac{1}{K_\theta}qSe}\tag{3-23}$$

考虑到式(3-8)和式(3-20),则上式可写为

$$\eta=\frac{1-q/q_{\mathrm{R}}}{1-q/q_{\mathrm{D}}}=\frac{1-q/q_{\mathrm{R}}}{1-(q_{\mathrm{R}}/q_{\mathrm{D}})(q/q_{\mathrm{R}})}\tag{3-24}$$

可见,操纵效率 η 是随着飞行动压、反效动压与发散动压之比 $q_{\mathrm{R}}/q_{\mathrm{D}}$ 而变化的。对于 $q_{\mathrm{R}}<q_{\mathrm{D}}$ 的情况,当 $q\to q_{\mathrm{R}}$ 时,$\eta\to 0$。对于 $q_{\mathrm{R}}=q_{\mathrm{D}}$ 的情况,η 总为1,这说明使 $q_{\mathrm{R}}=q_{\mathrm{D}}$ 的设计可能获得弹性翼段的最佳操纵效率。至于 $q_{\mathrm{R}}>q_{\mathrm{D}}$ 的情况,当 $q\to q_{\mathrm{D}}$ 时,效率趋于无穷大;但如果 $q_{\mathrm{D}}<q<q_{\mathrm{R}}$,效率成为负值,并且操纵已经反效,因此,在这种情况下的 q_{D} 也成为一个临界的反效动压,也就是说,操纵反效在 q_{R} 或 q_{D} 时都会发生。但究竟在哪个动压下发生,要取 q_{R} 和 q_{D} 中的较小者。总之,飞行器设计时,一方面要尽可能地提高发散和反效动压,另一方面还要通过设计参数调整,选择合适的 $q_{\mathrm{R}}/q_{\mathrm{D}}$,使飞行范围内的操纵效率尽可能高。

例题 一个二元翼段,其操纵面以扭转弹簧 K_β 支持于翼段的铰链轴,如图3-5所示。试求该气动弹性系统的扭转发散动压 q_{D} 及反效动压 q_{R}。

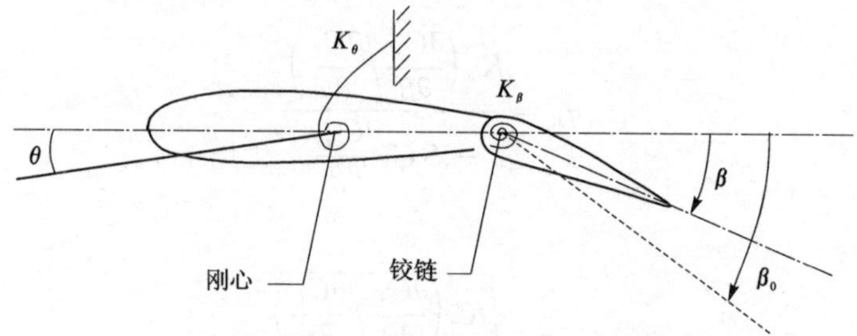

图3-5 铰链弹性支持的二元翼段

解 该系统由于刚心与铰链轴均为弹性支持,因此在操纵面偏转 β_0 后,系统由于气动弹性效应使原先处于自由状态的弹簧都产生变形,在 θ,β 的位置上达到平衡。对刚心的力矩平衡方程为

$$K_\theta\theta=\frac{\partial C_L}{\partial\alpha}\theta qSe+\frac{\partial C_L}{\partial\beta}\beta qSe+\frac{\partial C_{m0}}{\partial\beta}\beta qSC\tag{a}$$

对铰链轴的力矩平衡方程为

$$K_\beta(\beta-\beta_0)=\frac{\partial C_H}{\partial\alpha}\theta qSC+\frac{\partial C_H}{\partial\beta}\beta qSC\tag{b}$$

式中,C_H——对铰链轴的气动力矩系数;

β_0——操纵面初始偏角。

用矩阵将(a)和(b)两式表示为

$$\begin{bmatrix}\frac{\partial C_L}{\partial\alpha}qSe-K_\theta & \frac{\partial C_L}{\partial\beta}qSe+\frac{\partial C_{m0}}{\partial\beta}qSC\\ \frac{\partial C_H}{\partial\alpha}qSC & \frac{\partial C_H}{\partial\beta}qSC-K_\beta\end{bmatrix}\begin{bmatrix}\theta\\ \beta\end{bmatrix}=\begin{bmatrix}0\\ -K_\beta\beta_0\end{bmatrix}\tag{c}$$

由此可得当系统初始输入 $\beta_0=0$ 时，上列方程有非零解的条件是系统行列式等于零。因此，此系统扭转发散的条件为

$$\Delta=\begin{vmatrix}\dfrac{\partial C_L}{\partial\alpha}qSe-K_\theta & \dfrac{\partial C_L}{\partial\beta}qSe+\dfrac{\partial C_{m0}}{\partial\beta}qSC\\ \dfrac{\partial C_H}{\partial\alpha}qSC & \dfrac{\partial C_H}{\partial\beta}qSC-K_\beta\end{vmatrix}=0 \tag{d}$$

从上式可以解出特征根 q_1 和 q_2，取其较小者即为扭转发散的动压 q_D。将上式展开，有

$$q^2S^2C^2\left(\frac{e}{C}\frac{\partial C_L}{\partial\alpha}\frac{\partial C_H}{\partial\beta}-\frac{e}{C}\frac{\partial C_H}{\partial\alpha}\frac{\partial C_L}{\partial\beta}-\frac{\partial C_{m0}}{\partial\beta}\frac{\partial C_H}{\partial\alpha}\right)-qSC\left(K_\theta\frac{\partial C_H}{\partial\beta}+K_\beta\frac{\partial C_L}{\partial\alpha}\frac{e}{C}\right)+K_\theta K_\beta=0$$

则

$$q_D=\min\left(\frac{1}{SC}\frac{-B\pm\sqrt{B^2-4AE}}{2A}\right)\qquad(A\neq 0) \tag{e}$$

或

$$q_D=\frac{-1}{SC}\frac{E}{B}\qquad(A=0,B<0) \tag{f}$$

式中

$$A=\frac{e}{C}\left(\frac{\partial C_L}{\partial\alpha}\frac{\partial C_H}{\partial\beta}-\frac{\partial C_H}{\partial\alpha}\frac{\partial C_L}{\partial\beta}\right)-\frac{\partial C_{m0}}{\partial\beta}\frac{\partial C_H}{\partial\alpha}$$

$$B=-\left(K_\theta\frac{\partial C_H}{\partial\beta}+K_\beta\frac{e}{C}\frac{\partial C_L}{\partial\alpha}\right)$$

$$E=K_\theta K_\beta$$

为了求得反效动压 q_R，首先假定系统尚未发散，所以 $\Delta\neq 0$。于是可以由式(c)解出平衡位置

$$\begin{bmatrix}\theta\\ \beta\end{bmatrix}=\frac{1}{\Delta}\begin{bmatrix}K_\beta qS\left(e\dfrac{\partial C_L}{\partial\beta}+C\dfrac{\partial C_{m0}}{\partial\beta}\right)\\ -K_\beta\left(\dfrac{\partial C_L}{\partial\alpha}qSe-K_\theta\right)\end{bmatrix}\beta_0 \tag{g}$$

由于操纵反效情况下升力为零，故可得

$$C_L=\frac{\partial C_L}{\partial\alpha}\theta+\frac{\partial C_L}{\partial\beta}\beta=0$$

将式(g)代入上式，则有

$$C_L=\frac{\partial C_L}{\partial\alpha}\frac{K_\beta q_R S\beta_0}{\Delta}\left(e\frac{\partial C_L}{\partial\beta}+C\frac{\partial C_{m0}}{\partial\beta}\right)-\frac{\partial C_L}{\partial\beta}\frac{K_\beta\beta_0}{\Delta}\left(eq_RS\frac{\partial C_L}{\partial\alpha}-K_\theta\right)=0$$

因此反效动压

$$q_R=\frac{K_\theta\left(\dfrac{\partial C_L}{\partial\beta}\Big/\dfrac{\partial C_L}{\partial\alpha}\right)}{-SC\dfrac{\partial C_{m0}}{\partial\beta}}$$

此式与刚性操纵系统的反效动压式(3-20)一致。而式(e)和式(f)表明，此系统的扭转发散动压不同于式(3-8)。

前面讨论了两大类静气动弹性的基本现象。当刚心位于气动中心之后时，由于气动弹性的影响,系统将存在一个临界动压 q_D;当气流动压达到 q_D 时,系统完全失去抵抗外力的能力,成为静不稳定。提高发散动压的主要途径是增大扭转刚度或减小气动中心与刚心之间的距离 e。同时,气动弹性效应还会引起操纵效率降低和反效现象,这一事实又说明系统还存在另一个临界动压 q_R。当到达这一动压时,操纵面将完全失去效用。当 $q_R<q_D$ 时,动压增大,操纵效率降低;当 $q_R=q_D$ 时,操纵效率为最佳,始终为 1。提高 q_R 的主要方法仍然是增大扭转刚度。

还应指出,虽然以上公式是在二元翼段上得到的,但在进行整个弹性升力面的气动弹性静力分析时,上述结果可以作为第一次近似估算。这时,可以取 70%~80%半翼展处的翼剖面特征参数进行计算。

3.1.4 非线性影响

仍然考虑前述二元翼段。当扭角相当大时,升力和迎角间的线性关系及扭角间的线性关系都不成立了,这时必须考虑非线性的影响。

一般来说,当扭角相当大时,弹簧的刚度将增加。例如,可用下式表示弹簧恢复力矩,即

$$M_e=-K_\theta\theta-K_{\theta_3}\theta^3$$

式中,K_θ,K_{θ_3} 均为正值。

当迎角相当大时,气流分离,升力将减小。例如,可把升力表示为

$$L=\frac{\partial C_L}{\partial\alpha}\alpha-\left(\frac{\partial C_L}{\partial\alpha}\right)_3\alpha^3$$

式中,$\frac{\partial C_L}{\partial\alpha}$和$\left(\frac{\partial C_L}{\partial\alpha}\right)_3$ 都是正值。

根据气动力矩与弹簧力矩平衡的条件,并假设绕刚心的气动力矩 M_A 和初始迎角 α_0 均为零,式(3-4)平衡方程可改写为

$$K_\theta\theta+K_{\theta_3}\theta^3=\left[\frac{\partial C_L}{\partial\alpha}\theta-\left(\frac{\partial C_L}{\partial\alpha}\right)_3\theta^3\right]qSe \tag{3-25}$$

整理后得到

$$\theta\left\{qSe\frac{\partial C_L}{\partial\alpha}-K_\theta-\theta^2\left[qSe\left(\frac{\partial C_L}{\partial\alpha}\right)_3+K_{\theta_3}\right]\right\}=0 \tag{3-26}$$

因此,θ 有非零解的条件是

$$\theta^2=\frac{qSe\dfrac{\partial C_L}{\partial\alpha}-K_\theta}{qSe\left(\dfrac{\partial C_L}{\partial\alpha}\right)_3+K_{\theta_3}} \tag{3-27}$$

因为 θ 必须是实数,所以上式中右端也必须为正值。

现在讨论 $e>0$ 时上式的解。仍记(见式(3-8))

$$q_D=\frac{K_\theta}{\dfrac{\partial C_L}{\partial\alpha}eS}$$

在式(3-27)中,分母恒为正,故有非零解的条件是式(3-27)的分子也为正值。当 $q<q_D$ 时,分子为负,由式(3-27)可见 θ 无非零解,且由式(3-26)可见这时 θ 必须为零。当 $q>q_D$

时，分子为正，θ 才有非零解。扭角随动压变化情况如图 3-6 所示。由图可见，当 $q > q_D$ 时，θ 为有限值，而且它可能有两个平衡位置。这将视扰动的初始条件或弹簧的固有缺陷而决定翼段将处在哪个平衡位置。

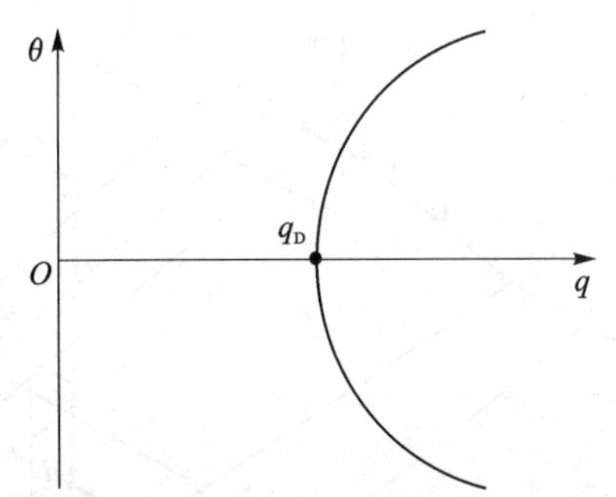

图 3-6　非线性情况下扭角随动压的变化

这里需要说明的是，若不考虑非线性影响，则当 $q < q_D$ 时，若翼段受扰动而有一扭角 θ，则弹性恢复力矩将使翼段回复平衡位置；当 $q > q_D$ 时，随动压增大，气动附加力矩将使扭角无限增大，直至破坏。考虑非线性影响，因扭角增大时，刚度因非线性而增大，升力因非线性而减小，所以虽然翼段受扰动后不是回复平衡位置，但也不像线性情况那样无限增大，而是有确定的平衡位置，且其扭角为有限值。

事实上还未从实验中观察到如图 3-6 所示的扭角变化关系，这可能是因为：虽然 $q > q_D$ 时的变形将是有限值，但这是在绕刚心的气动力距 M_A 和初始迎角 α_0 均为零的情况下得到的；而实际上初始迎角 α_0 不为零，故在气动力作用下，变形仍将导致结构破坏。

3.2　长直翼的解析方法

实际机翼（或弹翼）与二元翼段有所不同。例如，它们的剖面性质可能沿翼展变化，剖面之间都是弹性连接，因此有相对变形。大展弦比平直翼多被低速、亚声速飞机和巡航导弹以及轻型飞机等飞行器采用。本节将分别讨论一个大展弦比平直机翼的扭转发散、操纵反效和操纵效率以及气动载荷重新分布的解析方法，进一步说明静气动弹性的基本分析方法和概念。

3.2.1　长直机翼的扭转发散

处理扭转发散问题可以认为是静气动弹性中最简单的一个。很多基本的方法和概念都可以用它来说明。因此，为了简化问题的描述，本节中气动力采用“片条”假设。处理一个长直机翼，利用微分方程是一个常用的方法，特别是它的数学处理较为方便。

为了简单起见，假设机翼各剖面的刚心位于同一直线上（称为弹性轴），如图 3-7 所示。大部分长直机翼可以认为是一个根部固支的弹性梁，其弹性轴垂直于翼根。气动中心线与弹性轴间距为 $e(y)$，重心线与弹性轴间距为 $d(y)$。假设气动中心线和重心线在弹性轴之前为正，l 为半展长。

气动力采用片条假设以简化关系方程。所谓片条理论，即假定在展向位置 y 处翼剖面的局部升力系数 $C_L(y)$ 只与局部迎角 $\alpha(y)$ 成正比，而与其他剖面无关，亦即机翼上各剖面的气流都只是沿翼型作二元平面流动，而不考虑气流沿展向流动的三元效应。据此假设，其升力系数为

$$C_L(y) = \left(\frac{\partial C_L}{\partial \alpha}\right)_\infty \alpha(y)$$

式中，$\left(\frac{\partial C_L}{\partial \alpha}\right)_\infty$ 是无限翼展（二元翼型）的升力线斜率；对于不可压流平板，一般取为 2π。同时，

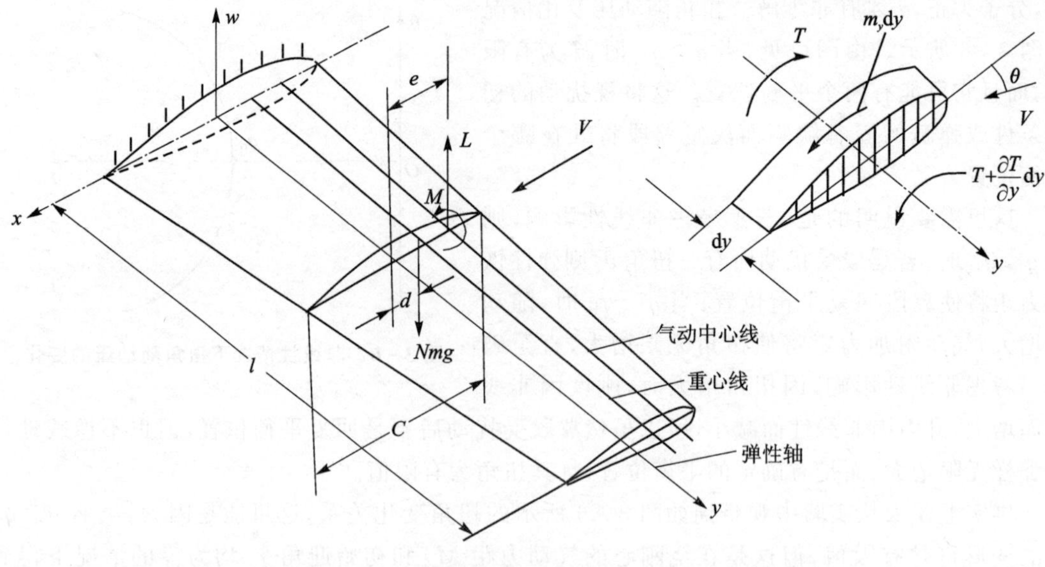

图 3-7 长直机翼

假定机翼没有几何扭转,即各翼剖面处有共同的初始迎角 α。

根据梁的理论,对于图 3-7 所示的微段,可有下列扭矩平衡微分方程

$$\left(T+\frac{\mathrm{d}T}{\mathrm{d}y}\mathrm{d}y\right)+m_y\mathrm{d}y-T=0 \tag{3-28}$$

即

$$\frac{\mathrm{d}T}{\mathrm{d}y}=-m_y \tag{3-29}$$

式中,m_y是作用于单位展长上的外力矩。同前述一样,考虑到气动弹性的影响,微段在气动力矩与弹性扭矩作用下,迎角由初始的 α_0变到新的迎角 $\alpha_0+\theta(y)$下达到平衡。在这一迎角下,微段上的外力矩为

$$m_y=\frac{\partial C_L}{\partial \alpha}[\alpha_0+\theta(y)]qC(y)e(y)+C_{m0}(y)C^2(y)q-Nmg(y)d(y) \tag{3-30}$$

将上式代入式(3-29),得

$$\frac{\mathrm{d}}{\mathrm{d}y}\left[GJ(y)\frac{\mathrm{d}\theta}{\mathrm{d}y}\right]=-\left\{\frac{\partial C_L}{\partial \alpha}[\alpha_0+\theta(y)]qC(y)e(y)+C_{m0}(y)C^2(y)q-Nmg(y)d(y)\right\} \tag{3-31}$$

或均略写了以 y 为自变量的函数关系得

$$\frac{\mathrm{d}}{\mathrm{d}y}\left(GJ\frac{\mathrm{d}\theta}{\mathrm{d}y}\right)+\frac{\partial C_L}{\partial \alpha}qCe\theta=-\left(\frac{\partial C_L}{\partial \alpha}\alpha_0 qCe+C_{m0}C^2q-Nmgd\right) \tag{3-32}$$

式中,$\theta(y)$——机翼的弹性扭转角,是 y 的函数,抬头为正;

$GJ(y)$——机翼扭转刚度;

$\frac{\partial C_L}{\partial \alpha}(y)$——升力线斜率;

$C_{m0}(y)$ ——绕气动中心的零升力矩系数;

$C(y)$——剖面弦长;

$e(y)$——剖面气动力中心到刚心的距离；

$d(y)$——剖面重心到刚心的距离；

$mg(y)$——翼段单位长度的重量；

N——过载系数。

相应地，机翼边界条件为

$$\left.\begin{aligned} y=0, \qquad & \theta=0 \\ y=l, \qquad & \frac{\mathrm{d}\theta}{\mathrm{d}y}=0 \end{aligned}\right\} \tag{3-33}$$

通过 3.1 节的讨论，可以了解到求解扭转发散的问题其本质是解决气动弹性静稳定性问题，方程(3-32)是一个具有变系数的线性微分方程，等号右边是一个与变形 θ 无关的项。保留平衡方程(3-32)中与变形 θ 有关的项，而令其他项均为零，从而求得临界动压 q_D。也就是说，只需求解方程(3-32)所对应的齐次方程

$$\frac{\mathrm{d}}{\mathrm{d}y}\left(GJ\,\frac{\mathrm{d}\theta}{\mathrm{d}y}\right)+\frac{\partial C_L}{\partial \alpha}qCe\theta=0 \tag{3-34}$$

当 $GJ,C,e,\dfrac{\partial C_L}{\partial \alpha}$ 均为常数时，该机翼简化为均匀梁的情况（也称均匀机翼），上式可简化为

$$\left.\begin{aligned} & \frac{\mathrm{d}^2\theta}{\mathrm{d}y^2}+\lambda^2\theta=0 \\ & \lambda^2=\frac{qCe}{GJ}\,\frac{\partial C_L}{\partial \alpha} \end{aligned}\right\} \tag{3-35}$$

方程(3-34)或方程(3-35)代表了一个特征值问题。只有当 q 达到某些特定值（即特征值）时，θ 才具有满足边界条件式(3-33)的非零解。这样的 θ 称为特征函数。显然，取其最小的特征值 q_D 即为发散动压，这是因为对于发散问题，只有最小值才有实用意义。当 $q<q_D$ 时，平衡是稳定的；当 $q=q_D$ 时，机翼一旦受到扰动，便处于随遇平衡；而当 $q>q_D$ 时，平衡失去稳定。

同时，由方程(3-35)的第二式可以看出，若刚心位于气动中心之前，即 $e<0$ 时，λ^2 成为负值，此时方程(3-35)不可能有非零解，因此机翼不会发生发散现象。

对于均匀机翼，齐次方程(3-35)可获得精确解。其通解为

$$\theta(y)=A\sin\lambda y+B\cos\lambda y$$

引入边界条件式(3-33)后，得到

$$B=0$$

$$A\cos\lambda l=0$$

于是有特征方程

$$\cos\lambda l=0$$

它具有无限多个特征值

$$\lambda_i l=(2i+1)\cdot\frac{\pi}{2} \qquad (i=0,1,2,\cdots,\infty)$$

相应的特征函数（可取 A 为 1）是

$$\theta_i(y)=\sin\lambda_i y \qquad (i=1,2,\cdots,\infty)$$

它表示机翼处于随遇平衡的形态。将最小特征值$\lambda_1\left(\lambda_1=\frac{\pi}{2l}\right)$代入式(3-35),即是发散动压

$$q_D=\frac{\lambda_1^2}{\frac{Ce}{GJ}\frac{\partial C_L}{\partial \alpha}}=\frac{\pi^2 GJ}{4l^2 Ce\frac{\partial C_L}{\partial \alpha}} \tag{3-36}$$

发散速度为

$$V_D=\frac{\pi}{2l}\sqrt{\frac{2GJ}{\rho Ce\frac{\partial C_L}{\partial \alpha}}} \tag{3-37}$$

对比式(3-8)和式(3-36)发现,二者具有相同的形式,故可以把$\frac{\pi^2 GJ}{4l}$称为有效刚度。

3.2.2 长直机翼的载荷重新分布

对于图3-7所示的长直机翼,3.2.1小节中已经得出了机翼微段的平衡方程(3-32)及边界条件式(3-33)。这里,仍然采用片条理论,故仍然以式(3-32)作为基础。

对于载荷重新分布问题,前面已经讲过,讨论它的前提是飞行动压q要小于发散动压q_D,即机翼尚未达到失去静稳定平衡的临界状态。这里要解决的问题是,机翼将在什么样的扭转变形$\theta(y)$下达到平衡。有了这一扭角分布$\theta(y)$,当然载荷(升力)的分布就能确定。

现在来看式(3-32)。它的等号右边不为零,在一定的初始迎角α_0和飞行过载N下,是个确定的值,式(3-32)成为非齐次方程。对于均匀机翼,把它改写为以下形式:

$$\frac{d^2\theta}{dy^2}+\lambda^2\theta=K \tag{3-38}$$

式中

$$\lambda^2=\frac{qCe}{GJ}\frac{\partial C_L}{\partial \alpha}$$

$$K=-\frac{1}{GJ}\left(\frac{\partial C_L}{\partial \alpha}\alpha_0 qCe+C_{m0}C^2q-Nmgd\right)$$

上式的通解为

$$\theta(y)=A\sin\lambda y+B\cos\lambda y+\frac{K}{\lambda^2} \tag{3-39}$$

式中,积分常数由边界条件式(3-33)确定,故有

$$A=-\frac{K}{\lambda^2}\tan\lambda l$$

$$B=-\frac{K}{\lambda^2}$$

由此得到扭角

$$\theta(y)=\frac{K}{\lambda^2}(1-\tan\lambda l\sin\lambda y-\cos\lambda y) \tag{3-40}$$

式中,当$\lambda l\to\pi/2$时,$\theta\to\infty$,即当机翼达到发散动压的状态时,弹性变形达到无穷大。这个结果与3.2.1小节中是一致的。

若保持迎角 α_0 为定值，则机翼上的载荷分布可以表示为

$$L(y)=\frac{\partial C_L}{\partial \alpha}[\alpha_0+\theta(y)]qC=L^r+\Delta L(y) \tag{3-41}$$

式中，$L^r=\frac{\partial C_L}{\partial \alpha}\alpha_0 qC$，是刚硬机翼上的载荷；$\Delta L(y)=\frac{\partial C_L}{\partial \alpha}\theta(y)qC$，是弹性扭转变形所附加的载荷。不失一般性，不妨令 $d=0$，$C_{m0}=0$，并利用式(3-38)和式(3-40)，则

$$\Delta L(y)=\alpha_0(\cos \lambda y+\tan \lambda\ l\sin \lambda y-1)\frac{\partial C_L}{\partial \alpha}qC \tag{3-42}$$

于是，弹性机翼的载荷与刚硬机翼的载荷比为

$$\frac{L}{L^r}=\frac{L^r+\Delta L}{L^r}=\cos \lambda y+\tan \lambda\ l\sin \lambda y \tag{3-43}$$

这个分布表示在图 3-8 中。

如果重心与弹性轴不重合(实际上往往是这样的)，即 $d\neq 0$，那么此时问题的求解就与过载系数 N 有关。从式(3-38)中，可以反映出这一点。此时，为了保持 α_0 为定值(这意味着飞行姿态一定)，还要寻求过载系数 N。为此要附加一个全机平衡的条件，即飞机总升力与质量力平衡

$$q\alpha_0\int_0^l C\frac{\partial C_L}{\partial \alpha}\mathrm{d}y+q\int_0^l C\frac{\partial C_L}{\partial \alpha}\theta\mathrm{d}y=\frac{1}{2}NW \tag{3-44}$$

式中，W 为飞机总重量。将式(3-40)代入式(3-44)，可得

$$N=\frac{\alpha_0\frac{\partial C_L}{\partial \alpha}\frac{\tan \lambda l}{\lambda l}+\frac{C}{e}C_{m0}\left(\frac{\tan \lambda l}{\lambda l}-1\right)}{\left[\frac{W}{2l}-\frac{mgd}{e}\left(1-\frac{\tan \lambda l}{\lambda l}\right)\right]\Big/ qC} \tag{3-45}$$

这样，就可按式(3-40)得到 $\theta(y)$。于是可由下式算出载荷分布为

$$L=\frac{\partial C_L}{\partial \alpha}[\alpha_0+\theta(y)]qC$$

应当指出，载荷重新分布问题通常分两种情况：一是寻求保持飞机在一定的迎角 α_0 下的过载系数 N 和相应的载荷分布，这种情况就是前面所假定的情况；二是寻求保持飞机在过载一定(即总升力一定)条件下的载荷分布及相应的飞机迎角 α_0。这两种情况的计算方法在第 4 章中详述。但不论哪一种情况，为了求得 N 或 α_0，都可按不同情况附加不同平衡条件，使问题得到解决。

图 3-8 和图 3-9 中的两组曲线分别是对应两种不同情况给出的载荷重新分布。

图 3-8 表示了第一种情况下的载荷分布。由图可见，随着 λl(它反映了动压 q)的提高，弹性影响不断增加，不仅载荷加大，而且压力中心向翼尖移动，使翼根弯矩增大。

图 3-9 表示了第二种情况下的载荷分布。同样可以看出，动压增高，弹性影响增加，压力中心也向翼尖处移动。不同的是，翼根处载荷反而减小一点，这是因为在第二种情况下为保持机翼总升力不变所致。因此，总的来说，在翼面设计时，弹性影响所引起的载荷重新分布问题是有重要意义的，如果按刚硬机翼上的载荷来设计则可能是不安全的。

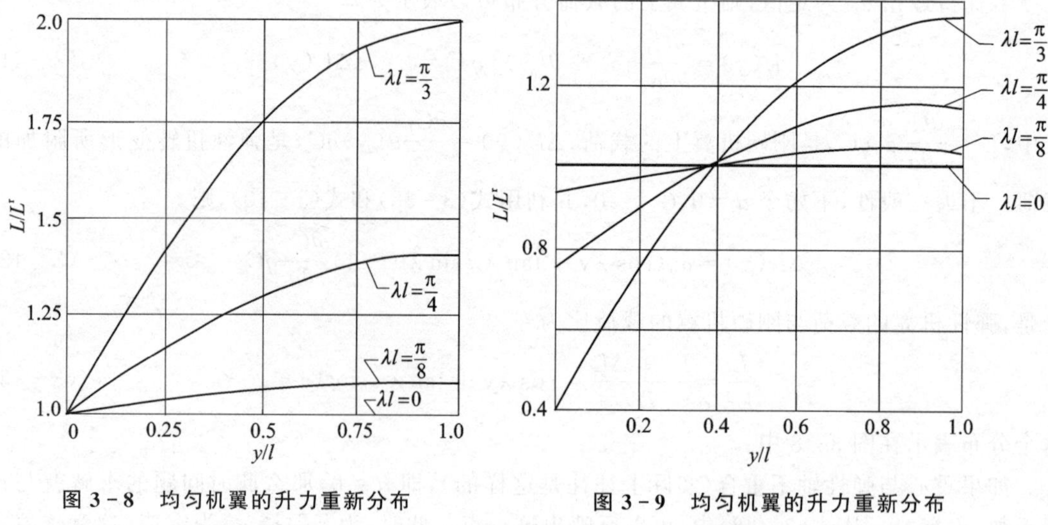

图 3-8　均匀机翼的升力重新分布（迎角一定）

图 3-9　均匀机翼的升力重新分布（总升力一定）

3.2.3　长直机翼的操纵反效及操纵效率

飞机的机翼、尾翼及其他飞行器都有气动操纵面,它们的静气动弹性问题在性质上也是一致的。本小节仅以机翼的副翼偏转产生绕机身纵轴的滚转来说明操纵反效和操纵效率。在此把机身简化为一根轴,平直机翼简化为一根垂直固支于机身的梁。与前述相仿,只考虑扭转变形的影响。

设副翼原先处于零迎角,副翼右翼下偏,左翼上偏,此时机翼受反对称载荷。由于副翼偏转,故飞机可能绕机身轴线转动,产生滚转角速度 p,还可能产生角加速度 $\dot{p}$,各剖面的扭转变形为 $\theta(y)$,如图 3-10 所示。由于滚转角速度 p 在 y 处有下洗速度 py,故它使迎角减小 py/V。又由于滚转角加速度 $\dot{p}$,故在 y 处还作用惯性力 $-m\dot{p}y$。该机翼半展长为 l,副翼在翼尖部位,从距翼根 l_1 处开始。β 为副翼偏角,下偏为正。

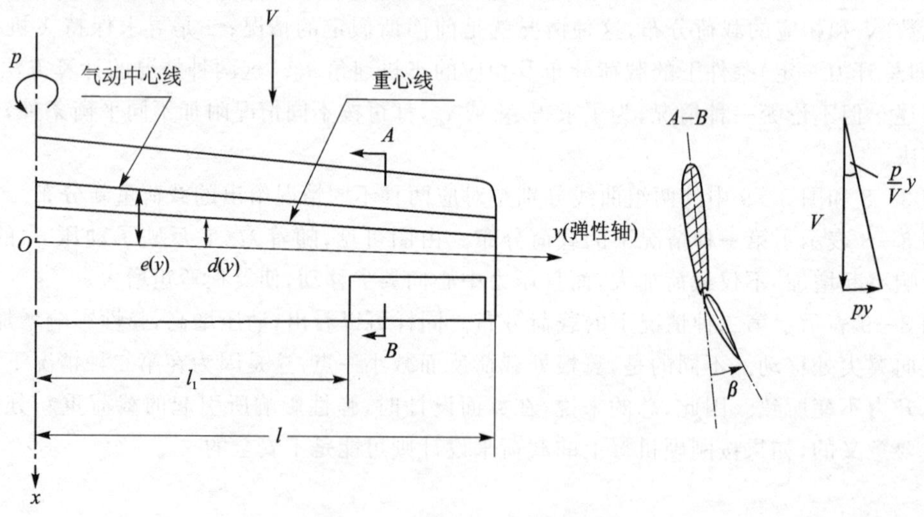

图 3-10　带副翼的长直机翼

气动力仍采用片条理论，则扭转平衡方程为

$$\frac{\mathrm{d}}{\mathrm{d}y}\left(GJ\ \frac{\mathrm{d}\theta}{\mathrm{d}y}\right)+\frac{\partial C_L}{\partial\alpha}qCe\theta=-\left(qCe\ \frac{\partial C_L}{\partial\beta}\beta+qC^2\ \frac{\partial C_{m0}}{\partial\beta}\beta-qCe\ \frac{\partial C_L}{\partial\alpha}\frac{py}{V}-m\dot{p}yd\right)\qquad(y\geqslant l_1)\tag{3-46a}$$

$$\frac{\mathrm{d}}{\mathrm{d}y}\left(GJ\ \frac{\mathrm{d}\theta}{\mathrm{d}y}\right)+\frac{\partial C_L}{\partial\alpha}qCe\theta=qCe\ \frac{\partial C_L}{\partial\alpha}\frac{py}{V}+m\dot{p}yd\qquad(y\leqslant l_1)\tag{3-46b}$$

边界条件为

$$y=0,\qquad\theta=0$$

$$y=l,\qquad\frac{\mathrm{d}\theta}{\mathrm{d}y}=0$$

由方程(3-46)求出满足上述边界条件 $\theta(y)$ 的解，即机翼的弹性扭角分布。有了扭角分布就不难确定升力的分布为

$$\left.\begin{aligned}L(y)&=qC\left\{\frac{\partial C_L}{\partial\beta}\beta+\frac{\partial C_L}{\partial\alpha}\left[\theta(y)-\frac{py}{V}\right]\right\}\qquad(l>l_1)\\L(y)&=qC\ \frac{\partial C_L}{\partial\alpha}\left[\theta(y)-\frac{py}{V}\right]\qquad(l<l_1)\end{aligned}\right\}\tag{3-47}$$

同时，还可以根据副翼偏转后的滚转情况，写出滚转平衡方程，以此得到 β 与 p 或 $\dot{p}$ 的关系。设飞机绕其纵轴(x 轴)的滚转惯量为 I_x，则绕 x 轴的滚转力矩 M_x 可以表示为

$$M_x=I_x\dot{p}=2\int_0^l L(y)y\mathrm{d}y\tag{3-48}$$

例如对于匀速滚转，$\dot{p}=0$，上式就等于零。对于均匀机翼可求得精确解。不失一般性，还可对问题进一步简化。假定重心与刚心重合，并引入记号

$$1_a(y)=\begin{cases}1&(y>l_1)\\0&(y<l_1)\end{cases}\tag{3-49}$$

则方程(3-46)的两式可以合并，写作

$$\frac{\mathrm{d}^2\theta}{\mathrm{d}y^2}+\lambda^2\theta=\lambda^2\ \frac{p}{V}y-K\lambda^2\beta 1_a(y)\tag{3-50}$$

式中

$$\left.\begin{aligned}\lambda^2&=\frac{qeC}{GJ}\frac{\partial C_L}{\partial\alpha}\\K&=\left(\frac{\partial C_L}{\partial\beta}+\frac{C}{e}\ \frac{\partial C_{m0}}{\partial\beta}\right)\Big/\frac{\partial C_L}{\partial\alpha}\end{aligned}\right\}\tag{3-51}$$

方程(3-46)的通解是

$$\left.\begin{aligned}\theta(y)&=A\sin\lambda y+B\cos\lambda y+\frac{p}{V}y-K\beta\qquad(y\geqslant l_1)\\\theta(y)&=F\sin\lambda y+D\cos\lambda y+\frac{p}{V}y\qquad(y\leqslant l_1)\end{aligned}\right\}\tag{3-52}$$

利用边界条件式(3-33)，并利用 $y=l_1$ 处边界的连续性，有

当 $y=0$ 时，$\theta=0$，则

$$D=0$$

当 $y=l$ 时，$\frac{d\theta}{dy}=0$，则

$$\lambda A\cos\lambda l-\lambda B\sin\lambda l+\frac{p}{V}=0$$

当 $y=l_1$ 时，考虑 $\theta(y)$ 连续，则

$$A\sin\lambda l_1+B\cos\lambda l_1+\frac{p}{V}l_1-K\beta=F\sin\lambda l_1+\frac{p}{V}l_1$$

当 $y=l_1$ 时，考虑在 l_1 处无集中扭矩，则

$$\lambda A\cos\lambda l_1-\lambda B\sin\lambda l_1+\frac{p}{V}=\lambda F\cos\lambda l_1+\frac{p}{V}$$

由此解出

$$\left.\begin{aligned}A&=-\frac{p}{V}\frac{1}{\lambda\cos\lambda l}+K\beta\cos\lambda l_1\tan\lambda l\\B&=K\beta\cos\lambda l_1\\F&=A-K\beta\sin\lambda l_1\\D&=0\end{aligned}\right\}\tag{3-53}$$

把这些常数代入式(3-52)，经过整理，得

$$\theta(y)=\frac{pl}{V}C_2(y)+\beta C_1(y)\tag{3-54}$$

式中

$$C_1(y)=-K\left\{1_a(y)[1-\cos\lambda(y-l_1)]-\frac{\sin\lambda(l-l_1)}{\cos\lambda l}\sin\lambda y\right\}$$

$$C_2(y)=\frac{y}{l}-\frac{\sin\lambda y}{\lambda l\cos\lambda l}$$

把式(3-54)代入式(3-48)，可得副翼偏角 β 与滚转角速度 p 的关系。当 p 为稳定值($\dot{p}=0$)时，则有

$$\begin{aligned}M_x&=2\int_0^l L(y)y\,dy=\\&2\int_0^l qC\left\{\frac{\partial C_L}{\partial\alpha}\left[\frac{pl}{V}C_2(y)+\beta C_1(y)-\frac{py}{V}\right]+\frac{\partial C_L}{\partial\beta}\beta 1_a(y)\right\}y\,dy=\\&2\int_0^l qC\frac{\partial C_L}{\partial\alpha}\frac{pl}{V}\left[C_2(y)-\frac{y}{l}\right]y\,dy+2\int_0^l qC\frac{\partial C_L}{\partial\alpha}\beta\left[C_1(y)+\frac{\partial C_L/\partial\beta}{\partial C_L/\partial\alpha}1_a(y)\right]y\,dy=0\end{aligned}\tag{3-55}$$

通常副翼的操纵效率用 $\partial(pl/V)/\partial\beta$ 来衡量，pl/V 表示飞机作等速滚转时的翼尖螺旋角。$(pl/V)/\beta$ 就是单位副翼偏角所引起的翼尖螺旋角。依据式(3-55)，假定 C 为常值，可得副翼操纵效率

$$\eta_a=\frac{\partial\left(\frac{pl}{V}\right)}{\partial\beta}=\frac{\int_0^l\left[C_1(y)+\frac{\partial C_L/\partial\beta}{\partial C_L/\partial\alpha}1_a(y)\right]y\,dy}{-\int_0^l\left[C_2(y)-\frac{y}{l}\right]y\,dy}\tag{3-56}$$

由式(3-56)可得，当机翼(含副翼)的构造及气动参数确定后，操纵效率 η_a 将随 λl(它显含于

$C_1(y)$和$C_2(y)$)变化,而λl的变化即反映了动压的变化。图 3-11 表示了这种关系。图中假定

$$\frac{\partial C_L}{\partial \beta}\bigg/\frac{\partial C_L}{\partial \alpha}=0.5,\qquad \left(\frac{C}{e}\right)\left(\frac{\partial C_{m0}}{\partial \beta}\bigg/\frac{\partial C_L}{\partial \alpha}\right)=-0.6,\qquad \frac{l_1}{l}=0.6$$

图 3-11 表明:λl(动压)增大,则由于弹性变形而产生的负滚转力矩将逐渐加大,所以净滚转力矩势必减小。当动压增大到某个临界值q_R时,净滚转力矩降至零。动压继续增大,则净滚转力矩转化为负值,使飞机出现操纵反效的现象。当动压$q=q_R$时,效率$\eta_a=0$。从图中可以确定$\lambda l=1.44$时,$\eta_a=0$,由此求得q_R。

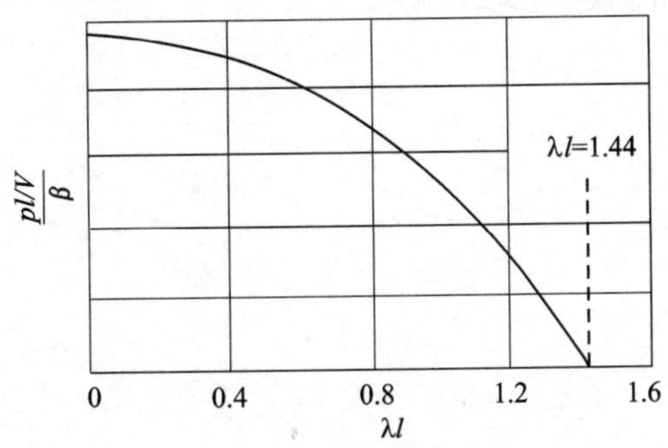

图 3-11 操纵效率与动压的关系

令式(3-56)的分子为零,并利用式(3-54),则有

$$\int_0^l \left[C_1(y)+\frac{\partial C_L/\partial \beta}{\partial C_L/\partial \alpha}1_a(y)\right]y\mathrm{d}y=\frac{\partial C_L}{\partial \beta}\left(\frac{\cos \lambda l_1}{\cos \lambda l}-1\right)+$$

$$\frac{C}{e}\frac{\partial C_{m0}}{\partial \beta}\left(\frac{\cos \lambda l_1}{\cos \lambda l}-1-\frac{\lambda^2 l^2-\lambda^2 l_1^2}{2}\right)=0$$

即

$$\left(\frac{\partial C_L}{\partial \beta}+\frac{C}{e}\frac{\partial C_{m0}}{\partial \beta}\right)(\cos \lambda l-\cos \lambda l_1)+\frac{\lambda^2 l^2-\lambda^2 l_1^2}{2}\frac{C}{e}\frac{\partial C_{m0}}{\partial \beta}\cos \lambda l=0 \tag{3-57}$$

这是一个超越方程。求得满足上式的最小λl,把它记作$\lambda_R l$,然后再由式(3-51)求出反效动压:

$$q_R=\frac{GJ}{eC\dfrac{\partial C_L}{\partial \alpha}}\lambda_R^2 \tag{3-58}$$

由式(3-48)导出η_a时,引用了条件$\dot{p}=0$,而后又由$\eta_a=0$导出反效动压q_R时,实际又必定是$p=0$。总的来说,可以认为操纵反效的条件是

$$p=0,\qquad \dot{p}=0 \tag{3-59}$$

应当指出,对于较复杂的机翼,求出解析解是不可能的,一般需要借助数值方法求解。

思考题

3.1 为什么说扭转发散是典型的亚声速现象?

3.2 分析扭转发散和载荷重新分布在物理上和数学上的区别。

3.3 分析操纵反效和操纵效率二者在物理上和数学上的区别。

3.4 在长直机翼的静气动弹性解析方法中作了哪些简化假设?

3.5 试述提高发散速度和操纵反效速度的途径,并说明原因。

参考文献

[1] Fung Y C. An Introduction to the Theory of Aeroelasticity. J. Wiley & Sons, Inc. ,1955.

[2] 伏欣 H W. 气动弹性力学原理. 沈克扬,译. 上海:上海科学技术文献出版社,1982.

[3] 诸德超,陈桂彬,邹丛青. 气动弹性力学. 航空工业部教材编审室,1986.

[4] 卢叔全. 气动弹性讲义. 南京航空学院,1991.

第 4 章　气动弹性静力学的矩阵分析方法

第 3 章中讨论了气动弹性静力学的两大类问题，并且都以微分方程作为研究的起点。对于均匀长直翼可以得出精确解，对于其他情况可借助近似方法。这对于进一步理解气动弹性静力学模型和性质已有了一个基础。对于实际翼面(或升力面)，一般都要采用近似方法，并借助数值方法去求解。在利用数值方法时，虽然也可以从第 3 章的方式入手，但不如直接将问题建立为积分方程，然后用矩阵形式去求解更为方便。特别是考虑到计及翼面上三元流动效应的气动力分布也是以矩阵形式表达的，于是问题都可以统一为矩阵分析方法。

本章首先介绍亚声速定常升力线理论及其矩阵表达，从气动力引起的结构变形角度，导出静气动弹性分析的基本方程；然后分别讨论机翼发散和载荷重新分布的计算与分析；最后讨论操纵效率与操纵反效。

4.1　气动力影响系数的矩阵表示

在处理气动弹性静力学问题时，对气动力提出的问题如下：已知升力面(因弹性变形而形成)上的迎角分布(或下洗分布)，寻求它所产生的升力分布(或环量分布)。这属于空气动力学中的一类问题。这类问题通常需要用相当复杂的方法求解。本节以定常亚声速流中有限翼展机翼(展弦比大于 3)普朗特(Prandtl)“升力线理论”为例，介绍气动力影响系数的矩阵一般表达式。

第 3 章所用片条理论，其数学处理简单，且在展弦比大于 5 时，能给出足够精确的结果。为了修正三元流动的影响，对于展向升力分布接近椭圆分布的直机翼，其升力线斜率可作如下修正：

$$\frac{\partial C_L}{\partial \alpha}=\left(\frac{\partial C_L}{\partial \alpha}\right)_\infty \frac{\lambda}{\lambda+2} \tag{4-1a}$$

式中，λ 是机翼展弦比；$\left(\frac{\partial C_L}{\partial \alpha}\right)_\infty$ 是无限翼展机翼的升力线斜率。上式对于 $\lambda>3$ 时是一个良好的近似。在处理静气动弹性问题时，由于翼面的扭转变形，迎角沿翼展变化，这时可以用另一修正公式，即

$$\frac{\partial C_L}{\partial \alpha}=\left(\frac{\partial C_L}{\partial \alpha}\right)_\infty \frac{\lambda}{\lambda+4} \tag{4-1b}$$

不难设想，未作上述修正的片条理论将给出升力分布的偏高值。当然，采用偏高值对静气动弹性计算是偏于保守的。

4.1.1　马蹄涡系

机翼的弹性变形引起了迎角的改变，因而引起气动力的改变。有很多的空气动力学理论可用以确定迎角和气动力的关系，这里不能一一详细讨论，而只能以一种气动力理论(马蹄涡升力线理论)为例，说明在研究静气动弹性问题时，如何应用这些理论。

根据空气动力学理论，在图4-1中表示了机翼启动涡(环量$-\Gamma$)的形成。初始时，沿图中虚线所示曲线，机翼环量Γ为零(Thomson定理)；为了保持$\Gamma=0$，因此又必定存在一个大小相等、方向相反的环量$+\Gamma$。这样，当机翼向前运动时，启动涡留在原处，而机翼处存在着附着涡，其环量为$+\Gamma$。由此产生升力L。由气动力理论儒可夫斯基(Joukowski)定理可知，如果涡线垂直地在流速为V的流体中，则流体对它要产生升力，升力为

$$L=\rho V\Gamma \tag{4-2}$$

根据平滑流过后缘(Kutta流动)条件，这个环量与α迎角有以下关系式：

$$\Gamma=\frac{1}{2}bV\frac{\partial C_L}{\partial \alpha}\alpha \tag{4-3}$$

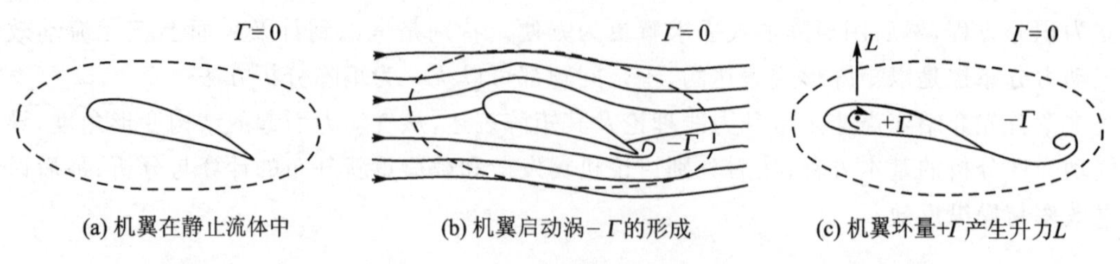

(a) 机翼在静止流体中　(b) 机翼启动涡$-\Gamma$的形成　(c) 机翼环量$+\Gamma$产生升力L

图4-1　机翼启动时环量的形成

若机翼展向无限长，则一根两端延伸到无穷远的直涡线会使得流体各点产生圆周速度，称为诱导速度。该诱导速度w与距涡中心点的距离r成反比，与涡的环量成正比，即

$$w=\frac{\Gamma}{2\pi r} \tag{4-4}$$

实际上，机翼是有限展长的，它将造成各剖面处的流动互相影响。升力线理论就是考虑这种影响的一种气动力理论。该理论适合展弦比大于3的直机翼。根据赫姆霍兹(Helmholz)定理，对于有限翼展机翼，这个代表机翼存在的附着涡涡线，在翼尖处不能终止，它将顺着来流方向沿机翼向后方延伸，形成自由涡，并在远后方与启动涡相连，如图4-2(a)所示。这两条自由涡涡线对机翼产生诱导速度(下洗速度)。可以认为它的作用相当于两条半无限长的涡线。

正是由于这两条自由涡对机翼的升力分布有着重要的影响，附着涡与两条向远后方延伸的自由涡就形成了代表机翼存在的马蹄涡。对于环量沿展向分布变化的机翼，可按上述推理，由一组马蹄涡系叠加起来代表机翼的存在，而在机翼后方形成整个自由涡面，如图4-2(b)所示。

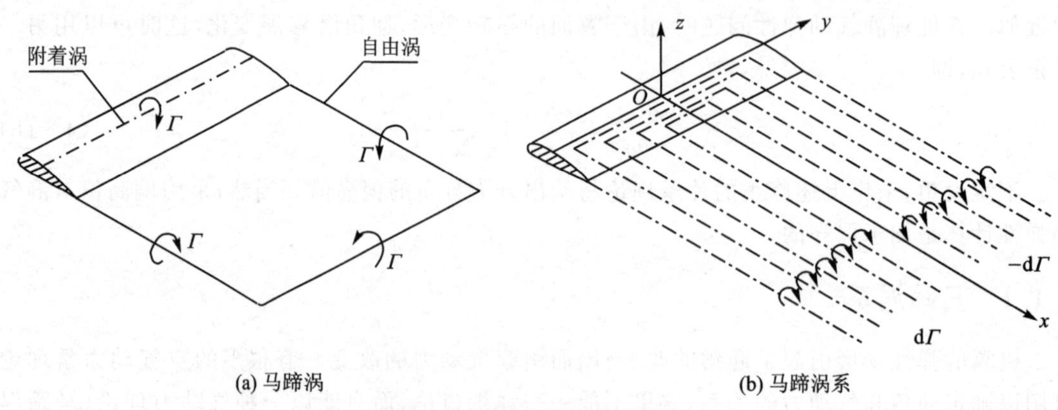

(a) 马蹄涡　(b) 马蹄涡系

图4-2　用马蹄涡系代替机翼

为了考虑有限翼展机翼各剖面之间的互相影响，用马蹄涡系代表机翼是一种通用的方法，由此可以计算气动力影响系数。

4.1.2　三元机翼的气动力影响系数矩阵

本小节中以图 4-3 所示的有限翼展直机翼为例。

根据图 4-2(b)，把全机翼(两个机翼)用变涡强 $\Gamma(y)$ 的涡线代表，则机翼尾流中连续分布着无限多个自由涡线 $\mathrm{d}\Gamma$，由机翼延伸到无穷远。如图 4-3 所示，设在翼展 η 处的涡带宽度为 $\mathrm{d}\eta$，它由机翼向后延伸。每一自由涡线 $\mathrm{d}\Gamma(y)$ 相当于半根两端都延伸到无限远的涡线。在附着涡 y 点处的下洗速度为

$$\mathrm{d}w=\frac{1}{2}\frac{1}{2\pi}\frac{\mathrm{d}\Gamma(\eta)}{y-\eta}=\frac{1}{4\pi}\frac{\mathrm{d}\Gamma(\eta)}{\mathrm{d}\eta}\frac{\mathrm{d}\eta}{y-\eta}$$

于是整个涡面对 y 处引起的下洗速度为

$$w(y)=\int_{-l}^{l}\frac{1}{4\pi}\frac{\mathrm{d}\Gamma(\eta)}{\mathrm{d}\eta}\frac{\mathrm{d}\eta}{y-\eta}$$

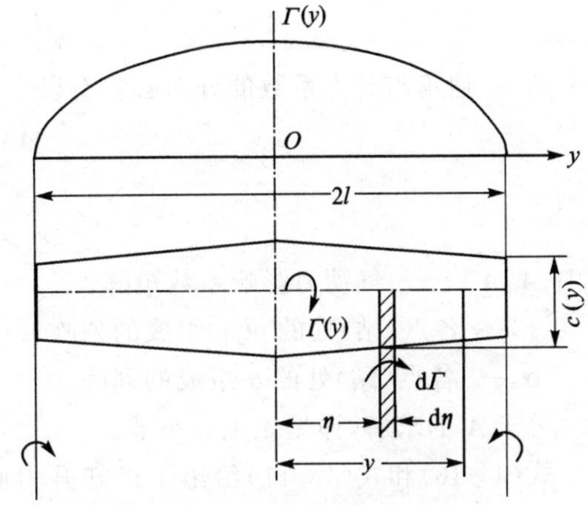

图 4-3　环量沿翼展方向变化的机翼

如图 4-4 所示，由于机翼及其后方存在诱导的下洗速度，故在翼展 y 处(第 i 点位置处)来流与机翼间的迎角将向下倾斜一个角度，即

$$\alpha_i(y)=\frac{w(y)}{V} \tag{4-5}$$

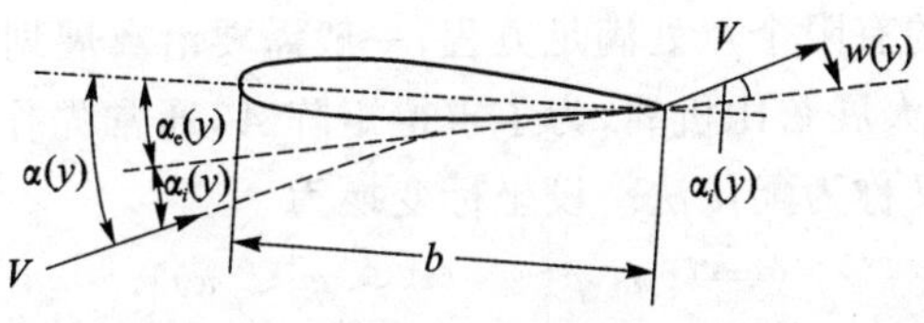

图 4-4　有效迎角

则该处有效迎角为

$$\alpha_e(y)=\alpha(y)-\alpha_i(y)=\alpha(y)-\frac{1}{4\pi V}\int_{-l}^{l}\frac{\mathrm{d}\Gamma(\eta)}{\mathrm{d}\eta}\frac{\mathrm{d}\eta}{y-\eta} \tag{4-6}$$

式中，$\alpha(y)$ 为翼展 y 处剖面的几何迎角。

同时，由式(4-3)可知，与 α_e 对应的 Γ 为

$$\Gamma(y)=\frac{V}{2}b(y)\frac{\partial C_L}{\partial\alpha}\alpha_e(y) \tag{4-7}$$

将式(4-6)代入式(4-7)，则得环量分布的基本方程

$$\Gamma(y)=\frac{V}{2}\frac{\partial C_L}{\partial\alpha}b(y)\left[\alpha(y)-\frac{1}{4\pi V}\int_{-l}^{l}\frac{\mathrm{d}\Gamma(\eta)}{\mathrm{d}\eta}\frac{\mathrm{d}\eta}{(y-\eta)}\right] \tag{4-8}$$

这就是用升力线理论计算机翼环量分布的积分-微分基本方程。由式(4-8)表示的环量分布回答了 4.1 节一开始的提问。这类方程的求解只能借助于近似方法。

若用 y_i 表示沿 y 向的第 i 个点(站)，则给定一系列(n 个)点上迎角 α 值，即可求得第 i 点

上的环量$\Gamma(y_i)$值。又由于

$$L(y_i)=\rho V\Gamma(y_i)$$

$$L(y_i)=\frac{1}{2}\rho V^2 b(y_i)C_L(y_i)$$

两式相等,可有升力系数与环量的关系为

$$b(y_i)C_L(y_i)=\frac{2}{V}\Gamma(y_i)\qquad(i=1,2,\cdots,n)\tag{4-9}$$

综上所述,迎角与升力系数的分布必将有以下关系式:

$$\boldsymbol{A}\boldsymbol{s}=\boldsymbol{\alpha}\tag{4-10}$$

或

$$\boldsymbol{s}=\boldsymbol{A}^{-1}\boldsymbol{\alpha}\tag{4-11}$$

式中,$\boldsymbol{A}$,$\boldsymbol{A}^{-1}$——气动力影响系数矩阵;

$\boldsymbol{s}$——各点(站)处的bC_L组成的列阵,$\boldsymbol{s}=[b(y_1)C_L(y_1)\quad\cdots\quad b(y_n)C_L(y_n)]^{\mathrm{T}}$;

$\boldsymbol{\alpha}$——各点(站)处的α组成的列阵。

关于$\boldsymbol{A}$的求解,详见 4.1.3 小节。

式(4-10)和式(4-11)给出了已知升力面上的迎角分布与它所产生的升力分布的关系式。该式虽然是由大展弦比和升力线理论推导得到的,但对小展弦比机翼、三角翼和后掠翼等有同样的矩阵形式,只是气动力影响系数矩阵求解方法和结果有所不同。

4.1.3 气动力影响系数矩阵 A 的近似求解方法

下面以大展弦比机翼的配置法为例,说明气动力影响系数的求解过程和形式。配置法是一种近似方法,是在翼展的有限个点处满足方程,一般需要沿翼展划分成若干点(站)。

如图 4-5 所示,对于大展弦比机翼,为了求得矩阵$\boldsymbol{A}$,通常先作一坐标变换,然后在n个点上进行配位,故该方法又称为配位法。设坐标变换为

$$\left.\begin{aligned}y&=l\cos\varphi\qquad(0\leqslant\varphi\leqslant\pi)\\ \eta&=l\cos\theta\qquad(0\leqslant\theta\leqslant\pi)\end{aligned}\right\}\tag{4-12}$$

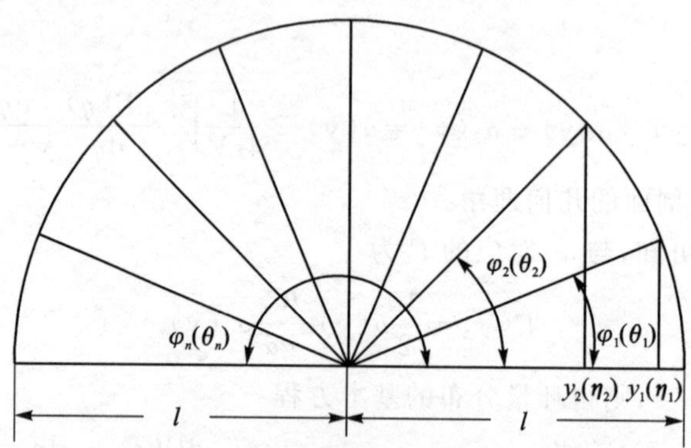

图 4-5 坐标变换与剖面分站

再沿全机的翼展长$2l$,分成n个等分角,相应地标以$\varphi_1,\varphi_2,\cdots,\varphi_n$,其点号顺序与$y$轴正向相反。设

$$\left.\begin{aligned}\Gamma(y)&=Vl\sum_{j=1}^{n}A_j\sin j\varphi\\ \Gamma(\eta)&=Vl\sum_{j=1}^{n}A_j\sin j\theta\end{aligned}\right\}\tag{4-13}$$

把式(4-12)和式(4-13)代入式(4-8),并利用(不加推导)关系式

$$\int_0^{\pi}\frac{\cos n\theta\mathrm{d}\theta}{\cos\theta-\cos\varphi}=\pi\frac{\sin n\varphi}{\sin\varphi}$$

则可得到

$$\frac{b\dfrac{\partial C_L}{\partial\alpha}}{2l}\alpha=\sum_{j=1}^{n}A_j\left[\sin j\varphi+\frac{b\dfrac{\partial C_L}{\partial\alpha}}{8l}\frac{j\sin j\varphi}{\sin\varphi}\right]\tag{4-14}$$

上式应在各个点处满足。由此即求出 A_j 与 α 的矩阵方程为

$$\frac{1}{2l}\boldsymbol{\Theta\alpha}=\boldsymbol{\Phi}_2\boldsymbol{r}+\frac{1}{8l}\boldsymbol{\Theta\Phi}_1\boldsymbol{\Phi}_3\boldsymbol{r}\tag{4-15}$$

式中

$$\boldsymbol{r}=[A_1\quad\cdots\quad A_n]^{\mathrm{T}}$$

$$\boldsymbol{\Theta}=\mathrm{diag}\left(\frac{\partial C_L}{\partial\alpha}b_1\quad\cdots\quad\frac{\partial C_L}{\partial\alpha}b_n\right)$$

$$\boldsymbol{\Phi}_1=\mathrm{diag}\left(\frac{1}{\sin\varphi_1}\quad\cdots\quad\frac{1}{\sin\varphi_n}\right)$$

$$\boldsymbol{\Phi}_2=[\phi_{2ij}],\phi_{2ij}=\sin j\varphi_i\quad(i,j=1,2,\cdots,n)$$

$$\boldsymbol{\Phi}_3=[\phi_{3ij}],\phi_{3ij}=j\sin j\varphi_i\quad(i,j=1,2,\cdots,n)$$

进一步考虑式(4-9),还可以有环量分布与升力系数分布的关系式

$$\boldsymbol{s}=2l\boldsymbol{\Phi}_2\boldsymbol{r}$$

或

$$\boldsymbol{r}=\frac{1}{2l}\boldsymbol{\Phi}_2^{-1}\boldsymbol{s}\tag{4-16}$$

将式(4-16)代入式(4-15),消去 $\boldsymbol{r}$,则得到式(4-10)和式(4-11)预期的形式

$$\boldsymbol{\alpha}=\boldsymbol{A}\boldsymbol{s}$$

或

$$\boldsymbol{s}=\boldsymbol{A}^{-1}\boldsymbol{\alpha}$$

式中

$$\boldsymbol{A}=\boldsymbol{\Theta}^{-1}+\frac{1}{8l}\boldsymbol{\Phi}_1\boldsymbol{\Phi}_3\boldsymbol{\Phi}_2^{-1}\tag{4-17}$$

显然,$\boldsymbol{A}^{-1}$ 的元素 a_{ij} 代表仅当 j 点处有一单位迎角时,在 i 点处所产生的升力(用 bC_L 表示)。这个矩阵是不对称的。

当式(4-17)中 $l\to\infty$(无限翼展情况)时,有

$$\boldsymbol{A}=\boldsymbol{\Theta}^{-1}\quad\text{和}\quad\boldsymbol{A}^{-1}=\boldsymbol{\Theta}\tag{4-18}$$

显然,式(4-18)就是片条理论的结果,$\boldsymbol{A}$ 和 $\boldsymbol{A}^{-1}$ 均为对角矩阵。

在进行计算时,可以把气动力分为相对于机身轴线的对称及反对称分布两种情况。对称

分布时,环量分布也是对称的,故可设

$$\Gamma(y)=Vl(A_1\sin\varphi+A_3\sin 3\varphi+\cdots)$$

此时迎角与局部升力系数的关系为

$$\boldsymbol{\alpha}=\boldsymbol{A}^{s}s$$

当反对称分布时,设

$$\Gamma(y)=Vl(A_2\sin 2\varphi+A_4\sin 4\varphi+\cdots)$$

相应地,有

$$\boldsymbol{\alpha}=\boldsymbol{A}^{a}s$$

式中,$\boldsymbol{A}^{s}$,$\boldsymbol{A}^{a}$ 分别是对称及反对称气动力影响系数矩阵。只要在式(4-17)中保留 j 为奇数或偶数的项,即可求得。

剖面位置的选取,通常可由等分角取得,因为只需要计算半个机翼,所以都在 0°～90°范围内等分。例如当半机翼取 4 个剖面时,φ_i 分别为 π/8,π/4,3π/8,π/2。此时,对称载荷有

$$\boldsymbol{A}^{s}=\boldsymbol{\Theta}^{-1}+\frac{1}{8l}\begin{bmatrix}10.453 & -3.828 & 0 & -0.293\\ -2.072 & 5.657 & -2.389 & 0\\ 0 & -1.828 & 4.330 & -1.707\\ -0.224 & 0 & -3.154 & 4.000\end{bmatrix} \tag{4-19a}$$

反对称载荷有

$$\boldsymbol{A}^{a}=\boldsymbol{\Theta}^{-1}+\frac{1}{8l}\begin{bmatrix}10.453 & -3.696 & 0 & 0\\ -2.000 & 5.657 & -2.000 & 0\\ 0 & -1.531 & 4.330 & 0\\ 0 & 0 & 0.001 & 0\end{bmatrix} \tag{4-19b}$$

综上所述,升力线理论是计算有限翼展机翼上升力分布的一种方法。它用一系列叠加的马蹄涡线代替机翼。在机翼后面延伸出去的自由涡,引起诱导下洗速度,从而改变了气流的来流方向,也就是改变了几何迎角的大小,以此求得升力分布与迎角之间的关系。它适用于计算大展弦比直机翼。这个理论又进一步发展为推广的升力线理论。推广的升力线理论又称四分之三弦点法。这个方法的要点是把沿展向变化的附着涡安排在沿翼展 1/4 弦线处,同样,在机翼后方引出一个自由涡面;而其运动学流动条件则要求在 3/4 弦线处得到满足,即以 3/4 弦线处的点作为下洗速度控制点。这种方法可以用来计算亚声速的大展弦比平面形状机翼,特别是后掠机翼。

当机翼展弦比小于 3 时,升力线理论就不能给出准确的结果了,对这种情况就应采用升力面理论。此时环量分布将是 $\Gamma(x,\ y)$,而不是 $\Gamma(y)$。随着大型数字计算机的发展,马蹄涡格网法已为矩阵方法提供了亚、超声速任意平面形状机翼的升力分布,可用于大展弦比机翼、小展弦比机翼、三角翼、后掠翼以及组合形状机翼等,可以方便地按升力变化的剧烈程度或不连续部位(如前、后操纵面)而划分网格;对于机翼前、后缘有转折或有操纵面的情况,处理也比较方便。

升力面的核函数法是从升力面的环量分布积分方程出发的,是升力面方法的一种。这种方法在机翼上布置连续的基本旋涡面,其环量分布是用一些函数的加权迭代来表示的,这些函数满足前、后缘及侧缘边界条件。在机翼上确定若干控制点,用积分方程建立环量分布和控制点处诱导下洗速度的联系,而诱导下洗速度则可和当地边界条件相联系,从中解出加权系数的

值，由此求得的环量分布即可确定机翼上的载荷分布。这种方法可适用于大、小展弦比机翼。

Woodward 方法也是升力面方法的一种。它也把机翼沿展向及弦向分成若干元素，在每一元素上布置等强度的面涡或线性变化的面涡。其控制点取在每一元素的中线的 95%处。从面涡的基本解出发，便可根据控制点处的边界条件确定各元素上的面涡的强度。但在这一方法中，上述控制点位置是按经验确定的，而计算结果表明，控制点位置对结果影响是很敏感的。

对于超声速及高超声速翼面，还可以采用活塞理论、牛顿冲击理论进行计算。这些方法也把翼面沿展向及弦向分成若干元素进行分析。定常气动力计算方法较多，这里不一一介绍，详细内容可参考相关的气动力方面的教材和文献。

4.2　气动弹性静力学基本方程

本节将在 4.1 节的基础上，进一步结合结构弹性变形的特性，推导具有广泛适用性的静气动弹性分析的基本方程。这一基本方程可以作为发散、操纵效率和载荷重新分布等静气动弹性分析的出发方程，为上述各项静气动弹性性能的分析做好准备。

由二元机翼的发散、操纵反效和气动载荷分布的讨论可见，静气动弹性问题有两个基本关系：一个是机翼迎角及其引起的气动力间的关系；另一个是作用在机翼上的气动载荷及其产生的弹性变形的关系。

对于机翼迎角及其引起的气动力，已在 4.1 节进行了讨论，它们之间的联系由气动力影响系数矩阵 $\mathbf{A}$ 来表示(见式(4-10)或式(4-11))，即

$$\mathbf{A}\boldsymbol{s} = \boldsymbol{\alpha}$$

或

$$\boldsymbol{s} = \mathbf{A}^{-1}\boldsymbol{\alpha}$$

$\mathbf{A}$ 的计算因所用气动力计算理论和方法的不同而不同，还因载荷情况(对称、反对称、不对称)的不同而不同。

另外，由于假定静气动弹性系统属于线性系统，弹性变形扭角 θ 及其所引起的附加气动力 bC_L^{e} 以及刚体情况下的迎角 α^{r} 及其所引起的气动力 bC_L^{r} 间也有类似关系，即有

$$\mathbf{A}\boldsymbol{s} = \boldsymbol{\alpha}$$

$$\mathbf{A}\boldsymbol{s}^{\mathrm{e}} = \boldsymbol{\theta}$$

$$\mathbf{A}\boldsymbol{s}^{\mathrm{r}} = \boldsymbol{\alpha}^{\mathrm{r}}$$

且

$$\boldsymbol{\alpha} = \boldsymbol{\alpha}^{\mathrm{r}} + \boldsymbol{\theta} \tag{4-20}$$

$$\boldsymbol{s} = \boldsymbol{s}^{\mathrm{r}} + \boldsymbol{s}^{\mathrm{e}} \tag{4-21}$$

4.2.1　大展弦比直机翼静气动弹性基本方程

对于大展弦比机翼，其弦向刚度比展向刚度要大得多，因而其弦向的变形比展向的变形要小得多。因此，为简化起见，可以假设机翼弦向剖面也是绝对刚硬的。这就是说剖面没有弦向变形。根据结构力学的知识，对于薄壳结构，可以引出弯心(或称刚心)的概念；当剪力通过该点时，剖面相对扭角将等于零。经验证明，对于大展弦比金属机翼，只要没有大开口或者展向

结构形式没有很大改变,则其刚轴基本上还是一直线。这样的机翼的弹性特性便可以近似地用刚轴的弹性特性来表示。

这样的刚轴基本上和机身对称平面相垂直,且机翼的弯、扭之间没有耦合,可以分别加以处理。同时,对于直机翼,弯曲变形并不引起迎角的变化,引起的气动载荷也很小,故在研究静气动弹性问题时可不予考虑,只需要考虑扭转变形引起的迎角变化即可。

综上所述,一个大展弦比直机翼的弹性特性近似可以用一垂直于机身对称平面的刚轴的弹性特性来表示,且只需要研究其扭转特性即可。

设一大展弦比直机翼根部是固支的,刚轴沿展向与 y 轴重合。对于大展弦比直机翼,一般可引入3个假设:

① 机翼在其自身平面内是绝对刚硬的;

② 其弦向剖面是绝对刚硬的;

③ 有一直刚轴,且刚轴近似垂直于飞机对称平面。

对于这样的大展弦比直机翼,外载荷(含气动力和重力)及变形关系可以简化。因为大展弦比直机翼的弦向剖面是刚性的,所以只要用剖面的刚心的垂直变形及对刚心的扭角就可以表示剖面的弹性变形。根据假设③,作用在刚轴上的力只引起刚轴的弯曲,而不会引起刚轴的扭转,而刚轴的弯曲也不会引起附加的气动力。

由此可见,对于大展弦比直机翼,作用在剖面上的分布载荷也可以加以简化,只需研究作用在各代表片条的剖面载荷对刚轴的扭矩 t 及它引起的对刚轴的扭角 θ 即可。通常将扭角 θ 沿展向分成若干片条,在每一片条上作用的载荷包括气动力及重力。通常,气动力简化为作用在剖面气动力中心上的升力 L 及对于它的俯仰力矩 M_{AC}(抬头为正);但在结构分析中,则常简化为各片条作用在刚轴上的升力 L 及对于刚轴的气动扭矩 M_E。显然,气动力引起的扭矩为

$$M_E = M_{\mathrm{AC}} + Le$$

式中,e 表示剖面气动中心与刚轴的距离,刚心在后为正。

再设片条重心与刚心距离为 d,重心在后为正,则这些载荷对刚轴的扭矩 t 可表示为

$$t(y) = M_{\mathrm{AC}} + Le + Nmgd = qb(bm_{\mathrm{AC}} + C_L e) + Nmgd \tag{4-22}$$

式中,q 为动压,b 为片条弦长,m 为片条质量,N 为过载系数,g 为重力加速度,m_{AC} 为空气动力对气动力中心的俯仰力矩系数(抬头为正)。如果把机翼根部固支,则其各剖面的扭转变形 $\theta(y)$ 可用积分方程表示,即

$$\theta(y) = \int_0^l f_{\theta\theta}(y,\eta)t(\eta)\mathrm{d}\eta \tag{4-23}$$

相应地,有矩阵表达式

$$\boldsymbol{\theta} = \boldsymbol{F}_{\theta\theta}\boldsymbol{t} = q\boldsymbol{F}_{\theta\theta}\bar{\boldsymbol{E}}\boldsymbol{W}\boldsymbol{s} + q\boldsymbol{F}_{\theta\theta}\bar{\boldsymbol{F}}\boldsymbol{W}\boldsymbol{m} + N\boldsymbol{F}_{\theta\theta}\bar{\boldsymbol{G}}\boldsymbol{W}\boldsymbol{g} \tag{4-24}$$

式中,$\boldsymbol{F}_{\theta\theta}$——机翼的扭转柔度影响系数矩阵,是对称矩阵;其中的元素 f_{ij} 表示在第 j 个片条剖面对其刚轴作用单位扭矩(抬头为正)时,在第 i 个片条剖面引起的扭角(抬头为正);

$\bar{\boldsymbol{E}} = \mathrm{diag}\,(e_1 \quad \cdots \quad e_n)$——以各剖面的刚心到气动中心的距离写出的对角矩阵,刚心在后为正;

$\bar{\bar{F}}=\mathrm{diag}\ (b_1^2\ \ \cdots\ \ b_n^2)$——由各剖面的弦长平方写出的对角矩阵；

$\bar{\bar{G}}=\mathrm{diag}\ (d_1\ \ \cdots\ \ d_n)$——由各剖面重心与刚心距离写出的对角矩阵，重心在后为正；

$\boldsymbol{W}$——由积分数值方法确定的各剖面加权数组成的对角矩阵；

$\boldsymbol{m}=[m_{\mathrm{AC1}}\ \ \cdots\ \ m_{\mathrm{AC}n}]^{\mathrm{T}}$——各剖面俯仰力矩系数组成的列阵；

$\boldsymbol{g}=[m_1 g\ \ \cdots\ \ m_n g]^{\mathrm{T}}$——各剖面片条质量组成的列阵。

因此，大展弦比直机翼静气动弹性基本方程可写为

$$\boldsymbol{\theta}=q\boldsymbol{E}\boldsymbol{s}+q\boldsymbol{F}\boldsymbol{m}+N\boldsymbol{G}\boldsymbol{g} \tag{4-25}$$

式中

$$\boldsymbol{E}=\boldsymbol{F}_{\theta\theta}\bar{\boldsymbol{E}}\boldsymbol{W}$$

$$\boldsymbol{F}=\boldsymbol{F}_{\theta\theta}\bar{\bar{\boldsymbol{F}}}\boldsymbol{W}$$

$$\boldsymbol{G}=\boldsymbol{F}_{\theta\theta}\bar{\bar{\boldsymbol{G}}}\boldsymbol{W}$$

4.2.2　大展弦比后掠机翼静气动弹性基本方程

对于大展弦比后掠机翼，类似大展弦比直机翼，也可引入 3 个假设：

① 机翼在其自身平面内是绝对刚硬的；

② 其弦向剖面是绝对刚硬的；

③ 有一直刚轴，但此刚轴有一后掠角(一般此后掠角不等于机翼前缘后掠角)。

因此，对于大展弦比后掠机翼，通常有两种方式处理其结构模型：一种是假设与刚轴垂直的剖面是刚硬的；另一种是假设其顺气流剖面是刚硬的。通常采用后一种假设。这样，其展向片条的划分与大展弦比直机翼相同。同样，也可把作用在各片条上的分布空气动力及重力简化为作用在剖面刚心上的向上的力 L 和 Nmg 以及对刚心的扭矩 t(其表达式与式(4-22)相同)。但是，由于后掠机翼的弹性变形是弯、扭耦合的，也就是说，这时作用在刚轴上的力所引起的刚轴的弯曲还将引起顺气流扭角的变化(详细说明见 4.3.3 小节)。因此，对于大展弦比后掠机翼，要同时考虑作用在刚轴上的力及力矩所引起的顺气流扭角。同理，这时有

$$\boldsymbol{\theta}=q(\boldsymbol{F}_{\theta\theta}\bar{\boldsymbol{E}}+\boldsymbol{F}_{\theta z})\boldsymbol{W}\boldsymbol{s}+q\boldsymbol{F}_{\theta\theta}\bar{\bar{\boldsymbol{F}}}\boldsymbol{W}\boldsymbol{m}+N(\boldsymbol{F}_{\theta\theta}\bar{\bar{\boldsymbol{G}}}-\boldsymbol{F}_{\theta z})\boldsymbol{W}\boldsymbol{g} \tag{4-26}$$

式中，$\boldsymbol{F}_{\theta z}$ 的元素 f_{ij} 表示在第 j 个剖面的刚轴上作用一向上的单位力时，在第 i 个剖面引起的顺气流扭角(抬头为正)。因此，大展弦比后掠机翼静气动弹性基本方程为

$$\boldsymbol{\theta}=q\boldsymbol{E}\boldsymbol{s}+q\boldsymbol{F}\boldsymbol{m}+N\boldsymbol{G}\boldsymbol{g} \tag{4-27}$$

式中

$$\boldsymbol{E}=(\boldsymbol{F}_{\theta\theta}\bar{\boldsymbol{E}}+\boldsymbol{F}_{\theta z})\boldsymbol{W}$$

$$\boldsymbol{F}=\boldsymbol{F}_{\theta\theta}\bar{\bar{\boldsymbol{F}}}\boldsymbol{W}$$

$$\boldsymbol{G}=(\boldsymbol{F}_{\theta\theta}\bar{\bar{\boldsymbol{G}}}-\boldsymbol{F}_{\theta z})\boldsymbol{W}$$

以上各式中，$\boldsymbol{W}$ 为展向积分加权矩阵。

4.2.3　一般翼面静气动弹性基本方程

下面讨论一般翼面(如小展弦比机翼)的外载荷及其引起的弹性变形间的关系式。如图 4-6 所示，一般翼面的特点是翼面的弦向剖面有了变形。假设机翼的上反角(或下反角)不很大，可以把机翼的翼面当作 xy 平面(或 $\xi\eta$ 平面)看待，把它分成若干小块(网格)，分别求

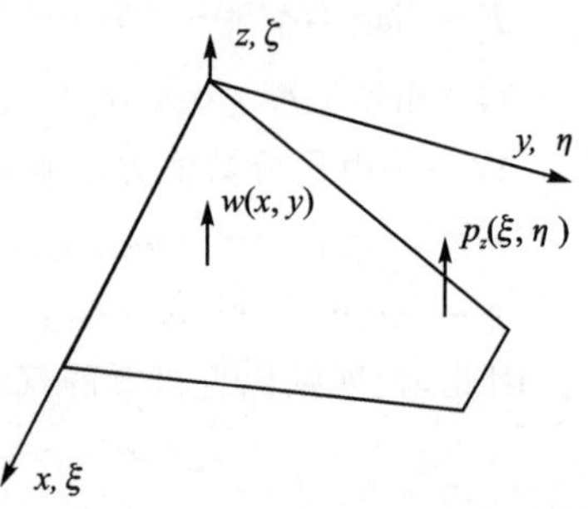

图 4-6　一般翼面及其坐标

出每一小块的变形，并求出它们之间的相互关系和相互影响。

机翼上任意点的挠度 $w(x,y)$ 和作用在翼面上的分布载荷 $p_z(x,y)$ 的关系表示为

$$w(x,y)=\iint_S f_{zz}(x,y;\xi,\eta)p_z(\xi,\eta)\mathrm{d}\xi\mathrm{d}\eta$$

式中，S 表示翼面面积，$f_{zz}(x,y;\xi,\eta)$ 的定义是在点(ξ,η)上作用 z 向单位载荷引起点(x,y)上的 z 向变形。上式表示作用在整个翼面上的分布载荷在点(x,y)上的总挠度。对气动弹性分析来说，关心其弹性扭角的变化(假设顺气流抬头为正扭角)，即

$$\theta(x,y)=\frac{-\partial w(x,y)}{\partial x}=\iint_S f_{\theta z}(x,y;\xi,\eta)p_z(\xi,\eta)\mathrm{d}\xi\mathrm{d}\eta \tag{4-28}$$

式中，$f_{\theta z}(x,y;\xi,\eta)=\dfrac{\partial f_{zz}(x,y;\xi,\eta)}{\partial x}$，称为影响函数。

作用在点(ξ,η)处的单位面积外力 $p_z(\xi,\eta)$ 由两部分组成：一部分是气动力 $qC_L(\xi,\eta)$，其中 q 是动压；另一部分是质量引起的惯性力 $\rho(\xi,\eta)gN$，其中 $\rho(\xi,\eta)$ 是单位翼面积的质量。这样，作用在点(ξ,η)处的单位面积外力可表示为

$$p_z(\xi,\eta)=qC_L(\xi,\eta)-\rho(\xi,\eta)gN$$

则有

$$\theta(x,y)=\iint_S f_{\theta z}(x,y;\xi,\eta)[qC_L(\xi,\eta)-\rho(\xi,\eta)gN]\mathrm{d}\xi\mathrm{d}\eta \tag{4-29}$$

应当指出，这里的气动力 $qC_L(\xi,\eta)$ 包含两部分：一部分是假定机翼不变形，对应于当地从零升力线量起的几何迎角 α^r 的气动力；另一部分是由于机翼的弹性变形而导致的气动力。

把积分形式化成矩阵形式

$$\boldsymbol{\theta}=q\boldsymbol{F}_{\theta z}\boldsymbol{W}\boldsymbol{s}-N\boldsymbol{F}_{\theta z}\boldsymbol{W}\boldsymbol{g} \tag{4-30}$$

式中，$\boldsymbol{\theta}$ 表示各网格点处的顺气流扭角向量；矩阵 $\boldsymbol{F}_{\theta z}$ 中的元素 f_{ij} 表示在第 j 个网格的气动力(或重力)作用点上作用一向上单位力时在第 i 个网格点处引起的顺气流扭角(抬头为正)；$\boldsymbol{W}$ 为展向积分加权矩阵(对角)，因数值积分方法的不同而不同，在最简单的情况下，可表示为 $\boldsymbol{W}=\mathrm{diag}\,(\Delta l_1 \quad \cdots \quad \Delta l_n)$，$\Delta l_i$ 为第 i 个网格的局部展长。式(4-30)可简写为

$$\boldsymbol{\theta}=q\boldsymbol{E}\boldsymbol{s}+N\boldsymbol{G}\boldsymbol{g} \tag{4-31}$$

式中

$$\boldsymbol{E}=\boldsymbol{F}_{\theta z}\boldsymbol{W}$$

$$\boldsymbol{G}=-\boldsymbol{F}_{\theta z}\boldsymbol{W}$$

方程(4-31)是分析气动弹性静力问题的基本方程，适用于小展弦比、大展弦比和后掠翼面等任何形式的翼面，可用于分析静气动弹性发散、载荷分布和操纵反效等。

以上分别给出了 3 种情况下的外载荷与变形的关系，即式(4-25)、式(4-27)、式(4-31)，它们可以统一写作如下形式：

$$\boldsymbol{\theta}=q\boldsymbol{E}\boldsymbol{s}+q\boldsymbol{F}\boldsymbol{m}+N\boldsymbol{G}\boldsymbol{g} \tag{4-32}$$

各种情况下，$\boldsymbol{E}$，$\boldsymbol{F}$，$\boldsymbol{G}$ 的表达式不尽相同。

还有一点要说明，对于大展弦比机翼，只需要求得每一展向片条上总的气动力即可。但为提高气动力计算的准确性，也可把这样的片条沿弦向再分成若干网格，然后再求得各片条的 bC_L 及 m_{AC}。当然，也可以把大展弦比机翼当作小展弦比机翼来处理，但计算量会大大增加。

在处理气动弹性效应引起的扭转发散和载荷重新分布时，也只需考虑对称情况。这是因为反对称的载荷会引起飞机的滚转，从而产生惯性力和阻尼气动力，这将在很大程度上缓和它对扭转发散和强度的影响。由此可见，对于第一类气动弹性静力问题，计算时应取对称的载荷分布情况；而对于机翼的操纵反效和操纵效率问题，可对应飞机的滚转情况，显然只需考虑对飞机纵轴反对称的载荷分布即可。对于第二类气动弹性静力问题，应取反对称情况进行分析。

4.3　机翼发散计算与分析

本节从静气动弹性基本方程的矩阵形式出发，推导机翼发散基本方程，讨论机翼发散的计算方法。

上面已经指出，对于处理扭转发散问题，应以对称气动力载荷作为计算情况。这是因为在同样的迎角分布下，对称情况的气动载荷将大于反对称情况的气动载荷，所以使发散动压降低。

4.3.1　机翼发散基本方程

在讨论二元机翼的发散时已经指出，机翼的发散问题从物理本质上看，是静稳定性问题；从数学上看，是特征值问题。

因为机翼的发散问题在物理本质上是稳定性问题，所以在研究机翼的发散时，可以不考虑作用在机翼上的原平衡力系，而只需研究机翼受微扰动后的变形（仍记作 θ）及它所引起的附加气动力，即可以不考虑重力引起的惯性力和刚体迎角所引起的气动力。联系式(4-10)，弹性恢复力矩和附加气动力引起的弹性扭角分别为

$$\boldsymbol{\theta} = q\boldsymbol{E}\boldsymbol{s}^{e} \tag{4-33}$$

$$\boldsymbol{\theta} = \boldsymbol{A}\,\boldsymbol{s}^{e} \tag{4-34}$$

如前所述，对于不同机翼，虽然都可表示成上式，但 $\boldsymbol{E}$ 的含义是不同的。上式表明，在任何微扰动 $\boldsymbol{\theta}$ 引起的附加气动力 $\boldsymbol{s}^{e}$ 作用下产生的变形恰好也是 $\boldsymbol{\theta}$。这说明，附加气动力矩恰好和与 $\boldsymbol{\theta}$ 相应的弹性恢复力矩相等；也就是说，气动力矩和弹性恢复力矩的总和为零，微扰动没有形成净恢复力矩。这时机翼处于中性稳定状态，即发散临界状态，这时的动压为发散动压 q_{D}。以上两方程可合并为

$$\boldsymbol{s}^{e} = q_{D}\boldsymbol{A}^{-1}\boldsymbol{E}\boldsymbol{s}^{e} \tag{4-35}$$

上式是一个齐次方程，它含有未知量 q_{D} 及 $\boldsymbol{s}^{e}$。该方程即为机翼发散的基本方程。

4.3.2　机翼发散计算方法

如前所述，发散在数学上是特征值问题。式(4-35)中，$\boldsymbol{s}^{e}$ 有非零解的条件为

$$|\boldsymbol{I} - q_{D}\boldsymbol{A}^{-1}\boldsymbol{E}| = 0 \tag{4-36}$$

式中，$\boldsymbol{I}$ 为单位矩阵。满足上式的 q_{D} 即为特征值。与特征值相应可求得特征向量 $\boldsymbol{s}^{e}$。由于式(4-35)是齐次方程，故与 $\boldsymbol{s}^{e}$ 成比例的任何列向量均满足式(4-35)。

若式(4-35)代表 n 个方程,则展开式(4-36)即可得到关于 q_D 的 n 阶代数方程,求解后可得到 n 个 q_D。事实上,最感兴趣的是最小的 q_D 值。而研究特征值问题时,若只需求其最大或最小的特征值,则通常都用迭代法。迭代法实际只求最大的特征值,故式(4-35)应改为

$$\lambda \boldsymbol{s}^e = \boldsymbol{D}\boldsymbol{s}^e \tag{4-37}$$

式中

$$\lambda = \frac{1}{q_D}, \qquad \boldsymbol{D} = \boldsymbol{A}^{-1}\boldsymbol{E}$$

迭代法具体过程如下:

① 先设 $\boldsymbol{s}_0^e$。$\boldsymbol{s}_0^e$ 是任意的非零向量,即该向量中至少有一个元素不为零。将它后乘 $\boldsymbol{D}$ 得一向量:

$$\boldsymbol{b}_1 = \boldsymbol{D}\boldsymbol{s}_0^e$$

② 在 $\boldsymbol{b}_1$ 中任意选取其第 i 个元素 b_{i1} 将 $\boldsymbol{b}_1$ 正则化,即得

$$\boldsymbol{s}_1^e = \frac{1}{b_{i1}}\boldsymbol{b}_1$$

通常把 $\boldsymbol{b}_1$ 中绝对值最大的元素取作 b_{i1}。由式(4-37)可见 $\lambda = b_{i1}$,它就是特征值的第一次近似值。

③ 重复上述过程。一般可写作

$$\boldsymbol{b}_{j+1} = \boldsymbol{D}\boldsymbol{s}_j^e = \lambda_{j+1}\boldsymbol{s}_{j+1}^e$$

④ 在迭代过程中,检查是否满足收敛条件

$$\left|\frac{\lambda_{j+1} - \lambda_j}{\lambda_{j+1}}\right| \leqslant \varepsilon_0$$

式中,ε_0 是给定的最大容许误差。

⑤ 若不满足要求,则重复第③,④步。若已满足收敛条件,即得

$$q_D = \frac{1}{\lambda}$$

因为矩阵代数中已证明这样迭代将收敛到其最大特征值,从而求得最小 q_D 值。最后所求得的 $\boldsymbol{s}^e$ 即为发散时升力系数向量。

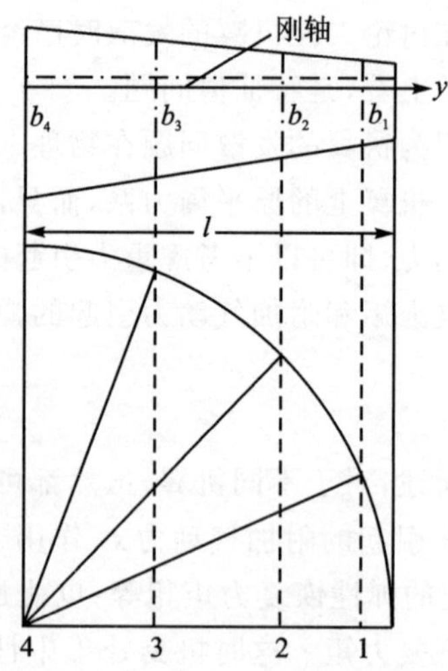

图 4-7　大展弦比直机翼示意图

例题　分别用片条理论、升力线理论(气动载荷对称分布)和升力线理论(气动载荷反对称分布)确定如图 4-7 所示的大展弦比直机翼的发散速度。机翼几何数据见图 4-7。其刚轴沿机翼的 35%弦线,刚轴垂直于对称平面。已知

$$l = 12.7\ \text{m}, \qquad \frac{\partial C_L}{\partial \alpha} = 5.5$$

$$\text{diag}\,(b_1 \quad b_2 \quad b_3 \quad b_4) = \begin{bmatrix} 2.782 & & & \\ & 3.47 & & \\ & & 4.55 & \\ & & & 5.715 \end{bmatrix}$$

其中元素的单位为 m。

解　因为该机翼是大展弦比直机翼，所以可将机翼沿展向等分成 4 个片条，以各片条的中间剖面作为该片条的计算剖面。每一片条的气动力都集中在其 1/4 弦线点上。

已知与之相应的扭转柔度影响系数矩阵为

$$\boldsymbol{F}_{\theta\theta}=\begin{bmatrix}3.683 & 1.620 & 0.609 & 0\\ 1.600 & 1.620 & 0.681 & 0\\ 0.681 & 0.981 & 0.981 & 0\\ 0 & 0 & 0 & 0\end{bmatrix}\times 10^{-6}\times\frac{1}{9.81}$$

其中元素的单位为 rad/(N・m)。

因为刚轴沿 35%弦线，在气动中心 25%弦线之后，所以 $e=0.1b$，即

$$\overline{\boldsymbol{E}}=0.1\times\mathrm{diag}\,(b_1\quad b_2\quad b_3\quad b_4)=\begin{bmatrix}0.278 & & & \\ & 0.347 & & \\ & & 0.455 & \\ & & & 0.572\end{bmatrix}$$

其中元素的单位为 m。

当积分时机翼各站不是等分时，采用摩尔索夫(Multhopp)法。因对称，只取半个机翼，剖面数为$(m+1)/2$(m 是全翼展剖面数，为奇数，此例中 $m=7$)，故其加权矩阵为对角矩阵

$$\boldsymbol{W}=\frac{\pi l}{m+1}\begin{bmatrix}\sin\dfrac{\pi}{m+1} & & & \\ & \sin\dfrac{2\pi}{m+1} & & \\ & & \ddots & \\ & & & \dfrac{1}{2}\sin\dfrac{\pi}{2}\end{bmatrix}$$

这样

$$\boldsymbol{E}=\boldsymbol{F}_{\theta\theta}\overline{\boldsymbol{E}}\boldsymbol{W}=\begin{bmatrix}1.955 & 1.982 & 1.412 & 0\\ 0.860 & 1.982 & 1.412 & 0\\ 0.362 & 0.833 & 1.412 & 0\\ 0 & 0 & 0 & 0\end{bmatrix}\times 10^{-6}\times\frac{1}{9.81}$$

其中元素的单位为 rad・m/N。

下面用不同气动力理论计算 $\boldsymbol{A}$，并求 q_{D}，V_{D}。

1. 片条理论

片条理论假设作用在各片条上的升力只取决于该片条的迎角(见式(4-18))，即

$$\boldsymbol{A}^{-1}=\frac{\partial C_L}{\partial\alpha}\mathrm{diag}\,(b_1\quad\cdots\quad b_n)$$

式中，$\dfrac{\partial C_L}{\partial\alpha}$应按风洞试验结果或按理论公式计算。设剖面的升力线斜率 a_0 为 5.5，此机翼的展弦比 λ 为 6.15，则按式(4-1a)有

$$\frac{\partial C_L}{\partial\alpha}=a_0\frac{\lambda}{\lambda+2}=4.15$$

由式(4-18)即可求得 $\boldsymbol{A}^{-1}$。由此，代入式(4-37)，并进行迭代。迭代过程如下：

$$\boldsymbol{s}^{e}=q\boldsymbol{A}^{-1}\boldsymbol{E}\boldsymbol{s}^{e}=q\frac{\partial C_L}{\partial \alpha}\begin{bmatrix}5.438 & 5.512 & 3.292 & 0\\2.983 & 6.877 & 4.900 & 0\\1.626 & 3.749 & 6.354 & 0\\0 & 0 & 0 & 0\end{bmatrix}\boldsymbol{s}^{e}\times 10^{6}$$

进行迭代计算后,得到升力系数分布、临界发散动压和海平面临界速度,分别为

$$\boldsymbol{s}^{e}=[1\quad 0.969\quad 0.724\quad 0]^{\mathrm{T}}$$

$$q_{\mathrm{D}}=\frac{1}{13.62\times 10^{-6}\times\dfrac{\partial C_L}{\partial \alpha}}\ \mathrm{N/m^2}=17\ 690\times 9.81\ \mathrm{N/m^2}$$

$$V_{\mathrm{D}}=532.2\ \mathrm{m/s}$$

对应的弹性扭角分布为

$$\boldsymbol{\theta}=\boldsymbol{A}\boldsymbol{s}^{e}=[1\quad 0.776\quad 0.447\quad 0]^{\mathrm{T}}$$

2. 升力线理论法(载荷对称分布,取 $j=1,3,5,7$)

利用式(4-19a),并代入本例题原始数据,则对称气动力影响系数矩阵为

$$\boldsymbol{A}^{s}=\begin{bmatrix}16.82 & -3.768 & 0 & -0.288\\-2.039 & 10.810 & -2.351 & 0\\0 & -1.800 & 8.302 & -1.68\\-0.221 & 0 & -3.105 & 7.118\end{bmatrix}\times 10^{-2}$$

其中元素的单位为 rad/m。

$$(\boldsymbol{A}^{s})^{-1}=\begin{bmatrix}6.229 & 2.309 & 0.821 & 0.446\\1.249 & 10.22 & 3.196 & 0.805\\0.340 & 2.446 & 13.98 & 3.313\\0.341 & 1.138 & 6.121 & 15.51\end{bmatrix}$$

其中元素的单位为 m/rad。代入式(4-37),并利用迭代法求解,其解为

$$\frac{1}{q_{\mathrm{D}}}(\boldsymbol{s}^{e})^{s}=51.83\times 10^{-6}[0.762\quad 1\quad 0.821\quad 0.382]^{\mathrm{T}}$$

由此得出

$$\frac{1}{q_{\mathrm{D}}^{s}}=51.83\times 10^{-6},\qquad q_{\mathrm{D}}^{s}=19\ 290\times 9.81\ \mathrm{N/m^2},\qquad V_{\mathrm{D}}^{s}=555.7\ \mathrm{m/s}$$

$$(\boldsymbol{s}^{e})^{s}=[0.762\quad 1\quad 0.821\quad 0.382]^{\mathrm{T}}$$

$$\boldsymbol{\theta}^{s}=[1\quad 0.820\quad 0.490\quad 0]^{\mathrm{T}}$$

其中元素的单位为 rad。

3. 升力线理论法(气动载荷反对称分布,取 $j=2,4,6,8$)

利用式(4-19b),并代入本例题原始数据,则反对称气动力影响系数矩阵为

$$\boldsymbol{A}^{a}=\begin{bmatrix}16.82 & -3.637 & 0 & 0\\-1.969 & 10.81 & -1.969 & 0\\0 & -1.507 & 8.302 & 0\\0 & 0 & 0 & 3.181\end{bmatrix}\times 10^{-2}$$

其中元素的单位为 rad/m。

$$(\boldsymbol{A}^{a})^{-1}=\begin{bmatrix}6.196 & 2.157 & 0.511 & 0\\1.167 & 9.975 & 2.365 & 0\\0.212 & 1.81 & 12.480 & 0\\0 & 0 & 0 & 3.143\end{bmatrix}$$

其中元素的单位为 m/rad。代入式(4-37),并利用迭代法求解,其解为

$$\frac{1}{q_{\mathrm{D}}}(\boldsymbol{s}^{e})^{a}=47.22\times10^{-6}[0.782\quad 1\quad 0.730\quad 0]^{\mathrm{T}}$$

由此得出

$$\frac{1}{q_{\mathrm{D}}^{a}}=47.22\times10^{-6},\qquad q_{\mathrm{D}}^{a}=21\ 180\times9.81\ \mathrm{N/m^2},\qquad V_{\mathrm{D}}^{a}=582\ \mathrm{m/s}$$

$$(\boldsymbol{s}^{e})^{a}=[0.782\quad 1\quad 0.730\quad 0]^{\mathrm{T}}$$

$$\boldsymbol{\theta}^{a}=[1\quad 0.811\quad 0.472\quad 0]^{\mathrm{T}}$$

其中元素的单位为 rad。

综上所述,3种方法所求得的 V_{D} 均为超声速,而求得此值所用的 **A** 矩阵却是在不可压缩情况下得出的。因此,以上结果不能直接应用。但是,以上研究问题的方法仍是有用的,且对于这一机翼,由于 V_{D} 超过声速很多,因此即使考虑压缩性的影响,预计也不会在亚声速范围内出现发散。

另外,在以上3种方法求得的发散动压中,片条理论 q_{D} 最小,对称载荷情况次之,反对称时最大。因此,计算扭转发散时,一般不需计算反对称的情况,这个结论适合于通常的平直机翼。这是因为反对称的载荷分布将小于对称分布,气动力偏大,则临界速度就会降低。而片条理论认为各剖面的 $\partial C_L/\partial\alpha$ 为常数,而翼尖扭角本来就大,这样一来,翼尖气动力显然偏大,因此片条理论得出的发散临界动压偏低。

4.3.3 带有掠角的机翼发散的特点

直机翼在迎面气流 V 中,速度沿翼展没有分量,因此机翼的弯曲不引起升力,只要考虑机翼扭转即可。在后掠角为 Λ 的机翼上则不然,由于 V 在展向有分量 $V\sin\Lambda$,因此机翼的弯曲(其挠度用 w 表示)也将引起升力,此时的气动弹性问题要同时研究扭转与弯曲。

设飞机在对称面作曲线飞行,速度为 V,过载系数为 N。由于对称性,故只研究一个机翼,如图4-8所示。

假定机翼为细长悬臂梁,其刚轴记作 $\bar{y}$,固支于机身,用有效根部表示。由于机翼转过一个后掠角 Λ,对于 $\bar{y}$ 方向的梁,其单位展长翼段(图4-8中的 AB)的升力为

$$L(\bar{y})=\frac{1}{2}\rho(V\cos\Lambda)^{2}\bar{c}\,\frac{\partial\bar{C}_L}{\partial\alpha}\bar{\alpha}=q\bar{c}\,\frac{\partial\bar{C}_L}{\partial\alpha}\bar{\alpha}\cos^{2}\Lambda$$

式中,$q=\dfrac{1}{2}\rho V^{2}$;

$\bar{\alpha}$——翼段(AB 方向)的有效迎角;

$\dfrac{\partial\bar{C}_L}{\partial\alpha}$——沿 AB 方向翼型的气动力导数。

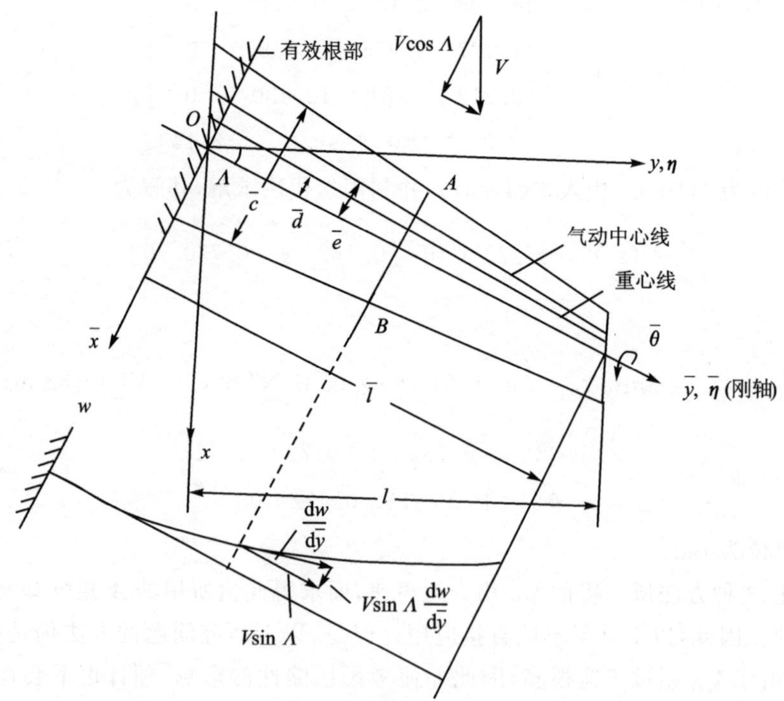

图 4-8　细长后掠机翼

当机翼没有弯曲时,有效迎角 $\bar{\alpha}$ 为

$$\bar{\alpha}=\bar{\theta}+\bar{\alpha}^{r}$$

当有弯曲时,弯曲斜率用 $dw/d\bar{y}$ 来表示(见图 4-9),则气流引起下洗分量 $\frac{dw}{d\bar{y}}V\sin\Lambda$,于是

$$\bar{\alpha}=\bar{\alpha}^{r}+\bar{\theta}-\frac{dw}{d\bar{y}}V\sin\Lambda/V\cos\Lambda=\bar{\alpha}^{r}+\bar{\theta}-\frac{dw}{d\bar{y}}\tan\Lambda \tag{4-38}$$

得到单位长度上的升力

$$L(\bar{y})=q\bar{c}\,\frac{\partial\bar{C}_L}{\partial\alpha}\left(\bar{\alpha}^{r}+\bar{\theta}-\frac{dw}{d\bar{y}}\tan\Lambda\right)\cos^2\Lambda \tag{4-39}$$

其作用点在气动中心上。此外,还有绕气动中心的力矩 $q\bar{C}_{m0}\cos^2\Lambda$ 以及重心线上的重力 $Ngm(\bar{y})$。

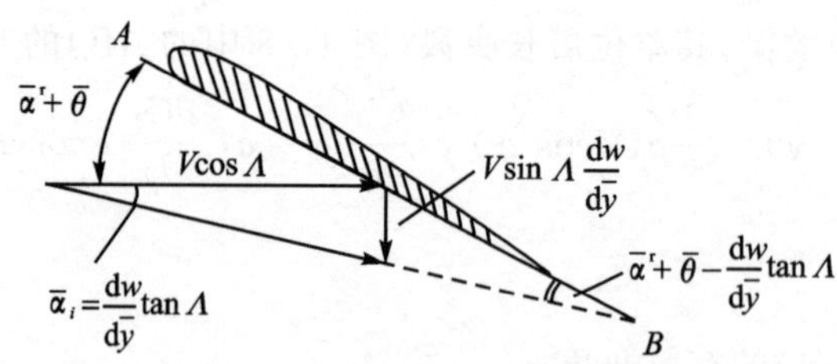

图 4-9　沿 AB 方向的有效迎角

后掠机翼在向上的升力作用下，不仅有扭转，而且有向上的弯曲变形。式(4-39)表明了有效迎角的减小，因此可以认为，弹性变形(包括弯曲)使总的迎角变化量减小$\frac{\mathrm{d}w}{\mathrm{d}\bar{y}}\tan\Lambda$。这就减小了弹性变形附加的气动力，因此起到稳定的作用。相反，如果是前掠机翼，则向上的升力虽然也产生向上的弯曲，但因为Λ为负值，所以会使迎角的变化量增大，从而增大了弹性变形附加的气动力，使不稳定的趋势增大。当后掠角增大到一定程度时，甚至会使机翼弯曲变形的影响抵消了扭角的影响，或者超过了后者的影响。经过这样的分析，可以断定，后掠机翼将比平直机翼具有更高的发散动压；当后掠角大到一定程度时，甚至机翼就不会发生扭转发散。而金属前掠机翼，由于发散动压太低，故通常不大采用。目前，为了发挥前掠机翼的气动特性，现代飞行器采用复合材料气动弹性剪裁技术设法提高发散动压，甚至消除发散。q_{D}随后掠角Λ的变化如图 4-10 所示(为典型金属机翼情况)，从图中可以看出后掠角的影响是显著的。

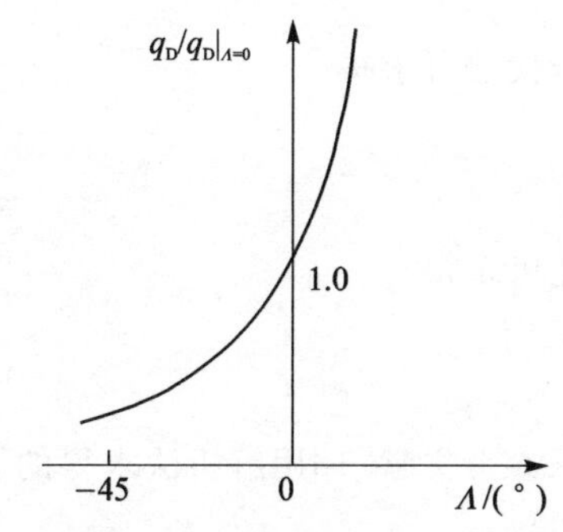

图 4-10　后掠角 Λ 对于 q_{D} 的影响

例题　一等剖面的均质大展弦比前掠翼，机翼的刚轴、重心线与 1/4 弦线重合(即 $d=e=0$)。机翼前掠角为Λ，弦长为b，半展长为l，气动力用片条理论计算，其剖面的沿机翼刚轴的$\partial C_L/\partial\alpha=a_0$。机翼沿刚轴的弯曲刚度为$EI$(常值)，计算其发散动压$q_{\mathrm{D}}$。

解　对于前掠翼，发散基本方程为

$$\boldsymbol{s}^{\mathrm{e}}=q_{\mathrm{D}}\boldsymbol{A}^{-1}\boldsymbol{E}\boldsymbol{s}^{\mathrm{e}}$$

式中，由于$e=0$，有

$$\boldsymbol{E}=\boldsymbol{F}_{\theta z}\boldsymbol{W}$$

对于片条理论，有

$$\boldsymbol{A}^{-1}=b\,a_0\cos\Lambda\cdot\boldsymbol{I}$$

为简化起见，将机翼沿展向 3 等分，取每段的中间剖面作为计算站，可以求得

$$\boldsymbol{F}_{\theta z}=\frac{l^2\sin\Lambda}{72EI\cos^2\Lambda}\begin{bmatrix}1&5&9\\1&9&21\\1&9&25\end{bmatrix}$$

取

$$\boldsymbol{W}=\frac{l}{3}\begin{bmatrix}1&&\\&1&\\&&1\end{bmatrix}$$

可得

$$\boldsymbol{A}^{-1}\boldsymbol{E}=\frac{b\,a_0l^3\sin\Lambda}{216EI\cos\Lambda}\begin{bmatrix}1&5&9\\1&9&21\\1&9&25\end{bmatrix}$$

则发散基本方程可写作

$$\lambda \boldsymbol{s}^{e}=\begin{bmatrix}1 & 5 & 9\\1 & 9 & 21\\1 & 9 & 25\end{bmatrix}\boldsymbol{s}^{e}$$

这里

$$\lambda=\frac{216EI\cos\Lambda}{q_{D}ba_{0}l^{3}\sin\Lambda}$$

用迭代法可求得

$$\lambda=33.33$$

$$\boldsymbol{s}^{e}=[0.414\quad 0.880\quad 1]^{T}$$

由此可求得

$$q_{D}=6.481\frac{EI}{ba_{0}l^{3}}\frac{\cos\Lambda}{\sin\Lambda}$$

本章参考文献[1]用解析法求得的 q_D 为

$$q_{D}=6.33\frac{EI}{ba_{0}l^{3}}\frac{\cos\Lambda}{\sin\Lambda}$$

由以上计算可见,若 l 为常值,则随前掠角 Λ 增加,q_D 迅速减小;若 $l/\cos\Lambda$ 为常值,则在 $\Lambda<35°$ 时,随 Λ 增大,q_D 逐渐减小。

以上是对一简化模型在 $d=e=0$ 条件下导出的结果,它只是定性地说明在前掠翼上由于弯曲引起的扭角所产生的影响,也说明前掠翼的发散是一种严重问题。

4.3.4 提高发散动压的设计考虑

根据许多试验结果,总结出要提高机翼的发散速度,使其超过最高飞行速度(出于安全考虑,一般使发散速度至少超过最高飞行速度的15%以上),通常采用的办法有:

① 加强机翼的扭转刚度。

② 增加机翼的根梢比和减小它的展弦比。

③ 增加机翼的后掠角。

④ 各剖面刚心尽量靠前缘,减小刚心与气动力中心的距离。亚声速时气动力中心位置在25%弦线附近,超声速在50%弦线附近,一般大展弦比机翼刚轴位置在30%~40%范围内。

⑤ 采用复合材料气动弹性剪裁设计技术,提高发散速度或消除发散。

4.4 机翼载荷重新分布的计算与分析

载荷重新分布是指飞行器在滑跑、起飞、爬升、巡航、机动、下滑、着陆等飞行过程中,整体及其翼面、机身(弹身)等部件结构由于受到气动力、弹性力、惯性力耦合作用而发生静变形,作用在静变形结构上的分布气动力和分布重力的合力称为载荷重新分布。载荷重新分布可以针对部件(如机翼、尾翼、机身、弹身等),也可以针对飞行器整体,分为迎角固定和飞行过载固定两类情况。前者常见的现象如模型固定的风洞试验,后者一般指空中自由飞行的情况,如定直平飞过载为1g以及各种机动状态。若针对空中自由飞行的飞行器整体,即为飞行载荷(静载荷部分)。

下面从静气动弹性基本方程的矩阵形式出发，推导载荷重新分布基本方程，并讨论机翼载荷重新分布的计算方法。

4.4.1　载荷重新分布基本方程

当飞机小于发散速度时，由于机翼的弹性变形，机翼上的升力沿展向分布将发生变化，这对于结构强度计算及稳定性计算都有重要影响。这里，仍以大展弦比直机翼为例来导出载荷重新分布的基本方程。

由式(4－10)、式(4－20)、式(4－21)以及静气动弹性基本方程(4－27)可得

$$\boldsymbol{A}\boldsymbol{s}^{\mathrm{e}} = q\boldsymbol{E}\boldsymbol{s}^{\mathrm{e}} + \boldsymbol{\theta}^{\mathrm{r}} \tag{4-40}$$

式中

$$\boldsymbol{\theta}^{\mathrm{r}} = q\boldsymbol{E}\boldsymbol{s}^{\mathrm{r}} + q\boldsymbol{F}\boldsymbol{m} + N\boldsymbol{G}\boldsymbol{g} \tag{4-41}$$

应注意各种情况下 $\boldsymbol{E}$，$\boldsymbol{F}$，$\boldsymbol{G}$ 的不同。$\boldsymbol{\theta}^{\mathrm{r}}$ 表示不考虑附加气动力时，作用于刚硬机翼的分布外力和力矩所引起的顺气流扭角(以下简称扭角)向量。它与扭角变形无关，用上标 r 表示。式(4－41)中右端三项分别对应于不考虑附加气动力时气动力中心上的升力、对气动力中心的力矩、计及过载影响的重力引起的扭角。式(4－40)中右端第一项表示因弹性变形而附加的气动力引起的扭角。

在式(4－41)中，q 由飞行条件确定。此外，$\boldsymbol{m}$，$\boldsymbol{g}$ 及 $\boldsymbol{A}$，$\boldsymbol{E}$，$\boldsymbol{F}$，$\boldsymbol{G}$ 都由机翼的气动特性和结构参数所决定，是给定的。在其余的 $\boldsymbol{s}^{\mathrm{r}}$，$\boldsymbol{s}^{\mathrm{e}}$ 及 N 中，有

$$N = \frac{L}{Mg}$$

式中，Mg 为飞机总重。它们之间还有一个关系式。在对称情况下，有

$$\frac{1}{2}NMg = q\int_0^l bC_L\,\mathrm{d}y$$

上式未计及尾翼的升力，式中积分域 s 为一个机翼。上式的矩阵形式为

$$N = \frac{2q}{Mg}\boldsymbol{l}^{\mathrm{T}}\boldsymbol{W}\boldsymbol{s} = \frac{2q}{Mg}\boldsymbol{l}^{\mathrm{T}}\boldsymbol{W}(\boldsymbol{s}^{\mathrm{e}} + \boldsymbol{s}^{\mathrm{r}}) \tag{4-42}$$

式中，上标 r 表示与变形无关；$\boldsymbol{l} = [1 \quad \cdots \quad 1]^{\mathrm{T}}$；$\boldsymbol{W}$ 为一展向积分加权矩阵(对角)。

式(4－40)、式(4－41)及式(4－42)组成载荷重新分布的基本方程，由此方程出发就可求得气动弹性对机翼升力展向分布的影响。但以上两式只有 $n+1$ 个方程(n 为 $\boldsymbol{A}$ 方阵的阶数)，因此还应补充给定 $\boldsymbol{s}^{\mathrm{r}}$ 或 N 及其他条件。

4.4.2　载荷重新分布的两种计算情况

关于载荷重新分布，一般存在两种情况：一是给定刚性机翼的迎角 $\boldsymbol{\alpha}^{\mathrm{r}}$，亦即固定飞行姿态，确定过载系数 N(这时 N 取决于全部载荷)；二是给定过载系数 N，确定载荷分布，即总升力一定，确定机翼的迎角 $\boldsymbol{\alpha}^{\mathrm{r}}$ 和 $\boldsymbol{s}^{\mathrm{e}}$。下面分别讨论这两种情况的计算方法。

1. 给定刚性机翼的迎角分布 $\boldsymbol{\alpha}^{\mathrm{r}}$，确定相应的升力分布及过载系数 N

由式(4－10b)，得

$$\boldsymbol{s}^{\mathrm{r}} = (\boldsymbol{A}^{\mathrm{s}})^{-1}\boldsymbol{\alpha}^{\mathrm{r}} \tag{4-43}$$

注意：式中 $\boldsymbol{A}$ 的上标 s 表示对称情况。

将上式及式(4-21)、式(4-41)、式(4-42)代入式(4-40),消去 $\boldsymbol{s}^{\mathrm{e}}$,即得

$$\boldsymbol{s}=\left(\boldsymbol{A}^{\mathrm{s}}-q\boldsymbol{E}-\frac{2q}{Mg}\boldsymbol{G}\boldsymbol{m}\boldsymbol{l}^{\mathrm{T}}\boldsymbol{W}\right)^{-1}(\boldsymbol{\alpha}^{\mathrm{r}}+q\boldsymbol{F}\boldsymbol{m}) \tag{4-44}$$

求得 $\boldsymbol{s}$ 后,即可由式(4-42)求得 N。

当 q 达到某一临界值时,上式中的求逆矩阵的行列式等于零,因此逆矩阵不存在;或者说对于任一微小扰动,$\boldsymbol{s}$ 将趋于无穷大。这个临界值就是该情况下的发散动压。

另一种情况是,若刚性机翼的 C_L^{r} 已由风洞试验模型或高精度的数值计算求出,而只是求弹性引起的修正量 C_L^{e},则可把式(4-42)写成

$$N=N^{\mathrm{r}}+N^{\mathrm{e}}=\frac{2q}{Mg}\boldsymbol{l}^{\mathrm{T}}\boldsymbol{W}(\boldsymbol{s}^{\mathrm{e}}+\boldsymbol{s}^{\mathrm{r}})$$

式中

$$N^{\mathrm{r}}=\frac{2q}{Mg}\boldsymbol{l}^{\mathrm{T}}\boldsymbol{W}\boldsymbol{s}^{\mathrm{r}}$$

$$N^{\mathrm{e}}=\frac{2q}{Mg}\boldsymbol{l}^{\mathrm{T}}\boldsymbol{W}\boldsymbol{s}^{\mathrm{e}}$$

则

$$N=N^{\mathrm{r}}+\frac{2q}{Mg}\boldsymbol{l}^{\mathrm{T}}\boldsymbol{W}\boldsymbol{s}^{\mathrm{e}} \tag{4-45}$$

式中,N^{r} 已求出。把上式代入式(4-41)后,再代入式(4-40),得

$$\boldsymbol{s}^{\mathrm{e}}=\left(\boldsymbol{A}^{\mathrm{s}}-q\boldsymbol{E}-\frac{2q}{Mg}\boldsymbol{G}\boldsymbol{g}\boldsymbol{l}^{\mathrm{T}}\boldsymbol{W}\right)^{-1}(q\boldsymbol{E}\boldsymbol{s}^{\mathrm{r}}+q\boldsymbol{F}\boldsymbol{m}+N^{\mathrm{r}}\boldsymbol{G}\boldsymbol{g}) \tag{4-46}$$

由此可解得 $\boldsymbol{s}^{\mathrm{e}}$,按式(4-45)可求得 N。

2. 给定过载系数 N,即总升力一定,确定机翼的迎角 $\boldsymbol{\alpha}^{\mathrm{r}}$ 和 $\boldsymbol{s}^{\mathrm{e}}$

这时相当于作用于机翼的总载荷是不变的,即不论是刚硬机翼还是弹性机翼,它们的总升力值一样,亦即由弹性变形引起的附加气动载荷总和为零,可表示为

$$\int_0^l bC_L^{\mathrm{e}}\,\mathrm{d}y=0$$

即

$$\boldsymbol{l}^{\mathrm{T}}\boldsymbol{W}\boldsymbol{s}^{\mathrm{e}}=0 \tag{4-47}$$

假定机翼无气动扭转及几何扭转,即

$$\boldsymbol{\alpha}^{\mathrm{r}}=\alpha^{\mathrm{r}}\boldsymbol{l}$$

注意到本问题中 $\alpha^{\mathrm{r}}=\alpha_0$ 和 $\alpha^{\mathrm{e}}(0)$ 都是未知的,故利用关系式

$$\boldsymbol{A}^{\mathrm{s}}\boldsymbol{s}^{\mathrm{r}}=\boldsymbol{\alpha}^{\mathrm{r}}=\alpha^{\mathrm{r}}\boldsymbol{l}$$

$$2q\boldsymbol{l}^{\mathrm{T}}\boldsymbol{W}\boldsymbol{s}^{\mathrm{r}}=NMg$$

可解得 α^{r} 和 $\boldsymbol{s}^{\mathrm{r}}$。有了 $\boldsymbol{s}^{\mathrm{r}}$,则可求得(见式(4-41))

$$\boldsymbol{\theta}^{\mathrm{r}}=q\boldsymbol{E}\boldsymbol{s}^{\mathrm{r}}+q\boldsymbol{F}\boldsymbol{m}+N\boldsymbol{G}\boldsymbol{g}$$

这就是刚硬机翼载荷引起的扭角。利用式(4-40),并考虑翼根处有弹性变形引起的附加迎角 $\alpha^{\mathrm{e}}(0)$,有

$$\boldsymbol{A}^{\mathrm{s}}\boldsymbol{s}^{\mathrm{e}}=q\boldsymbol{E}\boldsymbol{s}^{\mathrm{e}}+\boldsymbol{\theta}^{\mathrm{r}}+\alpha^{\mathrm{e}}(0)\boldsymbol{l} \tag{4-48}$$

式中,$\boldsymbol{s}^{\mathrm{e}}$ 与 $\alpha^{\mathrm{e}}(0)$ 为未知量,利用式(4-47)和式(4-48),则有

$$\begin{bmatrix} A^{s}-qE & -l \\ l^{T}W & 0 \end{bmatrix}\begin{bmatrix} s^{e} \\ \alpha^{e}(0) \end{bmatrix}=\begin{bmatrix} \theta^{r} \\ 0 \end{bmatrix} \tag{4-49}$$

由此可解得 s^{e} 与 $\alpha^{e}(0)$，从而可求得 s。

例题　试求图 4-11 所示机翼的弹性变形对载荷分布的影响。飞机以 480 km/h 的速度作对称机动飞行，过载系数 $N=3.5$。

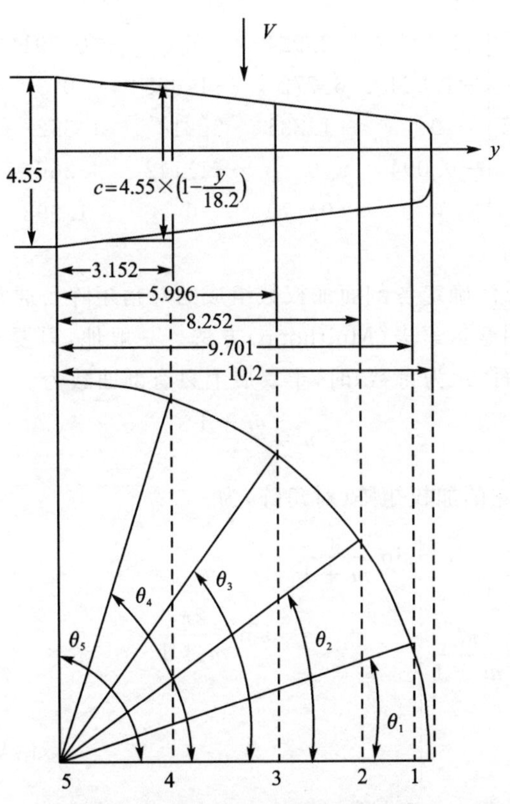

图 4-11　机翼尺寸及分站(长度单位:m)

已知：飞机总重为 $W(W=Mg)=40\ 200$ N，飞行高度在 5 000 m 时，$q=7\times10^{3}$ N/m^{2}，升力线斜率为$\partial C_L/\partial\alpha=5.5$ rad^{-1}，剖面零升力矩系数为 $m_{AC}=-0.012$，半翼展长为 $l=10.2$ m。

按图 4-11 分为 5 站(半翼展)，结构分布数据列于表 4-1。

表 4-1　结构分布数据

站　号	θ_i/(°)	y_i/m	c_i/m	e_i/m	d_i/m	$(mg)_i$/N
1	18	9.701	2.125	0.39	0.54	280
2	36	8.252	2.487	0.455	0.62	1 220
3	54	5.996	3.051	0.545	0.74	1 740
4	72	3.152	3.787	0.680	1.28	4 360
5	90	0	4.550	0.818	0	12 500

$$F_{\theta\theta}=\begin{bmatrix}4.35 & 2.42 & 1.28 & 0.74 & 0\\ 2.42 & 2.42 & 1.28 & 0.74 & 0\\ 1.28 & 1.28 & 1.28 & 0.74 & 0\\ 0.74 & 0.74 & 0.74 & 0.74 & 0\\ 0 & 0 & 0 & 0 & 0\end{bmatrix}\times 10^{-7}$$

其中元素的单位为 rad/(N · m)。

$$A^{s}=0.025\begin{bmatrix}11.147 & -2.924 & 0 & -0.291 & 0\\ -1.524 & 6.772 & -1.695 & 0 & -0.306\\ 0 & -1.231 & 5.218 & 1.342 & 0\\ -0.094 & 0 & -1.142 & 4.356 & -2.094\\ 0 & -0.179 & 0 & -1.992 & 3.928\end{bmatrix}$$

其中元素的单位为 rad/m。

解 由积分的数值方法确定各剖面加权数组成的对角矩阵。通常在计算静气动弹性问题时,为了提高精度,宜采用摩尔索夫(Multhopp)方法。一般地,只要对半个翼展进行计算,当整个翼展上共取 m 个剖面(m 为奇数)时,半翼展上只有剖面数为

$$n=\frac{m+1}{2}$$

对于摩尔索夫积分方法,它的加权矩阵(对角阵)为

$$W=\frac{\pi l}{m+1}\begin{bmatrix}\sin\frac{\pi}{m+1} & & & \\ & \sin\frac{2\pi}{m+1} & & \\ & & \ddots & \\ & & & \frac{1}{2}\sin\frac{\pi}{2}\end{bmatrix}$$

本题相当于全翼展取剖面数 $m=9$,则

$$W=\frac{\pi l}{10}\cdot \text{diag}\left(\sin 18° \quad \sin 36° \quad \sin 54° \quad \sin 72° \quad \frac{1}{2}\right)=$$
$$\text{diag}\ (0.990 \quad 1.884 \quad 2.592 \quad 3.048 \quad 1.602)$$
$$(A^{s})^{-1}l=[7.840 \quad 13.296 \quad 18.367 \quad 25.702 \quad 24.030]^{T}$$

其中元素的单位为 m/rad。

$$\alpha^{r}=\frac{NMg}{2q}\frac{1}{l^{T}W(A^{s})^{-1}l}=0.051$$

其中元素的单位为 rad。于是刚硬机翼升力分布为

$$s^{e}=\alpha^{r}(A^{s})^{-1}l=[0.398 \quad 0.674 \quad 0.931 \quad 1.303 \quad 1.218]^{T}$$

其中元素的单位为 m。

$$\theta^{r}=qEs^{r}+qFm+NGg=[0.029 \quad 0.025 \quad 0.020 \quad 0.011 \quad 0]^{T}$$

其中元素的单位为 rad。最后将以上结果代入式(4-49),得到弹性修正影响的升力分布为

$$\begin{bmatrix} 0.272 & -0.074 & -0.013 & -0.008 & 0 & -1 \\ -0.038 & 0.164 & -0.043 & -0.001 & -0.008 & -1 \\ -0.000 & -0.031 & 0.127 & -0.034 & 0 & -1 \\ -0.003 & -0.000 & 0.029 & 0.106 & -0.051 & -1 \\ 0 & -0.004 & 0 & -0.049 & 0.096 & -1 \\ 0.990 & 1.884 & 2.592 & 3.047 & 1.602 & 0 \end{bmatrix} \begin{bmatrix} s_1^e \\ s_2^e \\ s_3^e \\ s_4^e \\ s_5^e \\ \alpha^e(0) \end{bmatrix} = \begin{bmatrix} 0.029 \\ 0.025 \\ 0.020 \\ 0.011 \\ 0 \\ 0 \end{bmatrix}$$

由此解得

$$[(\boldsymbol{s}^e)^T \mid \alpha^e(0)] = [0.009\,28 \quad 0.010\,86 \quad 0.009\,65 \quad -0.007\,26 \quad -0.015\,94 \quad \mid \quad -0.001\,23]$$

其中元素的单位为 m/rad。此向量的前 5 个元素组成 $\boldsymbol{s}^e$，又可得总的载荷分布为

$$\boldsymbol{qs} = \boldsymbol{qs}^r + \boldsymbol{qs}^e = \begin{bmatrix} 2\,782 \\ 4\,718 \\ 6\,938 \\ 9\,122 \\ 8\,528 \end{bmatrix} + \begin{bmatrix} 95 \\ 76 \\ 67 \\ -51 \\ -112 \end{bmatrix} = \begin{bmatrix} 2\,847 \\ 4\,794 \\ 7\,005 \\ 9\,071 \\ 8\,416 \end{bmatrix}$$

其中元素的单位为 N/m。

图 4-12 画出了这一结果。由计算结果表明，此例讨论的机翼，其弹性对载荷分布的影响约占百分之几。迎角 $\alpha^e(0)$ 为负值表示：为保持 N 不变，弹性机翼的根部迎角必须略小于刚性机翼的迎角 α^r。

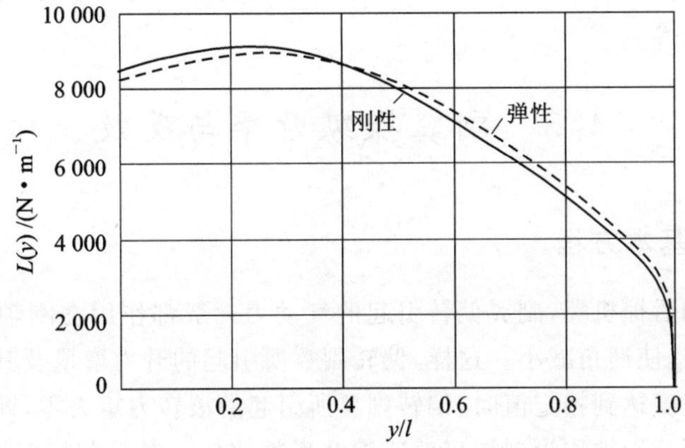

图 4-12　弹性机翼升力的重新分布

4.4.3　飞行载荷

飞行器在滑跑、起飞、爬升、巡航、机动、下滑、着陆等飞行过程中，整体及其翼面、机身(弹身)等部件结构由于受到气动力、弹性力、惯性力等耦合作用而发生静态和动态变形，作用在变形结构上的气动分布载荷与惯性分布载荷等外载荷总称为飞行器飞行载荷，有时简称外载荷或载荷。

飞行载荷包括静、动两部分：飞行静载荷属于气动弹性静力学响应问题，而飞行动载荷属于气动弹性动力学响应问题。

飞行载荷是结构与强度设计的重要输入数据，决定结构设计的重量和强度，是后续地面静

强度试验的加载依据,也是飞行试验中的检验依据。

本小节仅介绍飞行载荷的静载荷部分,对应于载荷重新分布的过载固定情况下的飞行器整体,而机翼、弹翼等部件对飞行载荷的动载荷部分,本书不做介绍。

飞行器空中自由飞行过程中具有6个自由度,任一飞行轨迹或任务对应着过载的变化,不同过载条件下,飞行器惯性力的作用也是不同的,势必对弹性结构造成影响。

这里以飞机定直平飞纵向飞行载荷为例进行分析。若不考虑结构弹性的刚体飞机,则在定直平飞过载$1g$的作用下,进行刚体飞机的飞行动力学迎角和升降舵配平即可,这是传统的飞行力学和气动力分析的专业领域。若考虑结构的弹性,仍然是$1g$的过载,则此时由于飞行器气动力和惯性力作用,结构发生变形,造成气动力重新分布,同时重心和转动惯量也发生变化,因此进行弹性飞机的飞行动力学迎角和升降舵配平时,迎角和升降舵配平值肯定会发生变化,从而影响$1g$飞行状态下的飞行姿态,并影响结构各处的外载荷分布,对结构内应力产生影响。可以看到,计算飞行载荷的静载荷部分时需要考虑飞行力学、空气动力学、结构力学三个专业及其耦合分析,是一项非常关键又很复杂、反复迭代计算、伴随飞行器设计全过程的重要设计内容。

飞行载荷分析的目的是分析飞行包线内以及起飞、着陆的所有飞行状态以及不同燃油、载荷、挂载等工况,给出飞行器结构所有点承受的最大正向、负向外载荷,提供给结构设计专业,作为结构设计最重要的输入条件。

可见,飞行器的结构刚度越小(柔性越大),过载越大,结构弹性对飞行载荷的影响越大,因此大尺寸、大展弦比的大型客机、运输机、无人机等以及高过载的战斗机、导弹等均需要充分考虑飞行载荷的精确计算。

4.5 副翼操纵效率与反效

4.5.1 操纵反效基本方程

对于平直机翼和后掠机翼,副翼偏转引起的气动力一般都作用在刚轴的后面。它使机翼产生低头方向的扭转,使迎角减小。这样,偏转副翼所引起的升力增量及其对飞机的滚转力矩都减小了。当飞行速度达到特定值时,偏转副翼所引起的滚转力矩为零,即副翼操纵失效。这时的飞行速度及速压分别被称为副翼反效速度及反效速压。对于前掠翼,虽然偏转副翼引起的气动力作用在当地剖面的刚心后面,但相对于根部剖面而言,可能会产生相反的效果。因此,前掠翼的副翼反效可能不像其他气动弹性问题那样严重。

为确定副翼反效速度,本小节仍以大展弦比直机翼为例进行说明。与前述一样,它也是从静气动弹性问题的基本方程出发,但这时

$$C_L^r=\frac{\partial C_L^r}{\partial\beta}\beta$$

$$m_{\mathrm{AC}}=\frac{\partial m_{\mathrm{AC}}}{\partial\beta}\beta$$

式中,β为副翼偏角(下偏为正);$\partial C_L^r/\partial\beta$表示副翼作单位偏转时,刚体机翼上各剖面的升力系数的增量;$\partial m_{\mathrm{AC}}/\partial\beta$表示副翼作单位偏转时各剖面空气动力中心的俯仰力矩(抬头为正)系数

的增量。

另外，偏转副翼引起的升力是反对称的，故机翼的升力总变化为零，即

$$N = 0$$

将上述各关系式代入式(4-25)，得

$$\boldsymbol{\theta} = q\boldsymbol{E}\boldsymbol{s}^{e} + q\boldsymbol{E}\boldsymbol{u}\beta + q\boldsymbol{F}\boldsymbol{v}\beta \tag{4-50}$$

式中，$\boldsymbol{u} = \left[\frac{\partial C_L^r}{\partial \beta} b_1 \quad \cdots \quad \frac{\partial C_L^r}{\partial \beta} b_n\right]^{T}$，$\boldsymbol{v} = \left[\frac{\partial m_{AC1}}{\partial \beta} \quad \cdots \quad \frac{\partial m_{AC2}}{\partial \beta}\right]^{T}$。

注意到此时载荷的反对称分布，又有

$$\boldsymbol{\theta} = \boldsymbol{A}^{a}\boldsymbol{s}^{e} \tag{4-51}$$

在反效临界状态，副翼偏转所引起的升力产生的绕飞机纵轴的滚转力矩为零，则有

$$2q_R\int_0^l \left(b\,C_L^e + b\,\frac{\partial C_L^r}{\partial \beta}\beta\right) y\,\mathrm{d}y = 0$$

其矩阵表达式为

$$q_R\boldsymbol{l}^{T}\boldsymbol{Y}\boldsymbol{W}(\boldsymbol{s}^{e} + \beta\boldsymbol{u}) = 0 \tag{4-52}$$

式中，$\boldsymbol{Y} = \mathrm{diag}\,(y_1 \quad \cdots \quad y_n)$，$y_i$ 为各网格的气动力作用点的 y 坐标；$\boldsymbol{W}$ 为展向积分加权矩阵。若记

$$\boldsymbol{h}^{T} = \boldsymbol{l}^{T}\boldsymbol{Y}\boldsymbol{W} \tag{4-53}$$

则有

$$q_R\boldsymbol{h}^{T}(\boldsymbol{s}^{e} + \beta\boldsymbol{u}) = 0 \tag{4-54}$$

上式可写作

$$\beta = -\frac{\boldsymbol{h}^{T}\boldsymbol{s}^{e}}{Sl\,\dfrac{\partial m_x^r}{\partial \beta}} \tag{4-55}$$

式中

$$\frac{\partial m_x^r}{\partial \beta} = \frac{1}{Sl}\boldsymbol{h}^{T}\boldsymbol{u}$$

$\frac{\partial m_x^r}{\partial \beta}$表示在刚体机翼上，副翼作单位偏转时引起的滚转力矩系数；S 为机翼参考面积；l 为半展长。有时，可用 $\boldsymbol{c} = \left[\frac{\partial \alpha_1^r}{\partial \beta} \quad \cdots \quad \frac{\partial \alpha_n^r}{\partial \beta}\right]^{T}$ 表示副翼作单位偏转所引起的各剖面的迎角的变化，于是

$$\boldsymbol{u} = (\boldsymbol{A}^{a})^{-1}\boldsymbol{c} \tag{4-56}$$

将式(4-51)、式(4-55)、式(4-56)代入式(4-50)，得到操纵反效的基本方程为

$$\boldsymbol{s}^{e} = q_R(\boldsymbol{A}^{a})^{-1}\boldsymbol{E}\left\{\boldsymbol{I} - \frac{1}{Sl\,\dfrac{\partial m_x^r}{\partial \beta}}[(\boldsymbol{A}^{a})^{-1}\boldsymbol{c} + \boldsymbol{E}^{-1}\boldsymbol{F}\boldsymbol{v}]\boldsymbol{h}^{T}\right\}\boldsymbol{s}^{e} \tag{4-57}$$

式(4-57)也是一个特征值问题，可用矩阵迭代法求得反效动压及相应的气动力分布。

4.5.2 操纵效率计算方法

下面仍以副翼效率为例，说明气动弹性对操纵效率的影响及计算方法。

当飞行速度小于副翼反效速度时,偏转副翼将引起滚转力矩,使飞机绕纵向体轴旋转。旋转运动引起阻尼力矩。飞机在滚转力矩作用下,旋转速度增大。这时,阻尼力矩也相应增加,使飞机旋转加速度减缓。当旋转速度增大到一定程度时,偏转副翼所引起的滚转力矩与旋转运动引起的阻尼力矩相等,机翼达到一个稳定的滚转速度。通常就把这个稳定的滚转角速度 p(或其量纲为1的量)与副翼偏角 β 的比值作为副翼操纵效率的度量。

当飞机以滚转角速度 p 绕纵向体轴 x 轴旋转时,在展向 y 处剖面的速度为 py。它使机翼局部迎角发生变化。若利用准定常气动力理论,则它引起 y 处剖面局部迎角的改变为

$$\Delta\alpha = -\frac{py}{V}$$

式中,V 为飞行速度。通常引入滚转速度的量纲为1的量 $\bar{p}$,则

$$\bar{p} = \frac{pl}{V}$$

滚转运动引起的各剖面的升力系数与局部弦长的乘积为

$$-(\boldsymbol{A}^{\mathrm{a}})^{-1}\begin{bmatrix}\dfrac{py_1}{V} & \cdots & \dfrac{py_n}{V}\end{bmatrix}^{\mathrm{T}} = -(\boldsymbol{A}^{\mathrm{a}})^{-1}\boldsymbol{y}\bar{p}$$

式中,$\boldsymbol{y}=[y_1/l \quad \cdots \quad y_n/l]^{\mathrm{T}}$。记 $\boldsymbol{p}=\begin{bmatrix}\dfrac{\partial C_L^{\mathrm{r}}}{\partial\bar{p}}b_1 & \cdots & \dfrac{\partial C_L^{\mathrm{r}}}{\partial\bar{p}}b_n\end{bmatrix}^{\mathrm{T}}$,则有

$$\boldsymbol{p} = -(\boldsymbol{A}^{\mathrm{a}})^{-1}\boldsymbol{y}$$

此外

$$\boldsymbol{s} = \boldsymbol{s}^{\mathrm{e}} + \beta\boldsymbol{u} + \bar{p}\boldsymbol{p}$$

将上述关系式代入式(4-25),且注意到这时 $N=0$,可得

$$\boldsymbol{\theta} = q\boldsymbol{E}\boldsymbol{s}^{\mathrm{e}} + q\boldsymbol{E}\boldsymbol{u}\beta + q\boldsymbol{E}\boldsymbol{p}\bar{p} + q\boldsymbol{F}\boldsymbol{v}\beta \tag{4-58}$$

注意到此时载荷的反对称分布,又有

$$\boldsymbol{\theta} = \boldsymbol{A}^{\mathrm{a}}\boldsymbol{s}^{\mathrm{e}} \tag{4-59}$$

当飞机以稳定角速度旋转时,气动力对 x 轴的力矩和为零,即

$$q\int_0^l\left(bC_L^{\mathrm{e}} + b\frac{\partial C_L^{\mathrm{r}}}{\partial\beta}\beta + b\frac{\partial C_L^{\mathrm{r}}}{\partial\bar{p}}\bar{p}\right)y\,\mathrm{d}y = 0$$

利用式(4-53)中 $\boldsymbol{h}$ 的表达式,其矩阵形式为

$$q\boldsymbol{h}^{\mathrm{T}}(\boldsymbol{s}^{\mathrm{e}} + \boldsymbol{u}\beta + \boldsymbol{p}\bar{p}) = \boldsymbol{0} \tag{4-60}$$

将式(4-59)代入到式(4-58),得

$$(\boldsymbol{A}^{\mathrm{a}} - q\boldsymbol{E})\boldsymbol{s}^{\mathrm{e}} = q\boldsymbol{E}(\boldsymbol{u}\beta + \boldsymbol{p}\bar{p}) + q\boldsymbol{F}\boldsymbol{v}\beta \tag{4-61}$$

消去式(4-60)和式(4-61)中的 $\boldsymbol{s}^{\mathrm{e}}$,得

$$\boldsymbol{h}^{\mathrm{T}}(\boldsymbol{u}\beta + \boldsymbol{p}\bar{p}) + q\boldsymbol{h}^{\mathrm{T}}(\boldsymbol{A}^{\mathrm{a}} - q\boldsymbol{E})^{-1}\boldsymbol{E}(\boldsymbol{u}\beta + \boldsymbol{p}\bar{p}) + q\boldsymbol{h}^{\mathrm{T}}(\boldsymbol{A}^{\mathrm{a}} - q\boldsymbol{E})^{-1}\boldsymbol{F}\boldsymbol{v}\beta = \boldsymbol{0} \tag{4-62}$$

因

$$\boldsymbol{I} + q(\boldsymbol{A}^{\mathrm{a}} - q\boldsymbol{E})^{-1}\boldsymbol{E} = (\boldsymbol{A}^{\mathrm{a}} - q\boldsymbol{E})^{-1}\boldsymbol{A}^{\mathrm{a}}$$

故将式(4-62)整理后可得

$$\frac{\bar{p}}{\beta} = -\frac{\boldsymbol{h}^{\mathrm{T}}(\boldsymbol{A}^{\mathrm{a}} - q\boldsymbol{E})^{-1}(\boldsymbol{A}^{\mathrm{a}}\boldsymbol{u} + q\boldsymbol{F}\boldsymbol{v})}{\boldsymbol{h}^{\mathrm{T}}(\boldsymbol{A}^{\mathrm{a}} - q\boldsymbol{E})^{-1}\boldsymbol{A}^{\mathrm{a}}\boldsymbol{p}} \tag{4-63}$$

上式也可写作

$$\frac{\bar{p}}{\beta}=\frac{\boldsymbol{h}^{\mathrm{T}}(\boldsymbol{A}^{\mathrm{a}}-q\boldsymbol{E})^{-1}(\boldsymbol{A}^{\mathrm{a}}\boldsymbol{u}+q\boldsymbol{F}\boldsymbol{v})}{\boldsymbol{h}^{\mathrm{T}}(\boldsymbol{A}^{\mathrm{a}}-q\boldsymbol{E})^{-1}\boldsymbol{y}} \tag{4-64}$$

式(4-63)和式(4-64)即为考虑气动弹性影响后的副翼操纵效率计算公式。

通常，当 $q<q_{\mathrm{R}}$ 时，可以得出操纵效率 $\bar{p}/\beta$ 与动压 q 的关系。q 增大，则 $\bar{p}/\beta$ 降低。

4.5.3　提高操纵效率的设计考虑

在设计飞行器时，为了保证飞行安全和操作灵活，对副翼反效提出如下要求：

① 反效速度至少须高出俯冲速度15%；

② 在飞机俯冲时，要保证滚转速度等于最大滚转速度的1/2。

为提高操纵效率，一般采用以下几种措施：

① 采用可动翼段(即将整个翼段变成副翼)；

② 利用绕流片增加滚动力矩；

③ 增加副翼弦长与机翼展长；

④ 增加副翼沿机翼的展长；

⑤ 提高机翼的扭转刚度。

机翼的后掠角越大，则操纵效率越低，副翼反效速度越小；而发散临界速度刚好相反，即后掠角越大，发散速度也越大。现代高速飞行器的后掠角一般都是很大的，因此操纵效率可能成为设计的一个临界问题。

思考题

4.1　简述“升力线理论”的要点。

4.2　说明气动力影响系数矩阵 $\boldsymbol{A}$ 的求解过程。

4.3　大展弦比直机翼和后掠机翼在处理气动弹性静力问题上有什么差异？

4.4　讨论式(4-32)对不同情况下矩阵 $\boldsymbol{E}$，$\boldsymbol{F}$ 和 $\boldsymbol{G}$ 的表达式。

4.5　分析前、后掠机翼扭转发散的特点。

4.6　在飞机设计中，如何考虑提高发散动压的问题？

4.7　通过4.3节和4.4节的例题，比较扭转发散和载荷重新分布在处理方法上的不同。

4.8　通过例题总结一下载荷重新分布的计算方法。

4.9　为什么机翼后掠角越大越容易反效？

4.10　比较前、后掠翼在发散、操纵效率、载荷重新分布以及飞机纵向静稳定性方面的特点和区别。

参考文献

[1] Bisplinghoff R L，Ashley H，Halfman R L. Aeroelasticity. Addison-Wesley Publishing Company，Inc.，1955.

[2] 伏欣 H W. 气动弹性力学原理. 沈克扬，译. 上海：上海科学技术文献出版社，1982.

[3] 叶逢培. 气动弹性学基础. 北京航空学院503教研室，1982.

[4] 诸德超，陈桂彬，邹丛青. 气动弹性力学. 航空工业部教材编审室，1986.

[5] 卢叔全. 气动弹性讲义. 南京航空学院，1991.

第 5 章 非定常气动力计算方法

非定常气动力计算是气动弹性动力学计算中的重要组成部分,特别是对于颤振分析。本章只介绍与颤振计算相关的谐振荡形式的非定常气动力概念、特点和基本计算方法。为了准确确定飞行器的颤振临界速度,必须研究振动翼身所受到的非定常气动力。由于精确计算非定常气动力的复杂性,因此对非定常气动力进行不同情况的简化假设,又形成了一些工程实用的准定常理论。本章将在 5.1 节和 5.2 节中分别讨论准定常气动力和非定常气动力。在准定常气动力中除了介绍经典的格罗斯曼理论以外,还把细长体理论气动导数法以及活塞理论等常用的工程算法也一并进行介绍。在非定常气动力中除介绍西奥道生理论外,还分别概要地介绍亚声速和超声速偶极子格网法;在以后的章节讨论中,将直接引用这些结果。

5.1 准定常气动力

5.1.1 格罗斯曼理论

在定常气动力理论中,可假设大展弦比机翼剖面用一连续分布的旋涡来代替,如图 5-1 所示。当薄翼作振动时,升力和旋涡强度都随时间变化;但在非黏性流中包围所有奇点周界内的总环量必须保持为零。因此,旋涡必然会从薄翼后缘脱落下来,并被气流沿流线带向下游,如图 5-2 所示。因此,在研究振动机翼的气动力时,必须考虑这些尾涡的影响,即考虑它们对机翼上各点的诱导速度。为了简化计算,引入准定常假设,即认为从后缘脱落的自由涡的影响可以不计,而附着涡在薄翼上的分布应使气流恰能在该瞬间无分离地流过机翼表面,且满足库塔条件。苏联曾用这种理论来计算振动的二元翼段(又称二元机翼)的空气动力。这是一种准定常理论,称作格罗斯曼理论。

图 5-1 在定常气动力中用连续分布的旋涡代替翼剖面

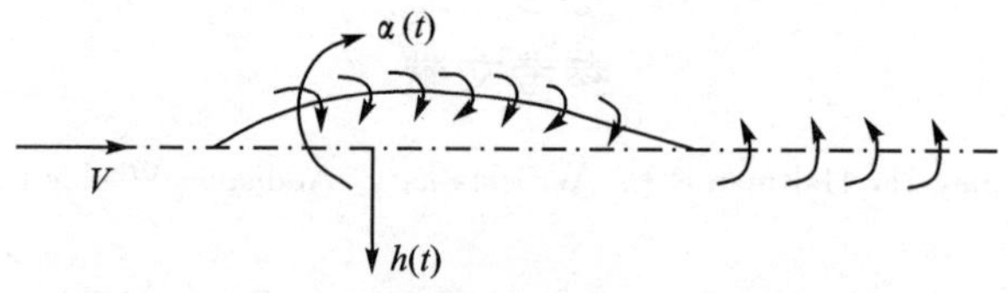

图 5-2 薄翼作振动时旋涡的流动示意

由于线化假设,颤振只和振动引起的附加气动力有关,故只需研究振动的二元平板上所受的气动力即可。

图 5－3 所示为一个弦长为 $2b$ 的二元平板，平板的运动可描述为刚心 E 点的平移 h（向下为正）及绕 E 点的转角 α（抬头为正）。E 点距翼弦的中点为 ab，其中 a 是一个量纲为 1 的系数，当 E 点位于中点后时为正。

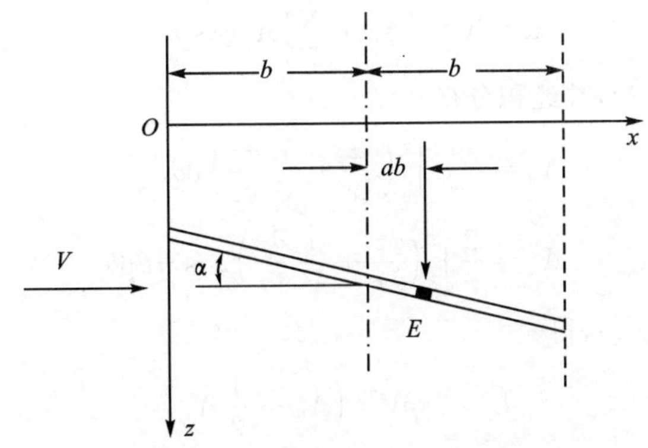

图 5－3　二元平板气动力计算图例

同样，用一系列旋涡代替平板，其强度为 $\gamma(x)$，以逆时针旋向为正，则按照儒可夫斯基定理，作用在单位展长上的气动力（向下为正）为

$$L=\int_0^{2b}\rho V\gamma(x)\mathrm{d}x=\rho V\int_0^{2b}\gamma(x)\mathrm{d}x \tag{5-1}$$

式中，V——来流速度；

ρ——空气密度。

旋涡对平板上距前缘为 x 点的诱导速度（向下为正）为

$$w(x)=\int_0^{2b}\frac{\gamma(\xi)\mathrm{d}\xi}{2\pi(\xi-x)} \tag{5-2}$$

该式本来只适用于定常情况；但在准定常假设下，该式对于同一瞬间的 $\gamma(\xi,t)$ 和 $w(x,t)$ 仍是成立的。该诱导速度 w 应恰能满足该瞬间的边界条件，即

$$\frac{w(x,t)}{V}=\frac{\partial z(x,t)}{\partial x}+\frac{1}{V}\frac{\partial z(x,t)}{\partial t} \tag{5-3}$$

此外，还应满足库塔条件，即

$$\gamma(2b)=0 \tag{5-4}$$

对式（5－2）进行变量置换，即

$$x=b(1-\cos\theta) \tag{5-5}$$

$$\xi=b(1-\cos\phi) \tag{5-6}$$

并设旋涡分布为

$$\gamma(\xi)=2V\left(A_0\cot\frac{\phi}{2}+\sum_{n=1}^{\infty}A_n\sin n\phi\right) \tag{5-7}$$

它已满足式（5－4）所表示的库塔条件。现将式（5－5）、式（5－6）、式（5－7）代入式（5－2），得

$$w=-\frac{V}{\pi}\int_0^{\pi}\frac{A_0\cot\dfrac{\phi}{2}+\sum\limits_{n=1}^{\infty}A_n\sin n\phi}{\cos\phi-\cos\theta}\sin\phi\mathrm{d}\phi \tag{5-8}$$

根据葛劳渥公式

$$\int_0^{\pi}\frac{\cos n\phi\,\mathrm{d}\phi}{\cos\phi-\cos\theta}=\pi\frac{\sin n\theta}{\sin\theta} \tag{5-9}$$

则式(5-8)可写成

$$w=V\left(-A_0+\sum_{n=1}^{\infty}A_n\cos n\theta\right) \tag{5-10}$$

将式(5-10)代入式(5-3),并经积分得

$$A_0=\frac{-1}{\pi}\int_0^{\pi}\left(\frac{\partial z}{\partial x}+\frac{1}{V}\frac{\partial z}{\partial t}\right)\mathrm{d}\theta \tag{5-11}$$

$$A_n=\frac{2}{\pi}\int_0^{\pi}\left(\frac{\partial z}{\partial x}+\frac{1}{V}\frac{\partial z}{\partial t}\right)\cos n\theta\,\mathrm{d}\theta \tag{5-12}$$

再将式(5-7)代入式(5-1),得

$$L=2\pi\rho V^2 b\left(A_0+\frac{1}{2}A_1\right) \tag{5-13}$$

并可导出气动力对前缘的力矩(抬头为正):

$$M_{\mathrm{LE}}=\rho V\int_0^{2b}x\gamma(x)\,\mathrm{d}x=L\,\frac{b}{2}+\frac{1}{2}\pi\rho V^2 b^2(A_1-A_2) \tag{5-14}$$

定义

$$C_L=\frac{L}{\frac{1}{2}\rho V^2(2b)} \tag{5-15}$$

$$C_{M_{\mathrm{LE}}}=\frac{M_{\mathrm{LE}}}{\frac{1}{2}\rho V^2(2b)^2} \tag{5-16}$$

则得

$$C_L=2\pi\left(A_0+\frac{1}{2}A_1\right) \tag{5-17}$$

$$C_{M_{\mathrm{LE}}}=\frac{1}{4}C_L+\frac{\pi}{4}(A_1-A_2) \tag{5-18}$$

平板作振动时,如图5-3所示,有

$$z(x,t)=h(x,t)+[x-(1+a)b]\alpha(x,t) \tag{5-19}$$

将式(5-19)代入式(5-11)和式(5-12),得

$$A_0=-\alpha-\frac{1}{V}(\dot{h}-ab\dot{\alpha}) \tag{5-20}$$

$$A_1=-\frac{b\dot{\alpha}}{V} \tag{5-21}$$

$$A_2=0 \tag{5-22}$$

将以上三式代入式(5-13)和式(5-14),得

$$L=-2\pi\rho V^2 b\left[\alpha+\frac{\dot{h}}{V}+\left(\frac{1}{2}-a\right)b\,\frac{\dot{\alpha}}{V}\right] \tag{5-23}$$

$$M_{\mathrm{LE}}=\frac{b}{2}L-\frac{1}{2}\pi\rho V b^3\dot{\alpha} \tag{5-24}$$

且有

$$C_L = -2\pi\left[\alpha + \frac{\dot{h}}{V} + \left(\frac{1}{2} - a\right)b\,\frac{\dot{\alpha}}{V}\right] \tag{5-25}$$

$$C_{M_{\mathrm{LE}}} = \frac{1}{4}C_L - \frac{b}{4}\,\frac{\pi}{V}\,\dot{\alpha} \tag{5-26}$$

注意:在不可压流中二元平板的理论升力线斜率为 2π,通常记作 a_0,则式(5-23)及式(5-25)可写为

$$L = -\rho V^2 a_0 b\left[\alpha + \frac{\dot{h}}{V} + \left(\frac{1}{2} - a\right)b\,\frac{\dot{\alpha}}{V}\right]$$

$$C_L = -a_0\left[\alpha + \frac{\dot{h}}{V} + \left(\frac{1}{2} - a\right)b\,\frac{\dot{\alpha}}{V}\right]$$

在实际应用时,可以采用计算或风洞试验所得到的翼型的升力线斜率代替以上两式中的 a_0。此外,式(5-26)中第一项的 1/4 表示气动焦点在 1/4 弦长处。实际应用时也可以用计算或风洞试验数据的焦点位置来进行相应的修正。

若转化为气动力对刚心点 E 的力矩,则有

$$M_E = 4\pi\rho V^2 b^2\left(\frac{1+a}{2} - \frac{1}{4}\right)\left[\alpha + \frac{\dot{h}}{V} + \left(\frac{1}{2} - a\right)b\,\frac{\dot{\alpha}}{V}\right] - \frac{1}{2}\pi\rho V b^3\dot{\alpha} \tag{5-27a}$$

或

$$M_E = 2\rho V^2 a_0 b^2\left(\frac{1+a}{2} - \frac{1}{4}\right)\left[\alpha + \frac{\dot{h}}{V} + \left(\frac{1}{2} - a\right)b\,\frac{\dot{\alpha}}{V}\right] - \frac{1}{2}\pi\rho V b^3\dot{\alpha} \tag{5-27b}$$

$$C_{M_E} = \left(\frac{1}{4} - \frac{1+a}{2}\right)C_L - \frac{b}{4}\,\frac{\pi}{V}\,\dot{\alpha} \tag{5-28}$$

在式(5-23)及式(5-25)中,$\alpha + \frac{\dot{h}}{V} + \left(\frac{1}{2} - a\right)b\,\frac{\dot{\alpha}}{V}$正是机翼 3/4 弦长处的$\frac{\partial z}{\partial x} + \frac{\partial z}{V\partial t}$值,即该点处的翼面下洗值(亦即在 3/4 弦长处诱导速度和速度之比)。这说明按准定常理论计算总升力时,可把旋涡看成是集中作用在 1/4 弦长处,而计算 3/4 弦长处的诱导速度,并使其在该点满足与翼面相切的边界条件,以求得总的旋涡强度。在总力矩式(5-24)及式(5-27)中的最后一项$-\pi\rho V b^3\dot{\alpha}/2$,是角速度引起的阻尼力矩。

5.1.2　细长体理论

细长体理论是一种适应于细长体的气动力工程分析方法。对于飞机机身、导弹弹体、外挂油箱和火箭等,当长细比较大时(一般大于 10 左右),称为细长体。在颤振和气动伺服弹性分析中,这种细长体的非定常气动力可采用一维弹性谐振荡细长体理论进行分析计算。

如图 5-4 所示轴对称细长体,通常的分析方法是虚拟动量法。细长体纵向单位长度在法向上所受的气动力表示为

$$\Delta p = -\frac{\mathrm{d}}{\mathrm{d}t}(mv) \tag{5-29}$$

式中,m——单位长度上和物体相同体积的气体质量;

v——气体在该方向的扰动速度,细长体可不考虑横剖面之间的互相影响。

又因为有

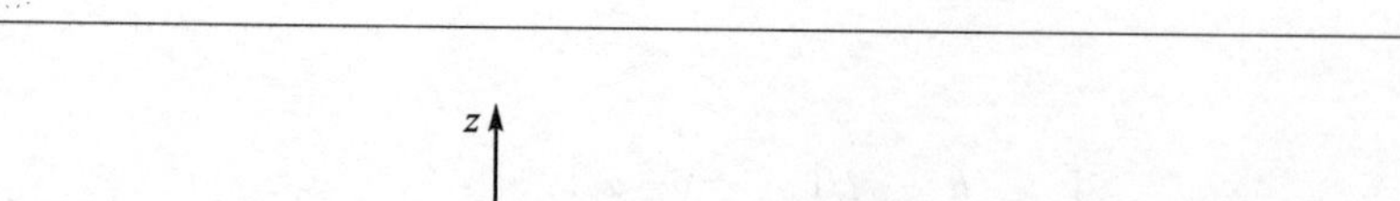

图 5-4　细长体纵向位移 x 及坐标系示意图

$$\frac{\mathrm{d}}{\mathrm{d}t}=\frac{\partial}{\partial t}+V\frac{\partial}{\partial x}$$

$$m=\rho s(x)\cdot 1$$

$$v=\frac{\partial z}{\partial t}+V\frac{\partial z}{\partial x}$$

式中，ρ——当地的大气密度；

$s(x)$——细长体纵向对称轴横截面面积；

z——细长体某处的法向振动位移；

V——飞行速度。

将以上三式代入式(5-29)，得

$$\Delta p=\rho\left(\frac{\partial}{\partial t}+V\frac{\partial}{\partial x}\right)\left[s(x)\left(\frac{\partial z}{\partial t}+V\frac{\partial z}{\partial x}\right)\right]=$$
$$-\rho\left\{\frac{\partial}{\partial t}s(x)\left(\frac{\partial}{\partial t}+V\frac{\partial}{\partial x}\right)z+V\frac{\partial}{\partial x}\left[s(x)\left(\frac{\partial}{\partial t}+V\frac{\partial}{\partial x}\right)z\right]\right\} \tag{5-30}$$

取 n 阶振动模态，采用假定模态法表示的振动，细长体上任一点法向位移可表示为

$$z(x,t)=\sum_{i=1}^{n}f_i(x)q_i(t) \tag{5-31}$$

式中，q_i——细长体第 i 阶运动(或振动)的广义坐标；

f_i——细长体第 i 阶运动(或振动)的模态。

用矩阵形式可表示为

$$\boldsymbol{z}=\boldsymbol{F}\boldsymbol{q} \tag{5-32}$$

式中，$\boldsymbol{q}$ 为广义坐标向量，$\boldsymbol{F}$ 为各阶模态列向量 $\boldsymbol{f}_i$ 组成的模态矩阵，即

$$\boldsymbol{F}=[\boldsymbol{f}_1\quad \boldsymbol{f}_2\quad \cdots\quad \boldsymbol{f}_n]$$

将细长体沿纵向轴分成 m 份，并将式(5-32)代入式(5-30)，可得到由各分段上单位长度法向气动力组成的向量

$$\Delta\boldsymbol{P}=[\Delta p_1,\Delta p_2,\cdots,\Delta p_m]=$$
$$-\rho(\boldsymbol{sF}\ddot{\boldsymbol{q}}+2V\boldsymbol{sF}'\dot{\boldsymbol{q}}+V\boldsymbol{s}'\boldsymbol{F}\dot{\boldsymbol{q}}+V^2\boldsymbol{s}'\boldsymbol{F}'\boldsymbol{q}+V^2\boldsymbol{sF}''\boldsymbol{q}) \tag{5-33}$$

式中，$\boldsymbol{s}=\mathrm{diag}(s_1\quad s_2\quad \cdots\quad s_m)$为由细长体各横截面积组成的对角阵，$\boldsymbol{F}'$为矩阵 $\boldsymbol{F}$ 对 x 的导数。

5.1.3　气动力导数法

对于细长体，准定常理论可以从定常流动的关系式出发(如图 5-4 所示)，认为局部迎角 α 等于合成速度向量与细长体纵向轴线之间的瞬时倾角，则单位长度上的法向力(向上为正)公式有如下形式：

$$\Delta p=-\frac{1}{2}\rho V^2 S C_y^\alpha\left(\frac{\partial z}{\partial x}+\frac{1}{V}\frac{\partial z}{\partial t}\right) \tag{5-34}$$

式中，C_y^α——细长体升力线斜率，一般是迎角、马赫数以及弹性细长体轴向坐标的函数；

S——气动力计算参考面积；

$\frac{\partial z}{\partial x}+\frac{1}{V}\frac{\partial z}{\partial t}$——局部迎角。

将细长体分为 m 个气动块，可得到用离散形式表示的细长体上第 i 段单位长度的法向气动力为

$$\Delta p_i=-\frac{1}{2}\rho V^2 S C_{y_i}^\alpha\left[\left(\frac{\partial z}{\partial x}\right)_i+\frac{1}{V}\left(\frac{\partial z}{\partial t}\right)_i\right]\quad (i=1,2,\cdots,m) \tag{5-35}$$

仍采用式(5-32)表示任一点位移，将式(5-32)代入式(5-35)中，有

$$\Delta \boldsymbol{p}=-\frac{1}{2}\rho V^2 S\boldsymbol{C}\left(\boldsymbol{F}'\boldsymbol{q}+\frac{1}{V}\boldsymbol{F}\dot{\boldsymbol{q}}\right) \tag{5-36}$$

式中，$\boldsymbol{C}=\mathrm{diag}\,(C_{y_1}^\alpha\quad C_{y_2}^\alpha\quad\cdots\quad C_{y_m}^\alpha)$为由细长体各段升力线斜率组成的对角阵，各段的升力线斜率可由计算或试验得到，是高度、马赫数和迎角的函数；$\boldsymbol{F}'$为矩阵 $\boldsymbol{F}$ 对 x 的导数。

可见，气动导数法用于细长体非定常气动力计算时适合任意运动速度。

5.1.4　活塞理论

对于小展弦比翼面，在计算气动力时，必须采用升力面理论来进行颤振分析，这就会使计算工作大为复杂化。这里介绍一种简化的气动力理论——活塞理论来分析颤振。试验证明，在马赫数在 2～5 范围内，用这种理论对超声速翼面进行颤振计算，都能得到满足工程精度要求的结果。

活塞理论的基本假设是翼剖面的厚度很薄和飞行马赫数很大($Ma^2\gg1$，一般认为 $Ma\leqslant5$)。在上述假设前提下，在翼面上某一点的扰动对其他点所产生的影响是很弱的。活塞理论略去了这种微弱的效应，并认为翼型上某一点的压力只与该点的下洗速度有关，形象地比作活塞在一元管道中运动时，其所受到的压力只与其运动速度有关。显然，在活塞理论中是不考虑三元效应的，幸而在实际上这种效应却是随马赫数 Ma 的增大而减弱了。

考察一个无限长的汽缸，如图 5-5 所示，未经扰动的气体压力、密度和声速分别为 p_∞，ρ_∞ 和 c_∞。设活塞行进的速度为 W，且$|W|\ll c_\infty$，因此，由于活塞运动所产生的扰动属于微扰动，它的传播过程也就可以看作等熵过程。现在来计算活塞表面上的压力 p、密度 ρ 以及声速 c。

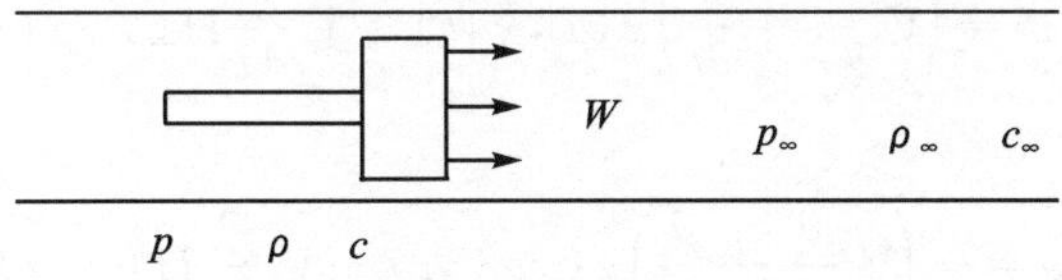

图 5-5　比喻活塞理论的无限长的汽缸

设在时间 $\mathrm{d}t$ 内，活塞运动速度变化了 $\mathrm{d}W$，此时扰动传播的距离为 $c\,\mathrm{d}t$，而受扰动的气体质量为 $\rho cF\,\mathrm{d}t$(F 表示活塞面积)，故总的动量变化为 $\rho cF\,\mathrm{d}t\cdot\mathrm{d}W$。另外，压力变化为 $\mathrm{d}p$，故活塞产生的冲量为 $\mathrm{d}pF\,\mathrm{d}t$。于是，按牛顿定律有

$$\mathrm{d}pF\mathrm{d}t=\rho cF\mathrm{d}t\cdot \mathrm{d}W$$

$$\mathrm{d}p=\rho c\cdot \mathrm{d}W \tag{5-37}$$

由等熵公式

$$\frac{p}{p_\infty}=\left(\frac{\rho}{\rho_\infty}\right)^\gamma \tag{5-38}$$

式中,γ 为比热比。当地声速为

$$c^2=\gamma\frac{p}{\rho} \tag{5-39}$$

把式(5-38)、式(5-39)代入式(5-37),得

$$p^{\left(-\frac{\gamma+1}{2\gamma}\right)}\mathrm{d}p=\frac{\gamma}{c_\infty}p_\infty^{\left(\frac{\gamma-1}{2\gamma}\right)}\mathrm{d}W \tag{5-40}$$

积分得

$$\frac{2\gamma}{\gamma-1}p^{\left(\frac{\gamma-1}{2\gamma}\right)}=\frac{\gamma}{c_\infty}p_\infty^{\left(\frac{\gamma-1}{2\gamma}\right)}W+C$$

由于在无限远前方 $p=p_\infty$ 处,相应地有 $W=0$,故可确定上式中的积分常数

$$C=\frac{2\gamma}{\gamma-1}p_\infty^{\left(\frac{\gamma-1}{2\gamma}\right)}$$

代回原式并整理得

$$p=p_\infty\left(1+\frac{\gamma-1}{2}\cdot\frac{W}{c_\infty}\right)^{\frac{2\gamma}{\gamma-1}} \tag{5-41}$$

由于活塞前进速度 $|W|\ll c_\infty$,故有 $|W/c_\infty|\ll 1$,上式展开后则可略去高阶微分项。当只保留一阶项时,称为一阶活塞理论,即扰动压力为

$$p-p_\infty=\rho_\infty c_\infty W \tag{5-42}$$

当保留二阶项时,可得到二阶活塞理论,即扰动压力为

$$p-p_\infty=\rho c_\infty^2\left[\frac{W}{c_\infty}+\frac{\gamma+1}{4}\left(\frac{W}{c_\infty}\right)^2\right] \tag{5-43}$$

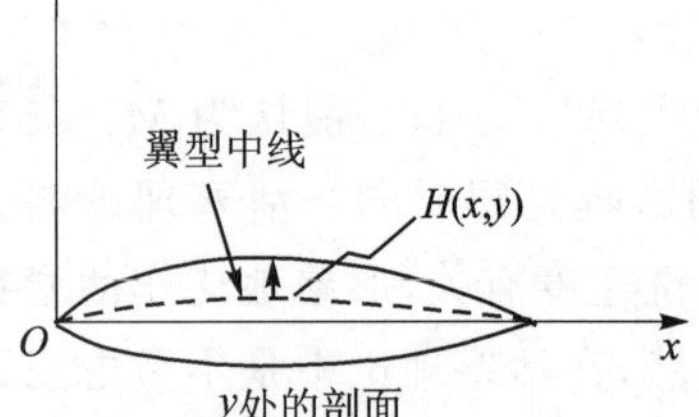

图 5-6 应用活塞理论计算作用在翼面上的气动力

应用活塞理论计算振动翼面气动力时(如图 5-6 所示),翼表面上一点的上洗速度即相当于活塞运动速度。分析翼上(下)表面的上(下)洗速度。

对于上表面,有

$$w=\left(V\frac{\partial}{\partial x}+\frac{\partial}{\partial t}\right)z(x,y,t)+V\frac{\partial}{\partial x}H(x,y) \tag{5-44a}$$

对于下表面,有

$$w=-\left(V\frac{\partial}{\partial x}+\frac{\partial}{\partial t}\right)z(x,y,t)+V\frac{\partial}{\partial x}H(x,y) \tag{5-44b}$$

式中,$H(x,y)$是由翼剖面中线量起的厚度函数,上(下)洗的方向取其离开翼型的方向为正。将式(5-44)代入式(5-43),由作用在机翼表面上的压力分布可得到上(下)表面的压力差(其中的 $p_\infty,\rho_\infty,c_\infty$ 改记为 p,ρ,c)

$$\Delta p(x,y,t)=-2\rho c\left[1+G\frac{\partial}{\partial x}H(x,y)\right]\left[\left(V\frac{\partial}{\partial x}+\frac{\partial}{\partial t}\right)z(x,y,t)\right] \tag{5-45}$$

式中，$G=\frac{\gamma+1}{2}Ma$。由上式可见，采用二阶活塞理论时，可以计入翼型的厚度效应。

采用假设模态法，取前 n 阶固有振动的模态，于是翼面的一般运动位移可表示为

$$z(x,y,t)=\sum_{i=1}^{n}f_i(x,y)q_i(t)$$

式中，$f_i(x,\ y)$——第 i 阶固有振动的模态；

$q_i(t)$——随时间变化的广义坐标。

把上式代入式(5-45)后，得

$$\Delta p(x,y,t)=-2\rho c\sum_{j=1}^{n}\left[1+G\frac{\partial}{\partial x}H(x,y)\right]\left[V\frac{\partial}{\partial x}f_j(x,y)q_j(t)+f_j(x,y)\dot{q}_j(t)\right] \tag{5-46}$$

可见，非定常气动力取决于所选的位移函数以及翼型的厚度函数。

5.2　非定常气动力

5.2.1　西奥道生理论

如图 5-2 所示，在非定常理论中，考虑了由后缘流下的尾迹中自由涡的影响。因此，在二元流动的范围内，这是个准确的理论。当考虑三元效应的非定常理论时，问题变得很复杂，因此早期的工程颤振计算常常采用二元的非定常理论。

关于机翼作简谐振动的情况，西奥道生曾给出了完整的解答。此处不作详细叙述，直接引出由非定常理论导出的结果。如图 5-3 所示，在不可压流中的二元平板，当它以频率 ω 作简谐振动时，有

$$h=h_0\mathrm{e}^{\mathrm{i}\omega t} \tag{5-47}$$

$$\alpha=\alpha_0\mathrm{e}^{\mathrm{i}\omega t} \tag{5-48}$$

由非定常理论求得

$$L=-\pi\rho b^2(V\dot{\alpha}+\ddot{h}-ab\ddot{\alpha})-2\pi\rho VbC(k)\left[V\alpha+\dot{h}+\left(\frac{1}{2}-a\right)b\dot{\alpha}\right] \tag{5-49}$$

$$M_E=\pi\rho b^2\left[ab(V\dot{\alpha}+\ddot{h}-ab\ddot{\alpha})-\frac{1}{2}Vb\dot{\alpha}-\frac{1}{8}b^2\ddot{\alpha}\right]+2\pi\rho Vb^2\left(\frac{1}{2}+a\right)C(k)\left[V\alpha+\dot{h}+\left(\frac{1}{2}-a\right)b\dot{\alpha}\right] \tag{5-50}$$

式中，k——减缩频率，量纲为 1，$k=\frac{b\omega}{V}$；

ω——简谐振动的角频率；

$C(k)$——西奥道生函数。

$$C(k)=F(k)+\mathrm{i}G(k)\qquad (\mathrm{i}=\sqrt{-1}) \tag{5-51}$$

$$F(k)=\frac{J_1(J_1+Y_0)+Y_1(Y_1-J_0)}{(J_1+Y_0)^2+(Y_1-J_0)^2} \tag{5-52}$$

$$G(k) = -\frac{Y_1 Y_0 + J_1 J_0}{(J_1 + Y_0)^2 + (Y_1 - J_0)^2} \tag{5-53}$$

式中,J_0,J_1,Y_0 和 Y_1 是 k 的第一类和第二类标准贝塞尔函数。$F(k)$和 $G(k)$随 k 的变化曲线如图 5-7 所示。

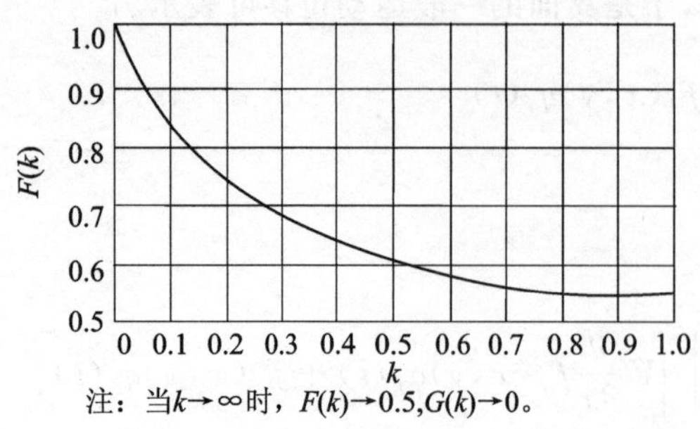

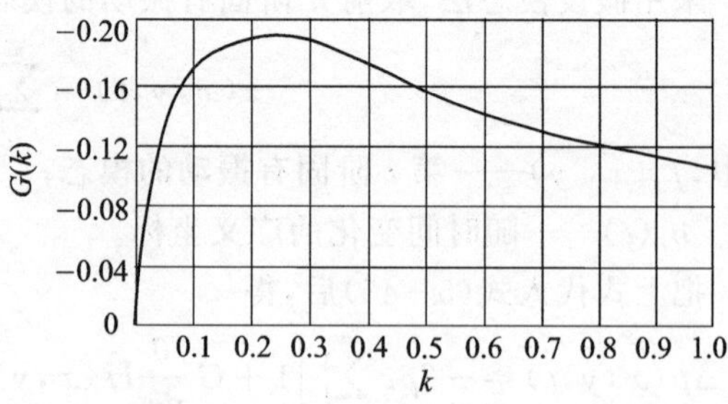

图 5-7　西奥道生函数

关于式(5-49)及式(5-50)中的气动力表达式的物理意义可作如下解释:

在式(5-49)中第一个括号内的项可以改写为

$$\frac{\mathrm{d}}{\mathrm{d}t}(\dot{h} - ab\dot{\alpha} + V\alpha)$$

它代表有迎角 α 时中点处的下洗加速度;而 $\pi\rho b^2$ 则为气流视在质量,二者的乘积就可看作机翼振动时带动空气和它一起振动而产生的惯性反作用力,这些力的合力作用点将通过机翼的中点,设用 L_1 表示。在式(5-49)中的第二项,如果略去 $C(k)$的作用,则与准定常理论的升力式(5-23)一致。它代表由环量而产生的升力,正比于 3/4 弦长点处的下洗;而合力则通过气动力中心,设用 L_2 来表示。不难设想,$C(k)$就是由于考虑了自由涡的作用而引起的修正项,这种修正不仅表示升力大小将有所改变,而且还表示升力将落后于运动一个相位差。

在力矩表达式(5-50)中的第一项是由 3 部分组成的:第一部分显然是由于 L_1 所产生的对刚心 E 的力矩;第二部分 $-\pi\rho b^3\dot{\alpha}/2$ 是准定常理论中所指的阻尼力矩;第三部分 $-\pi\rho b^4\ddot{\alpha}/8$ 可看作由机翼围绕中点作角加速运动而引起的气流的惯性反作用力矩。式(5-50)中的第二项是由 L_2 所产生的对刚心的力矩。

这里应该说明为什么自由涡对于升力 L_2 的修正要与减缩频率 k 有关,这是因为减缩频率 k 表征着流动随着时间变化的特征。冯·卡门曾经给出过如下有趣的解释:设想机翼上有一点处发生扰动,并且与机翼一起振动,受到扰动影响的流体将以平均速度 V 向下游流去,设机翼受扰动的振动角频率是 ω,于是扰动的波长将是 $2\pi V/\omega$。因此,比值

$$\frac{2b}{\frac{2\pi V}{\omega}} = \frac{b\omega}{\pi V}$$

与减缩频率成正比,并说明了 k 代表机翼特征长度 $2b$ 与扰动波长的比。换言之,k 表征着机翼上其他各点感受扰动的方式。由于振动机翼上每一点都扰动着气流,因此可以说减缩频率 k 表征着机翼各点处运动之间的相互影响作用。

在计算时采用式(5-49)及式(5-50)的形式,自然是不方便的。如果注意到在简谐运动时的式(5-47)和式(5-48)(其中 h 与 α 代表振幅,并且可以是复数,以表示它们之间可以存

在有相位差)，则把它们代入式(5-49)及式(5-50)中，经过整理可得

$$L=\pi\rho b^3\omega^2\left\{L_h\frac{h}{b}+\left[L_\alpha-\left(\frac{1}{2}+a\right)L_h\right]\alpha\right\} \tag{5-54}$$

$$M_E=\pi\rho b^4\omega^2\left\{\left[M_h-\left(\frac{1}{2}+a\right)L_h\right]\frac{h}{b}+\left[M_\alpha-\left(\frac{1}{2}+a\right)(L_\alpha+M_h)+\left(\frac{1}{2}+a\right)^2L_h\right]\alpha\right\} \tag{5-55}$$

式中

$$L_h=1-\mathrm{i}\frac{2}{k}[F(k)+\mathrm{i}G(k)]$$

$$L_\alpha=\frac{1}{2}-\mathrm{i}\frac{1}{k}\{1+2[F(k)+\mathrm{i}G(k)]\}-\frac{2}{k}[F(k)+\mathrm{i}G(k)]$$

$$M_h=\frac{1}{2}$$

$$M_\alpha=\frac{3}{8}-\mathrm{i}\frac{1}{k}$$

5.2.2　亚声速偶极子格网法简述

亚声速偶极子格网法是基于小扰动线化位势流方程的面元法，适用于亚声速范围，是当前颤振工程分析中流行的非定常气动力计算方法之一。

采用亚声速偶极子格网法计算非定常气动力，先要将升力面进行合理的气动网格划分。将升力面分成若干个两侧边平行于来流的梯形块，并认为每小块上的空气动力作用在分块的中剖面与分块 1/4 弦线的交点，则该点称为压力点(如图 5-8 中的 F_2 点)；边界条件则是在分块的中剖面与分块 3/4 弦线的交点处满足，那么该点称为下洗控制点(如图 5-8 中的 H 点)。假定将升力面划分成 n 个网格。

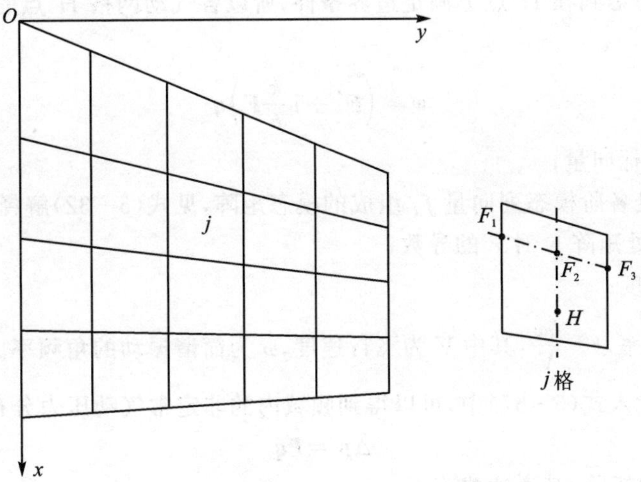

图 5-8　升力面网格上的 F_1，F_2，F_3 和 H 点

空气动力坐标系约定如下：升力面坐标系规定原点位于升力面根前缘，x 轴顺气流，y 轴沿翼展向外，z 轴由右手定则确定。

通过求解基本方程确定气动分块上的非定常气动力分布。由线性非定常气动力理论可知，对于每个网格中 3/4 弦长点(即下洗控制点 H)处应满足下列积分方程：

$$w_i = \frac{1}{4\pi\rho V^2}\sum_{j=1}^{n}\frac{1}{2}\rho V^2 \Delta c_{p_j}\Delta x_j \cos\varphi_j \int_{l_j} K_{ij}\,\mathrm{d}l_j = \frac{1}{8\pi}\sum_{j=1}^{n}\Delta c_{p_j}\Delta x_j \cos\varphi_j \int_{l_j} K_{ij}\,\mathrm{d}l_j \quad (i=1,2,\cdots,n;\ j=1,2,\cdots,n) \tag{5-56}$$

式中，w_i——第 i 个网格3/4弦长点处的下洗速度；

Δc_{p_j}——第 j 个网格上的压力系数，它与压力 Δp_j 有关系式

$$\Delta c_{p_j} = \frac{2\Delta p_j}{\rho V^2}$$

Δx_j——第 j 个网格的中剖面长度；

l_j——第 j 个网格过1/4弦点的展长(图5-8中 $\overline{F_1F_3}$)；

φ_j——第 j 个网格的后掠角(图5-8中 $\overline{F_1F_3}$ 的后掠角)；

K_{ij}——气动力计算核函数；

n——升力面的气动网格分块数。

式(5-56)可化为矩阵形式，有非定常气动压力分布表达式

$$\Delta \boldsymbol{p} = \frac{1}{2}\rho V^2 \boldsymbol{D}^{-1}\boldsymbol{w} \tag{5-57}$$

式中，$\Delta \boldsymbol{p}$——压力作用点处的压力分布列阵；

$\boldsymbol{w}$——下洗控制点处的下洗速度列阵；

$\boldsymbol{D}$——气动力影响系数矩阵，其元素为

$$D_{ij} = \frac{\Delta x_j}{8\pi}\cos\varphi_j \int_j K_{ij}\,\mathrm{d}l_j \quad (i=1,2,\cdots,n;\ j=1,2,\cdots,n) \tag{5-58}$$

这里，核函数 K_{ij} 与影响系数 D_{ij} 的计算较为复杂，详细的推导可参见有关文献。

对于薄翼面，考虑到在 H 点上满足边界条件，所以各气动网格 H 点的下洗速度与振动模态应有下列关系：

$$\boldsymbol{w} = \left(\boldsymbol{F}' + \mathrm{i}\,\frac{k}{b}\boldsymbol{F}\right)\boldsymbol{q} \tag{5-59}$$

式中，$\boldsymbol{q}$——广义坐标向量；

$\boldsymbol{F}$——H 点处各阶模态列向量 $\boldsymbol{f}_i$ 组成的模态矩阵，见式(5-32)解释；

$\boldsymbol{F}'$——H 点处矩阵 $\boldsymbol{F}$ 对 x 的导数；

b——参考长度；

k——减缩频率，$k=\frac{b\omega}{V}$，其中 V 为飞行速度，ω 为简谐振动的角频率。

将式(5-59)代入式(5-57)中，可以得到频域内的非定常气动压力分布表达式

$$\Delta \boldsymbol{p} = \boldsymbol{P}\boldsymbol{q} \tag{5-60}$$

式中，$\boldsymbol{P}$ 为压力系数矩阵，其表达式为

$$\boldsymbol{P} = \frac{1}{2}\rho V^2 \boldsymbol{D}^{-1}\left(\boldsymbol{F}' + \mathrm{i}\,\frac{k}{b}\boldsymbol{F}\right) \tag{5-61}$$

5.2.3 超声速偶极子格网法特点

超声速偶极子格网法与亚声速偶极子格网法相似，也是基于线化理论的面元法，适合于马

赫数为 3 以内的超声速范围。

如图 5-8 所示，网格划分和亚声速偶极子格网法相似。其不同之处在于，压力偶极子分布在整个网格上，下洗控制点在网格中剖面的 85%～95%处。在超声速情况下，只有在任意一点 H 为顶点的倒置马赫锥中的点所发出的扰动才会影响到 H 点。

基本方程也与亚声速偶极子格网法相近，下洗速度仍可写为

$$\boldsymbol{w}=\left(\boldsymbol{F}'+\mathrm{i}\,\frac{k}{b}\boldsymbol{F}\right)\boldsymbol{q} \tag{5-62}$$

由奇异积分方程转化而来的线性方程组为

$$w_i=\frac{1}{4\pi\rho V^2}\sum_j \Delta p_j\iint_{S_j} K_{ij}\,\mathrm{d}S \qquad (i=1,2,\cdots,n;\ j=1,2,\cdots,n) \tag{5-63}$$

式中，S_j 指从第 j 个下洗点发出的倒置马赫锥与翼面相交的区域。用压力系数代替压力差，则

$$\Delta p_j=\Delta c_{p_j}\left(\frac{1}{2}\rho V^2\right)$$

于是方程(5-63)可写为

$$w_i=\sum_j \frac{1}{8\pi}\Delta c_{p_j}\iint_{S_j} K_{ij}\,\mathrm{d}S \tag{5-64}$$

令

$$D_{ij}=\frac{1}{8\pi}\iint_{S_j} K_{ij}\,\mathrm{d}S \tag{5-65}$$

式中，D_{ij} 称为空气动力影响系数。于是，可写为

$$\boldsymbol{w}=\boldsymbol{D}\Delta\boldsymbol{c}_p \tag{5-66}$$

即

$$\Delta\boldsymbol{c}_p=\boldsymbol{D}^{-1}\boldsymbol{w} \tag{5-67}$$

思考题

5.1　什么是准定常气动力？它的本质是什么？

5.2　考虑活塞理论的基本假设是什么？考查活塞理论的使用条件。

5.3　从翼面附着涡和自由涡的角度，说明非定常气动力与定常气动力的区别。

5.4　为什么谐振荡的线性非定常气动力是复数形式？

5.5　非定常气动力在气动弹性（特别是颤振）分析中的作用是什么？

参考文献

[1] 伏欣 H W. 气动弹性力学原理. 沈克扬，译. 上海：上海科学技术文献出版社，1982.

[2] Bisplinghoff R L，Ashley H，Halfman R L. Aeroelasticity. Addison-Wesley Publishing，Company，Inc.，1955.

[3] 诸德超，陈桂彬，邹丛青. 气动弹性力学. 航空工业部教材编审室，1986.

[4] 管德. 非定常空气动力计算. 北京：北京航空航天大学出版社，1991.

[5] 管德. 飞机气动弹性力学手册. 北京：航空工业出版社，1994.

第 6 章　颤振的基本概念

在第 3～4 章所述的气动弹性静力学问题中，归纳起来，其基本物理内容仅包括了两类性质不同的现象：一类是扭转发散（或静不稳定性）以及与之密切相关的载荷重新分布问题；另一类是以操纵反效为主题的操纵面效率问题。从本章开始，将进入气动弹性动力学问题的讨论；在这个领域内，最引人关注的现象就是“颤振”。颤振或动不稳定性，经常导致结构的灾难性破坏。研究这种现象的困难之一在于颤振具有多种类型，所以颤振分析是一个非常广泛的题目。由于颤振在工程实践中具有重要的意义，所以在动气动弹性问题中，本书将着重于经典颤振的讨论。本章以适用于大展弦比翼面的二元翼段（二元机翼）为对象，介绍颤振的基本概念。在 6.1 节中，对颤振问题进行简单的概要介绍，提出所要讨论问题的范围。在 6.2 节中，将阐明颤振的性质是自激振动，进而从空气动力观点出发对颤振机理进行定性分析。为了进一步了解颤振的过程，在 6.3 节中介绍一种简化的颤振理论。在 6.4 节中，对在升力面设计中影响颤振速度的主要因素进行初步讨论。

6.1　颤振概述

飞行器及其部件处于气流中的动稳定性就是颤振问题。现将颤振的特点概述如下。

1. 颤振是一种自激振动

任何一个升力面，当它在气流中运动时，到达某一速度，在非定常空气动力、惯性力及弹性力的相互影响和相互作用下，刚好使它的振动持续下去，这种现象称为颤振。

在地面上的飞行器受到扰动后会引起振动，但由于阻尼的缘故，这种振动总是不断衰减直至消失。在飞行中的飞行器，由于种种原因，也会引起振动；但由于处于气流中，情况就有所不同，一旦发生振动，就会引起附加的气动力。在这些气动力中，有些将起激励作用，而有些将起阻尼作用。因此，对于线性系统，以后的变化过程就可能有如下 3 种情况：① 振幅不断衰减而最终消失；② 振幅不断扩大而导致结构毁坏；③ 振幅保持不变，振动是简谐的。

如果振动是衰减的，则称结构是动力稳定的；反之，如果振动是扩散的，则称结构是动力不稳定的。通常，把由于气动弹性而引起的飞行器部件的不衰减的振动称为颤振。颤振的振幅相当大，而且十分危险。颤振是在其本身的运动引起的气动力激励下发生的，故颤振是一种自激振动。

2. 颤振是几个自由度之间耦合作用的结果

为了描述颤振的现象，以一个平直的悬臂机翼为例。当发生颤振的振动运动时，同时应具有弯曲和扭转两个自由度。若能约束扭转自由度，只保留弯曲自由度，则该悬臂机翼就不会发生颤振；反之，如果使机翼只具有扭转自由度，则只在迎角接近失速迎角时，才能够发生失速颤振。通常，单自由度的操纵面振动，都会在气流中被阻尼掉，除非气流分离。由此可见，颤振的一个基本特点就是存在许多自由度的耦合。此外，在不同自由度运动之间的相位差也是发生颤振的主要原因。

根据长直机翼结构上的特点，其在任意弦向切面的弹性变形，只需用两个量就足以描述，即在某参考点上的挠度和绕该点的转角（相应于弯曲和扭转变形）。对于操纵面，如副翼或襟翼，可认为其自身较为刚硬，故只考虑它对铰链线转动自由度即可。这样在分析机翼颤振问题时，只需考虑弯曲、扭转和副翼偏转三个自由度即可。只在特殊情况下，变量中有两个是主要的，与此对应的颤振形态（或颤振型），称为二自由度颤振形态（或颤振型）。对于一架飞机应考虑的自由度（含刚体运动自由度）有很多种，并有二自由度、三自由度和多自由度的颤振形态的可能组合。由于事先并不清楚在上述的形态中哪一个是在工程上有实际意义的颤振速度，因此就需要通过大量的理论分析计算和试验来最终确定。应该看到，能否正确寻求这种给定结构的关键颤振形态，在一定程度上取决于设计者的经验。

3. 颤振临界速度的概念

对于给定的飞行器结构，当飞行速度由小到大时，振动会由衰减的转变成扩散的。也就是说，当飞行速度较小时，振动的衰减是快的；当飞行速度增大时，这种衰减便减慢了；在某一飞行速度时，扰动引起的振动振幅正好维持不变，这一速度便是颤振临界速度，简称为颤振速度，这时候的振动频率称为颤振频率；在超过临界值很小的飞行速度下，即使偶然的小扰动，也会引起激烈的振动，这就发生了颤振。

通常，飞行器可以发生多种多样的振动。对每一种振动，可以在某一临界速度下转变为扩散的。因此，同一飞行器和部件可能存在很多个颤振临界速度，就有可能在好多个速度范围内发生颤振。但是，人们所关心的是具有实际意义的、其中最小的一个颤振临界速度。

确定颤振临界速度的问题，实际上是一个研究振动运动稳定性的问题，即在什么条件下飞行器或其部件的振动变成是简谐的。注意到这一点是很重要的，这使颤振分析简化了。例如为了确定颤振临界速度，只需研究作简谐振动的飞行器或其部件的气动力即可。

此外，如果飞行器部件作微幅振动时是稳定的，则通常在作大振幅振动时也将是稳定的。在操纵面的颤振中有时存在这种例子，当超过临界速度后开始发生颤振；但当振幅增大到一定幅度后，就停止增长而作等幅振动。这种非线性作用的确切性质和机理还不很清楚，可能是由于在大振幅时阻尼的增长，或者是由于气流分离使激振力减小，甚至可能是结构刚度的改变，这些均属于“非经典颤振”。在经典颤振分析中往往只限于研究微幅振动运动的稳定性，在这个前提下就可以应用线性化理论。

4. 经典颤振问题

关于经典颤振的基本概念已在第 1 章中介绍了，这里不再重复。

需要强调，本书中所论及的颤振均属“经典”颤振稳定性问题。事实上这种颤振在实际中是最危险的，因为这种自激振动能在几秒钟甚至更短的时间内使结构发生振动破坏，从而引起飞行器的灾难性后果，因而对这类颤振过程的空气动力学基础的研究也较为广泛深入。

在本书所论及的颤振分析中包含两个基本问题：一是研究在气动力作用下飞行器及其部件振动的稳定性问题；二是确定升力面在气流中作振动运动时所产生的附加气动力。前者是着重讨论的对象；对后者，将直接引用已有的资料而不加以详细的推导和讨论。

考虑到颤振分析是一个非常广泛的题目，故将由浅入深地进行讨论。在建立了颤振的基本概念后，提出颤振分析基础，进而讨论工程中的颤振分析。

5. 颤振研究方法的特点

颤振分析的任务是求出颤振发生的条件，亦即求出颤振临界速度，并寻求在飞行器飞行速度范围内避免颤振发生的措施，进而寻找提高临界速度的方法。为达到上述目的，除分析计算外，风洞模型试验及颤振试飞也都是颤振研究的重要方法。在进行理论分析和数值计算时，必须知道结构的动力特性，即结构的固有振动频率、模态及阻尼等。因此，结构振动学将成为学习本课程的基础。此外，在进行颤振分析时，还必须知道作用在飞行器结构上的空气动力。由于在振动的飞行器结构附近的流场是一种非定常流，因而就需要研究非定常流动的空气动力学。非定常流理论远比定常流理论复杂，从20世纪30年代开始，很多科学家致力于这方面的研究，提出了各种供理论分析和工程颤振分析的非定常气动力计算方法。本书在有关章节中，引用了现成的计算结果，略去了繁琐的推导过程。

飞行器结构是无限多自由度的弹性体，原则上，在颤振分析中没有自由度的限制；但为了避免颤振分析过于复杂，应在建模中尽可能地减少自由度，保留那些对颤振有重要影响的模态。

6.2 颤振的物理本质

人们对于实际工程中的颤振计算，往往是建立在数学观点上的理解。为此，在讨论颤振问题之前，有必要对颤振的物理现象作进一步讨论。从广泛的意义上来说，所谓颤振是指弹性系统在均匀气流中的自激振动；而自激振动是不同于自由振动，也不同于强迫振动的一种振动。首先通过一个简单的例子来说明自激振动及其性质。

6.2.1 自激振动

考察一个有阻尼的单自由度系统，如图6-1所示。系统受到非周期变化的外力 F 的作用，其大小是与重块速度 $\dot{y}$ 成正比的，可以写作 $F=F_0\dot{y}$。式中，F_0 等于常数。该系统的运动方程是

$$m\ddot{y}+c\dot{y}+ky=F_0\dot{y} \tag{6-1a}$$

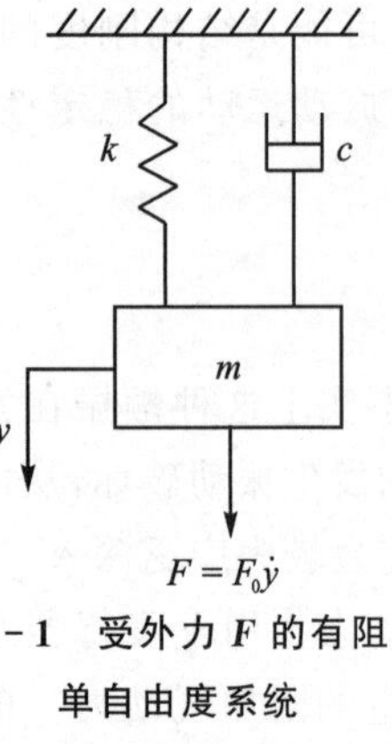

图6-1 受外力 F 的有阻尼单自由度系统

整理后，得

$$\ddot{y}+\left(\frac{c-F_0}{m}\right)\dot{y}+\frac{k}{m}y=0 \tag{6-1b}$$

上式仍是齐次微分方程。把这个方程和有阻尼的单自由度系统运动方程相比较，可以看出，若 $F_0<c$，则这两个方程就没有区别，此时重块 m 将作阻尼振动。若 $F_0>c$，则情况就完全不同了，下面将讨论这种情况。

为求解方程，仍设

$$y=e^{\lambda t}$$

代入式(6-1b)中，消去 $e^{\lambda t}$，得特征方程

$$\lambda^2+\left(\frac{c-F_0}{m}\right)\lambda+\frac{k}{m}=0 \tag{6-2}$$

方程的两个根是

$$\lambda_{1,2}=-\left(\frac{c-F_0}{2m}\right)\pm\sqrt{\left(\frac{c-F_0}{2m}\right)^2-\frac{k}{m}}=$$

$$\frac{F_0 - c}{2m} \pm \sqrt{\left(\frac{F_0 - c}{2m}\right)^2 - \frac{k}{m}} \tag{6-3}$$

式中，$\dfrac{F_0 - c}{2m}$是正值。

如果 $k/m \leqslant [(F_0 - c)/2m]^2$，则式(6-3)中的 λ_1 和 λ_2 都是正的实数。方程(6-1b)的通解就是

$$y(t) = C_1 \mathrm{e}^{\lambda_1 t} + C_2 \mathrm{e}^{\lambda_2 t}$$

式中，C_1 和 C_2 是任意常数。将这个解画成曲线，如图 6-2 所示。它表明重块位移随时间 t 逐渐增大，即重块不再回到平衡位置。这种现象称为变形扩大，表明系统是静不稳定的。

如果 $k/m > [(F_0 - c)/2m]^2$，则表示式(6-3)中的根号内是负值，其平方根就是虚数。在这种情况下有

$$\lambda_{1,2} = \left(\frac{F_0 - c}{2m}\right) \pm \mathrm{i}\sqrt{\frac{k}{m} - \left(\frac{F_0 - c}{2m}\right)^2}$$

此时方程(6-1b)的通解是

$$y(t) = A\mathrm{e}^{\left(\frac{F_0 - c}{2m}\right)t}\cos(\omega t - \phi)$$

其频率为　　$\omega = \sqrt{\dfrac{k}{m} - \left(\dfrac{F_0 - c}{2m}\right)^2}$

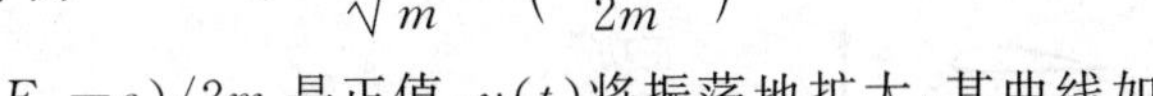

图 6-2　系统是静不稳定的

由于$(F_0 - c)/2m$ 是正值，$y(t)$将振荡地扩大，其曲线如图 6-3 所示。它表明系统作扩散振动，重块的振幅将逐渐增大。这种现象称为自激振动，该系统是“动不稳定的”。由此可见，自激振动与强迫振动不同，它并不是由于外界有周期性变化的激励力而引起的振动，而是由于外力是该系统的位移和速度(有时是加速度)的函数。在一定的条件下，这种非周期性外力在该系统内变为周期性的激励力，使得系统发生振幅扩散的振动。研究一个系统是否会发生自激振动，也就是要研究这个系统的动稳定性。

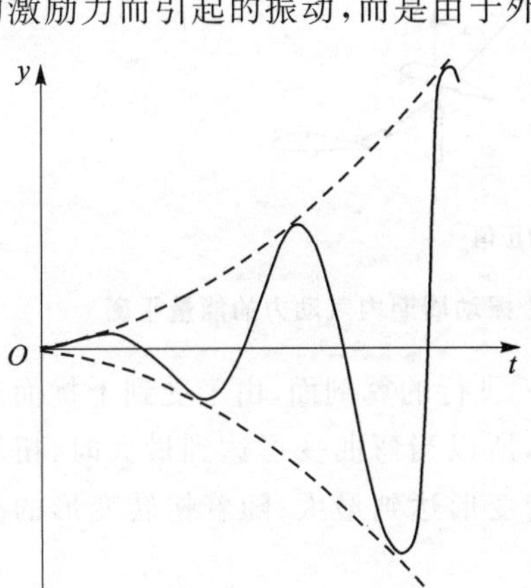

图 6-3　系统是动不稳定的

颤振是由空气动力所引起的振动。由于在一个振动过程中弹性力和惯性力作为保守系统的内力总是处于平衡状态，因此单位振动周期内势能和动能之和保持常数。振动系统如果要在没有外界激励条件下获得振动激励，就只有从气流中吸取能量。如果这个能量大于所存在的结构阻尼引起的能量损耗，就会发生气动力自激颤振振动。

按照这种从能量角度考虑问题的方式，就可以用普遍适用的形式直观地描述颤振现象。下面以大展弦比机翼弯扭颤振及机翼-副翼颤振现象为例，定性地描述产生这种现象的机理。

6.2.2　机翼弯扭颤振现象

设机翼的重心在扭心的后面，则机翼作为一个弹性体，在受到扰动后就会产生弯扭耦合振

动。当机翼向前飞行(或有迎面气流吹向静止的机翼)且作弯扭振动时，在机翼上会产生一些附加的气动力。按照能量输入的考虑，大展弦比机翼弯、扭耦合振动时，在一个振动周期内可得到如图6-4所示机翼上任一剖面处的气动力的能量平衡图(这种物理关系可利用准定常考虑的方式得到)。其中，图6-4(a)表示的是机翼振动中翼剖面弯曲和扭转之间相位差为0°的情况。在这种情况下，每个振动周期内气动力给翼剖面的能量为零，故不可能发生气动力振动激励；图6-4(b)表示的则是相位差为90°的情况，即弯曲运动超前扭转运动。在这种情况下，整个振动周期内气动力都做正功，因而就会发生振动激励。

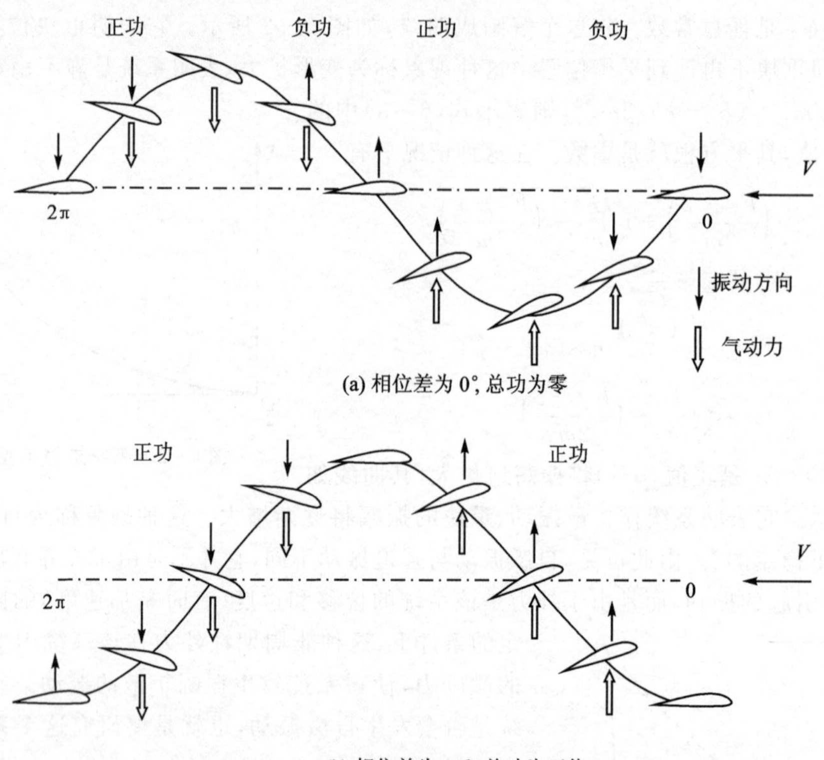

(a) 相位差为0°，总功为零

(b) 相位差为90°，总功为正值

图6-4 具有弯曲和扭转两个自由度的振动翼剖面在一个振动周期内气动力的能量平衡

进一步对图6-4(b)进行分析可以看到，以飞行速度V飞行的翼剖面，由于受到干扰而产生了弹性位移。因为弯曲运动和扭转运动有90°的相位差，所以当弯曲变形达到最大时，扭转变形为零。当翼剖面由于弹性作用回到平衡位置时，扭转变形达到最大；随着扭转变形的减小，弯曲变形又达到负的最大值。

假如翼剖面扭转了θ角，则迎角的改变也是θ，这就使机翼升力改变了ΔL_θ，其方向和机翼运动方向相同。当机翼向下运动时，迎角减少θ，升力则相应地减少ΔL_θ。这种附加的气动力ΔL_θ可以看作促进翼剖面运动的力。因此，在弯曲变形和扭转变形有90°相位差的情况下，ΔL_θ是激振力。

此外，由于有弯曲振动，也就有弯曲振动速度，因此翼剖面的基本速度V的大小和方向都有改变，如图6-5所示。翼剖面作弯曲振动时，就有弯曲运动速度(图中的V'和$\dot{y}$都以相对气流形式表示)，其结果是使翼剖面的迎角改变了$\Delta\alpha$，相应的升力也就改变了ΔL_α。这个附加

气动力总是与翼剖面弯曲运动的方向相反，因此力 ΔL_{α} 是减振力。

综上所述，飞行中的机翼在作弯、扭振动时，同时会产生两种附加的气动力 ΔL_{θ} 和 ΔL_{α}，二者作用性质相反：ΔL_{θ} 是起激励作用的，而 ΔL_{α} 则是起减振作用的。

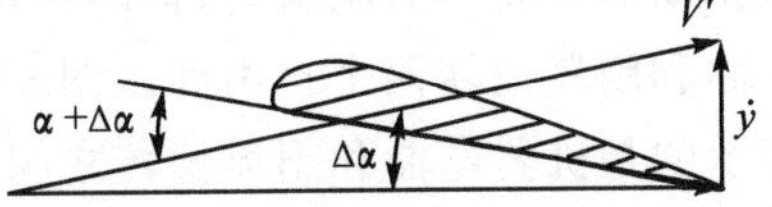

图 6-5　弯曲振动时翼剖面的迎角改变示意图

下面再来分析一下这两种力随飞行速度 V 变化的情况。按空气动力学，由 θ 而产生的附加升力可以用下式表示：

$$\Delta L_{\theta}=\frac{1}{2}\rho V^{2} S C_{L}^{\alpha} \theta \tag{6-4}$$

式中，C_{L}^{α}——机翼的升力系数曲线斜率；

ρ——空气密度；

S——机翼面积；

V——飞行速度。

由式(6-4)可以看出 ΔL_{θ} 与飞行速度 V 的平方成正比。

由 $\Delta\alpha$ 角而产生的附加升力可以用下列公式表示，即

$$\Delta L_{\alpha}=\frac{1}{2}\rho V^{2} S C_{L}^{\alpha}(\Delta\alpha) \tag{6-5}$$

由图 6-5 可知

$$\Delta\alpha=\frac{\dot{y}}{V} \tag{6-6}$$

将式(6-6)代入式(6-5)，得

$$\Delta L_{\alpha}=\frac{1}{2}\rho V S C_{L}^{\alpha} \dot{y} \tag{6-7}$$

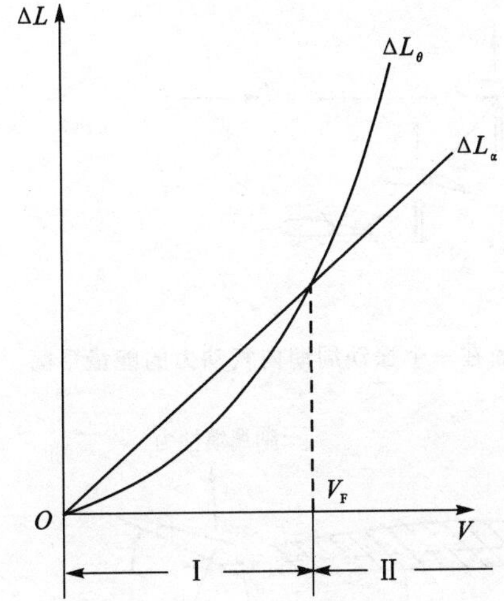

图 6-6　激励力 ΔL_{θ} 和减振力 ΔL_{α} 随飞行速度 V 的变化关系曲线

由式(6-7)可以看到 ΔL_{α} 与飞行速度 V 成正比。现在，两个附加气动力随飞行速度 V 的变化关系如图 6-6 所示。可以看出，在速度范围Ⅰ内，减振力 ΔL_{α} 比激励力 ΔL_{θ} 大，故机翼各剖面的振动是衰减的。而在速度范围Ⅱ内，激励力 ΔL_{θ} 大于减振力 ΔL_{α}，故机翼各剖面的振动是不断扩大的，并最终导致机翼破坏，这就是所谓的颤振现象。在速度范围Ⅰ和Ⅱ的交界处，激励力和减振力相等，此时的速度称作颤振临界速度，并记作 V_{F}。应当指出，弯扭颤振不仅发生在大展弦比机翼，小展弦比、三角翼等各种机翼、弹翼中均可能发生。

这里再一次看到，发生颤振时与自由振动不同，它是在有气流输入能量的情况下产生的。当然，它与强迫振动也不同，完全是因为机翼本身的弯、扭耦合变形，形成一种换能器才能使它成为一种能源，这就是自激振动的情况。

6.2.3　机翼-副翼颤振现象

机翼-副翼颤振现象可作为说明颤振现象的第二个例子。这是机翼弯曲和副翼偏转耦合

类型的颤振,与机翼的弯扭颤振类似,也广泛存在于不同展弦比的带有操纵面的机翼、弹翼中。当振动的机翼具有副翼时,也能按机翼弯扭颤振情况进行类似的分析。这时翼剖面具有机翼弯曲和副翼偏转两个自由度。图6-7表示了这种耦合振动时气动力的能量平衡。图6-7(a)表示的是机翼弯曲和副翼偏转之间相位差为0°的情况,此时气动力在一个振动周期内所做的功为零,因此,不存在振动激励;而图6-7(b)则表示副翼的偏转落后机翼弯曲90°。此时在整个振动周期内气流中的能量不断输送给振动系统,因此发生激励振动。

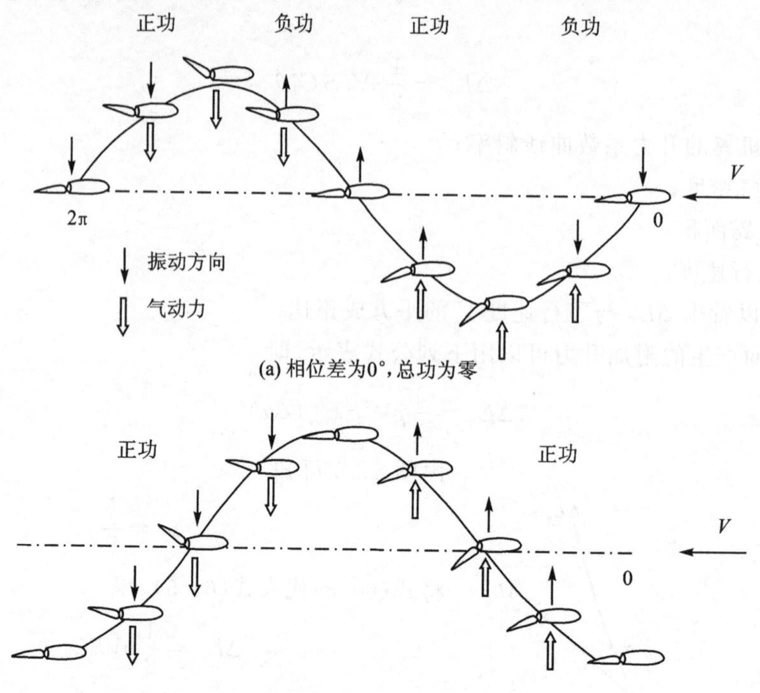

图6-7 具有机翼弯曲和副翼偏转两个自由度的振动翼剖面在一个振动周期内气动力的能量平衡

由于这个颤振过程中,气动力主要是通过副翼输入能量,故也称为副翼颤振。下面定性地分析这种情况。

机翼在作弯曲振动时副翼会产生偏转,其原因是显而易见的,也可由图6-8看出。由于副翼的偏转使机翼的升力改变,改变值为 ΔL_β,故可以看出,当机翼向下作加速运动时,副翼向上偏转,ΔL_β 则向下,与机翼的运动方向一致,因此 ΔL_β 是激励力,其大小为

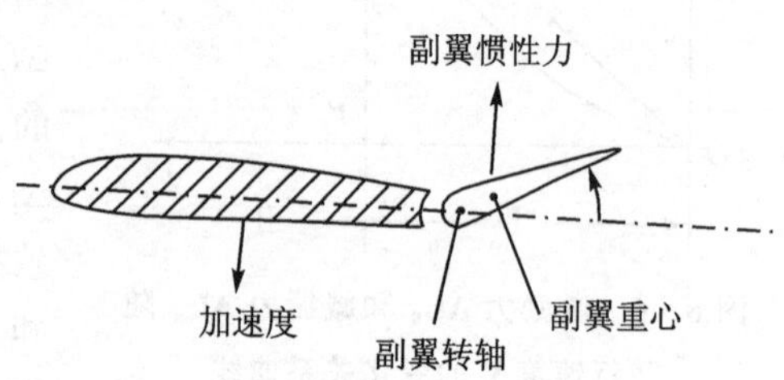

图6-8 机翼作弯曲振动时副翼产生的偏转

$$\Delta L_\beta = \frac{1}{2}\rho V^2 S C_L^\beta \beta \tag{6-8}$$

式中,β——副翼偏转角;

C_L^β——由舵偏引起的升力系数曲线斜率。

式(6-8)表明 ΔL_β 与 V^2 成正比。而机翼弯曲振动速度 $\dot{y}$ 所引起的附加升力仍可用

式(6-7)表示,即 ΔL_α 与 V 成正比。

依同样方法,作出 ΔL_β 及 ΔL_α 随 V 的变化曲线,也可以说明存在一个颤振临界速度。当飞行速度低于临界速度时,机翼弯曲、副翼偏转的振动是衰减的;当高于这个临界速度时,振动是扩大的。

由此可见,颤振是由空气动力所引起的振动,且除了气流以外没有其他的能源。因此,只有当振动的机翼能从气流中吸取能量时,才可能发生颤振,即振动的机翼在完成一个周期振动时能从气流中吸取能量,这种振动称作空气动力不稳定的振动。

当然,颤振并不止上述两种类型,还有很多其他类型的颤振,这里不再一一列举。但应指出,上述两个例子的分析都是粗略定性的,比较精确的分析将有助于获得较完善的气动力公式。以下各章节将引用不同的气动力公式来讨论各种颤振计算方法。

6.3　简化的颤振理论

为什么翼面在气流速度达到某一值时会发生颤振?能量是怎样从气流中吸取来的,又怎样从一个自由度传到另一个自由度?此外,对于颤振问题能不能找出一些简便的计算方法或公式?为解决这些问题,并说明颤振的物理本质,就试图把其他学科中有关自激振动的理论移植过来,建立简化的颤振理论。

在简化的颤振理论中,最典型而又具有工程指导意义的就是频率重合理论。它可以对颤振作粗略的估算,同时也是工程设计中预防颤振的一条重要准则。下面就以一个典型翼段为对象,说明频率重合理论。

6.3.1　颤振方程的建立

现在考察如图6-9所示的典型二元翼段,研究它在气流中的振动。

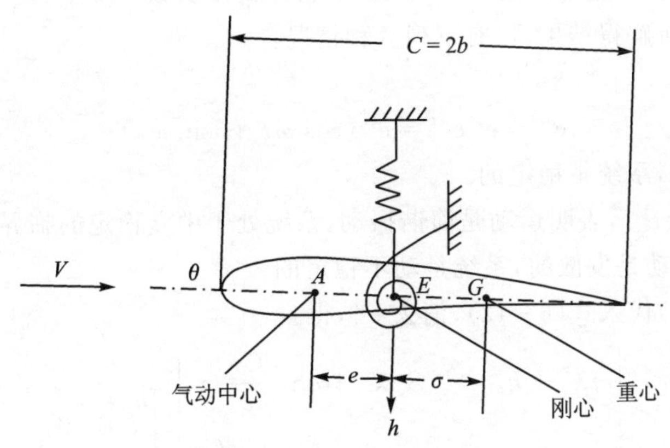

图6-9　典型的二元翼段

该翼段是绝对刚硬的,并以扭转弹簧 k_α 及线弹簧 k_h 支持在 E 点(即刚心)。翼段质量为 m;重心在 G 点,它与刚心的距离为 σ,并以重心在后为正。图中 A 点为气动中心,它与刚心的距离为 e,以气动中心在前为正。该翼段有两个自由度,以静平衡为起点,取坐标 h 和 α,其中 h 为刚心处的挠度,向下为正;α 为绕刚心的转角,抬头为正。对于气动力只需采用定常气动力理论,即假设升力只与每一时刻的实际迎角有关,删去了一切气动惯性及气动阻尼项,只

保留与各广义坐标成比例的气动刚度。由此可以列写翼段的运动方程如下:

$$\left.\begin{aligned}&m\ddot{h}+m\sigma\ddot{\alpha}+k_h h+L=0\\&I_0\ddot{\alpha}+(m\sigma\ddot{\alpha}+m\ddot{h})\sigma+k_\alpha\alpha-eL=0\end{aligned}\right\}\tag{6-9}$$

即

$$\left.\begin{aligned}&m\ddot{h}+S_\alpha\ddot{\alpha}+k_h h+L=0\\&S_\alpha\ddot{h}+I_\alpha\ddot{\alpha}+k_\alpha\alpha-eL=0\end{aligned}\right\}\tag{6-10}$$

式中,S_α——翼段对刚心的静矩,$S_\alpha=m\sigma$;

I_α——翼段对刚心的惯量,$I_\alpha=I_0+m\sigma^2$。

按定常气动力理论有

$$L=\frac{1}{2}\rho V^2 S\frac{\partial C_L}{\partial\alpha}\alpha=qS\frac{\partial C_L}{\partial\alpha}\alpha\tag{6-11}$$

式中,S——翼段的平面面积;

$q=\frac{1}{2}\rho V^2$。

由此,运动方程(6-10)可改写为

$$\left.\begin{aligned}&m\ddot{h}+S_\alpha\ddot{\alpha}+k_h h+qS\frac{\partial C_L}{\partial\alpha}\alpha=0\\&S_\alpha\ddot{h}+I_\alpha\ddot{\alpha}+k_\alpha\alpha-qSe\frac{\partial C_L}{\partial\alpha}\alpha=0\end{aligned}\right\}\tag{6-12}$$

为求解式(6-12),可设

$$\left.\begin{aligned}&h=h_0\mathrm{e}^{\lambda t}\\&\alpha=\alpha_0\mathrm{e}^{\lambda t}\end{aligned}\right\}\tag{6-13}$$

式中,λ 是待求的常数,可能是复数,$\lambda=\zeta+\mathrm{i}\omega$,$\zeta$ 和 ω 都是实数。

对于式(6-12)所解得结果,可有下列 3 种情况:

① $\zeta<0$,有

$$\mathrm{e}^{\lambda t}=\mathrm{e}^{\zeta t}\mathrm{e}^{\mathrm{i}\omega t}=\mathrm{e}^{\zeta t}(\cos\omega t+\mathrm{i}\sin\omega t)$$

表明运动是衰减运动,系统是稳定的。

② $\zeta=0$,有 $\mathrm{e}^{\lambda t}=\mathrm{e}^{\mathrm{i}\omega t}$,表明运动是简谐振动,系统处于中立稳定的临界状态。

③ $\zeta>0$,表明运动是发散的,系统是动不稳定的。

现在把式(6-13)代入式(6-12),消去 $\mathrm{e}^{\lambda t}$,得

$$\begin{bmatrix}m\lambda^2+k_h & S_\alpha\lambda^2+qS\dfrac{\partial C_L}{\partial\alpha}\\ S_\alpha\lambda^2 & I_\alpha\lambda^2+k_\alpha-qSe\dfrac{\partial C_L}{\partial\alpha}\end{bmatrix}\begin{bmatrix}h_0\\\alpha_0\end{bmatrix}=0\tag{6-14}$$

6.3.2 频率重合理论

很多颤振分析实例表明,在颤振临界点附近,常有两个分支在气流中的频率相互接近的现象。频率接近意味着两个振型的耦合性加强,由此提出了一种高度简化的颤振理论,即频率重合理论。频率重合理论如下:当风速增大时,会使得两个分支频率改变,一直到两个频率重合。

这两个分支的耦合振动就有可能从气流中吸取能量，从而达到颤振临界点。

由式(6-14)得到它的特征方程，即

$$A\lambda^4 + B\lambda^2 + C = 0 \tag{6-15}$$

式中

$$\left.\begin{aligned} A &= mI_\alpha - S_\alpha^2 \\ B &= mk_\alpha + I_\alpha k_h - (me + S_\alpha)qS\frac{\partial C_L}{\partial \alpha} \\ C &= k_h\left(k_\alpha - qSe\frac{\partial C_L}{\partial \alpha}\right) \end{aligned}\right\} \tag{6-16}$$

由此可解得

$$\lambda^2 = \frac{-B \pm \sqrt{B^2 - 4AC}}{2A} \tag{6-17}$$

当 $q=0$ 时，也就是没有气流时，$B>0$，$B^2-4AC>0$。由式(6-14)算出的 λ^2 是两个负的实数，$\lambda=\mathrm{i}\omega$ 是纯虚数。这样就求得翼段在真空中的两个固有频率(即自由振动频率)，该振动是简谐的，$\zeta=0$。

有气流时，$q>0$ 而仍满足 $B^2-4AC>0$，则还是有两个振动频率，其值随 q 变化。当 q 增大到使 $B^2-4AC<0$ 时，则 λ^2 成为复数。因此至少会有一个 λ 值的实部 ζ 是正的，这表明振幅不断扩大，运动是不稳定的，发生了颤振。

$$B^2 - 4AC = 0 \tag{6-18}$$

式(6-18)给出了稳定与不稳定的界限。由式(6-18)可算出一个确定的 q 值，在该值之下，就会出现动不稳定性，即颤振。

由式(6-18)，可以得到

$$\begin{gathered} Dq_\mathrm{F}^2 + Eq_\mathrm{F} + F = 0 \\ q_\mathrm{F} = \frac{-E \pm \sqrt{E^2 - 4DF}}{2D} \end{gathered} \tag{6-19}$$

式中，$D=\left[(me+S_\alpha)S\dfrac{\partial C_L}{\partial \alpha}\right]^2$；

$E=[-2(me+S_\alpha)(mk_\alpha+k_hI_\alpha)+4(mI_\alpha-S_\alpha^2)ek_h]S\dfrac{\partial C_L}{\partial \alpha}$；

$F=(mk_\alpha+k_hI_\alpha)^2-4(mI_\alpha-S_\alpha^2)k_hk_\alpha$。

由式(6-19)确定的 q_F，至少有一个应为正实数，才能使颤振发生。若两个均为正实数，则选其中较小者为颤振动压；若两个均不是正实数，则不会发生颤振。利用上述推导，还可进行很多有意义的研究，但其中最重要的结果如下：当 $S_\alpha<0$ 时，即重心在刚心的前面时，不会颤振；相反地，当 S_α 在大于零的情况下增大时，产生颤振的动压 q_F 则减小。在工程实际中通常在可能产生颤振的结构上，采取附加质量配重，目的就在于减小 S_α 和提高 q_F。

注意：由式(6-18)的条件可知，式(6-17)的 λ^2 只有一个值，即 $\lambda^2=-B/2A$，因此只有一个振动频率。可以说：当流速 V 增大到使两个振动频率相等时，就达到颤振临界点，如图 6-10 所示。这就是根据简单的定常气动力导出的频率重合理论。如果采用稍复杂的气动理论，例如格罗斯曼准定常气动力，则翼段在气流中的两个振动频率虽然也随气流速度变化而相互接

近,但不会相等,如图 6-10 中的实线所示。

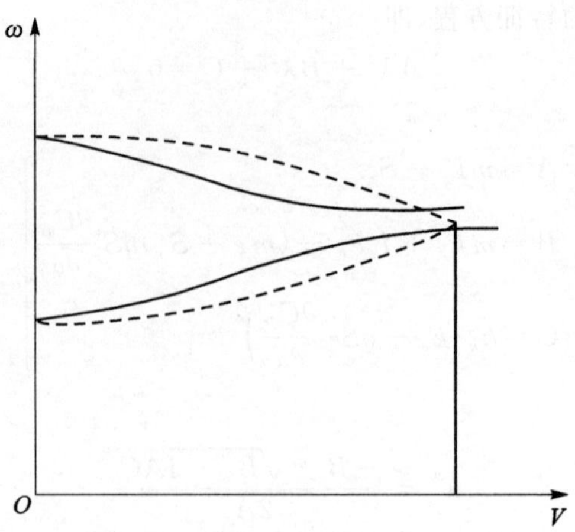

图 6-10 准定常气动力情况下 $V-\omega$ 的曲线

6.3.3 举 例

按照频率重合理论,可以估算颤振临界速度。下面举例说明。

例题 试求如图 6-9 所示的翼段在静止气流中的振动频率,并按频率重合理论求出颤振速度。图中翼段的弦长为 $2b$。

解 取$\partial C_L/\partial\alpha=2\pi$ 代入方程(6-12),则化成

$$\frac{\ddot{h}}{b}+\frac{S_\alpha}{mb}\ddot{\alpha}+\omega_h^2\left(\frac{h}{b}\right)+\left(\frac{\pi\rho bS}{m}\right)\frac{V^2}{b^2}\alpha=0$$

$$\frac{bS_\alpha}{I_\alpha}\left(\frac{\ddot{h}}{b}\right)+\ddot{\alpha}+\omega_\alpha^2\alpha-\left(\frac{\pi\rho bS}{m}\right)\left(\frac{mb^2}{I_\alpha}\right)\left(\frac{e}{b}\right)\frac{V^2}{b^2}\alpha=0$$

设
$$h=h_0\mathrm{e}^{\mathrm{i}\omega t},\qquad \alpha=\alpha_0\mathrm{e}^{\mathrm{i}\omega t}$$

代入以上方程,消去 $\mathrm{e}^{\mathrm{i}\omega t}$。若代入以下的翼段有关数据,即设

$$\frac{m}{\pi\rho bS}=5,\qquad \frac{S_\alpha}{mb}=0.25,\qquad \frac{I_\alpha}{mb^2}=0.5\qquad \frac{e}{b}=0.4,\qquad \frac{\omega_h}{\omega_\alpha}=0.5$$

则得
$$(\omega_h^2-\omega^2)\left(\frac{h_0}{b}\right)+\left(0.2\frac{V^2}{b^2}-0.25\omega^2\right)\alpha_0=0$$

$$-0.5\omega^2\left(\frac{h_0}{b}\right)+\left(\omega_\alpha^2-\omega^2-0.16\frac{V^2}{b^2}\right)\alpha_0=0$$

两式同除以 ω_α^2,并记 $X=\dfrac{V}{b\omega_\alpha}$,得

$$\begin{bmatrix} 0.25-\dfrac{\omega^2}{\omega_\alpha^2} & 0.2X^2-0.25\dfrac{\omega^2}{\omega_\alpha^2} \\ -0.5\dfrac{\omega^2}{\omega_\alpha^2} & 1-\dfrac{\omega^2}{\omega_\alpha^2}-0.16X^2 \end{bmatrix}\begin{bmatrix} \dfrac{h_0}{b} \\ \alpha_0 \end{bmatrix}=0$$

于是得到特征方程

$$0.875\frac{\omega^4}{\omega_\alpha^4}-(1.25-0.26X^2)\frac{\omega^2}{\omega_\alpha^2}+(0.25-0.04X^2)=0$$

在静止气流中，$V=0$，即可由以上方程解得

$$\left(\frac{\omega}{\omega_\alpha}\right)^2=\begin{bmatrix}1.188\\0.241\end{bmatrix}$$

由此得到两个固有频率

$$\frac{\omega_1}{\omega_\alpha}=0.490$$

$$\frac{\omega_2}{\omega_\alpha}=1.09$$

再按频率重合条件

$$(1.25-0.26X^2)^2-4\times0.875\times(0.25-0.04X^2)=0$$

即

$$X^4-7.544X^2+10.170=0$$

由此解得

$$X_F^2=1.757$$

$$X_F=\frac{V_F}{b\,\omega_\alpha}=1.326$$

$$\frac{\omega_F}{\omega_\alpha}=0.673\,2$$

频率重合理论所用的气动力表达式很粗略，所得的结果与实际情况自然有较大出入；但它的运算大为简化，且很有助于进行参数分析(在较少自由度情况下，它有时甚至能提供封闭形式解，从而给出 V_F 与某些参数的显式联系)。至今，在飞行范围内力图避免频率重合几乎成为气动弹性设计的一条守则。

6.4 影响颤振速度的因素

在上述简化颤振理论分析的基础上，为进一步深入观察弹性系统的颤振特性，本节将简单地指出一些在升力面设计中影响颤振的因素。它们大都具有普遍意义，因此十分重要；特别是依据定常和准定常格罗斯曼理论所证明的一些表达机翼结构参数对弯扭颤振速度影响的关系，可供工程设计时参考。但是这些关系的可信度也受到假设的限制，如流体是不可压缩的，翼面是后掠的，副翼是锁住的等。这些影响颤振速度的因素大多来自结构和气动力两方面，归纳起来有以下 6 种。

1. 升力面弯曲刚度和扭转刚度的影响

升力面的弯曲刚度和扭转刚度对颤振速度的影响较大。例如，在二元翼段上的计算和实验证明，若把升力面的弯曲刚度和扭转刚度同时增加 n 倍，则颤振速度约增加$\sqrt{n}$倍。但是它们二者的单独影响却完全不同。在颤振中扭转起主要作用，故扭转刚度的影响要大得多。当弯曲刚度不变，只把扭转刚度变化 n 倍时，则颤振速度会变化 nk 倍，$k=0.55\sim0.6$，因不同机翼而异。对于蒙皮受力的机翼来说，当只有弯曲刚度增加时，V_F 变动不大，甚至会稍微下降。这种现象可解释如下：当颤振时，弯曲和扭转要以同一频率联合振动，扭转固有频率自然要比

弯曲固有频率高,必须在有外加能量时才能使它们以同一频率联合振动;但当只提高弯曲刚度时,弯曲固有频率也随之提高,而与扭转固有频率相近,它们就容易以同一频率联合振动,这就会使 V_F 降低,当弯、扭固有频率相等时,则会得到最小的 V_F。如果再提高弯曲刚度,则会使 V_F 增加,但现代蒙皮受力机翼不会有这种情况。此外,还须指出,增大刚度必定要增大结构受力元件尺寸,也就是增加了质量。因此,这种措施会降低飞行性能。

2. 重心、刚心和焦点位置的影响

重心在弦向的位置对 V_F 的影响很大:重心后移会降低 V_F;重心前移会提高 V_F;重心位于刚心之前则不会发生颤振。利用这个规律来防止颤振是行之有效的,即在翼面前缘置放配重,使重心前移,以提高颤振速度 V_F。这种方法在操纵面上用得最多。重心位置对颤振速度 V_F 的影响可参看图 6-11。其中 $\bar{X}=X_G/C$,X_G 是重心到前缘的距离,C 为弦长。

当重心位置一定时,应使刚心靠后一些(与重心靠近),这样可以提高颤振速度 V_F。若重心、刚心间距离不变,则把它们一起向前移(与焦点靠近),也可以使颤振速度 V_F 有所增加。

3. 升力面上的集中质量影响

集中质量(如飞机机翼上的发动机)对颤振速度影响颇大。重物质量和它在弦向位置的不同,可能使颤振速度提高,也可能降低;有时也会改变颤振模态,改变主要的自由度。重物支架(如发动机架)的弹性也影响颤振速度。翼尖油箱(尤其是在小展弦比机翼上)将使颤振速度降低。

如果飞机机翼内装有燃油,则在设计取油程序时应考虑到对颤振速度的影响。图 6-12 中画出了两种不同取油程序对颤振速度的影响。显然,应该采用第 1 种程序。

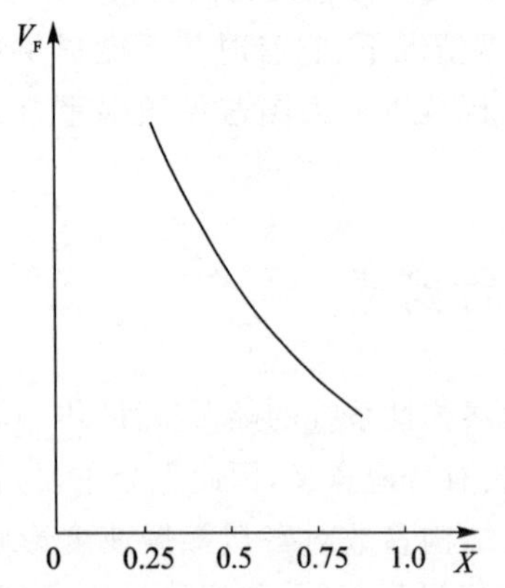

图 6-11 重心位置对 V_F 的影响

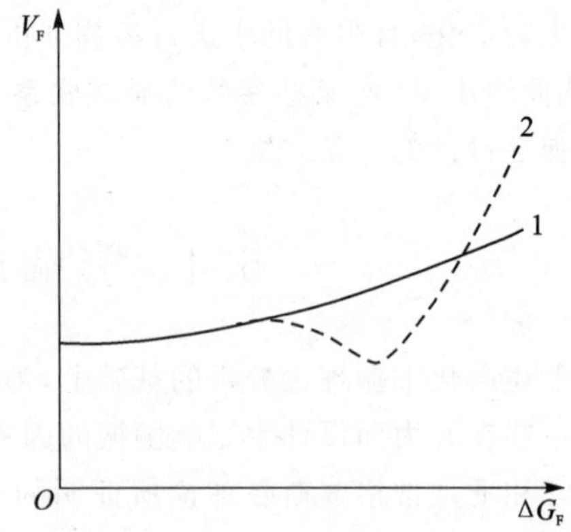

图 6-12 取油程序对颤振速度的影响

4. 升力面平面形状的影响

当翼展和翼面积不变时,根梢比 η 愈大,则颤振速度也增高,这是因为 η 增大时,翼端部分翼弦减小,使该处(经常是颤振开始产生的位置)气动力减小,就会使颤振速度增加。

5. 飞行高度的影响

飞行高度增高,大气密度 ρ 减小,而速压应相同,故

$$V_{FH}=V_{F0}\sqrt{\frac{\rho_0}{\rho_H}}$$

式中,V_{F0}——海平面($H=0$)上的颤振速度;

ρ_0——海平面上的大气密度。

6. 空气压缩性的影响

当马赫数 $Ma>0.5$ 时，应考虑空气压缩性。但在亚声速的情况下，空气压缩性对颤振速度影响并不大，随马赫数 Ma 增加，V_F 开始缓慢降低；当马赫数 Ma 接近 1 时，随马赫数 Ma 增加，V_F 急剧降低。如图 6－13 所示，到一定马赫数 Ma 时，V_F 出现最小值，再增加马赫数 Ma 时，V_F 逐渐增加。这就是通常所说的跨声速凹坑。

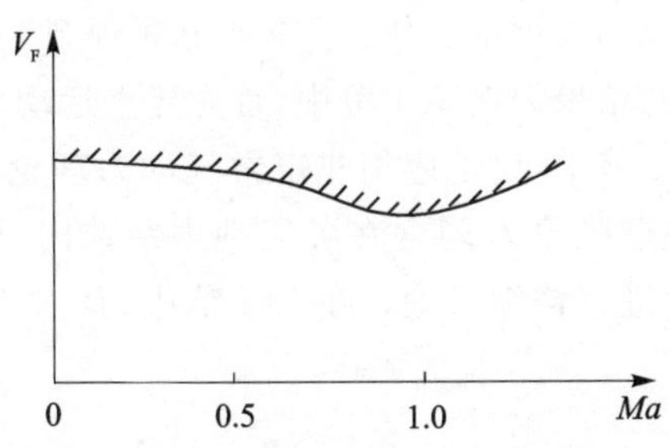

图 6－13　压缩性对颤振速度的影响

通常，可以先不考虑空气压缩性，求出颤振速度，而后用一个与马赫数 Ma 有关的因子来修正。

思考题

6.1　颤振的性质及其特点是什么？

6.2　为什么颤振必须要在两个或两个以上自由度耦合下才会发生？此外，还须具备什么条件？

6.3　为什么说在研究振动稳定性问题时，注意到简谐运动条件是非常重要的？

6.4　比较自激振动与强迫振动之间的不同。

6.5　按照能量输入的观点观察颤振发生的条件。

6.6　频率重合理论是在什么样的简化条件下得出的？

6.7　研究简化的颤振理论，对于飞机设计的意义何在？

6.8　复习振动学中的两个自由度运动方程的建立。

6.9　以机翼为例，比较弯曲刚度和扭转刚度对提高颤振速度的效果。

6.10　分别以重心、刚心和焦点位置对颤振速度的影响作出综合评述。

6.11　6.4 节讨论的影响颤振速度的因素在飞机设计中有什么应用价值？

参考文献

[1] 道尔 E H，小柯蒂斯 H C，斯坎伦 R H. 气动弹性力学现代教程. 陈文俊，尹传家，译. 北京：宇航出版社，1991.

[2] 诸德超，陈桂彬，邹丛青. 气动弹性力学. 航空工业部教材编审室，1986.

[3] Scanlan R H，Rosenbaum R. Introduction to the Study of Aircraft Vibration and Flutter. The Macmillan Company，New York，1951.

[4] Bisplinghoff R L，Ashley H，Halfman R L. Aeroelasticity. Addison－Wesley Publishing Company，Inc.，1955.

第7章 颤振分析基础

第5章概括地介绍了不可压缩流中振动的二元机翼(二元翼段)上的气动力,分别讨论了准定常气动力理论和非定常气动力理论。作为颤振分析的基础,本章以二元机翼为分析对象,对于气动力直接引用第5章的结果。在7.1节中,首先建立运动方程,并应用准定常气动力理论讨论二元机翼颤振。在7.2节中,讨论应用非定常气动力理论时的二元机翼颤振。在采用非定常气动力理论时,由于减缩频率 k 隐含在各气动力系数内,因此就有一个如何求解颤振行列式的问题,将在7.3节中进行详细讨论。在7.4节中,将讨论二元机翼-副翼的颤振以及操纵面的配平问题。

7.1 应用准定常气动力理论的二元机翼颤振

在准定常气动力假设上所建立的颤振分析方法,是由格罗斯曼提出的。在这个理论中,略去了非定常气动力中的一些因素。因此,最后所得到的颤振结果是近似的,颤振速度偏于保守;但颤振计算的工作量相对减少,且其结果简明,易于对颤振速度的各种影响因素进行分析。多年来大量的风洞试验证明了该理论在工程中应用的可行性。

以下首先建立运动方程,并在此基础上引用准定常气动力理论,进而求解颤振方程。现在来讨论一个具有两个自由度、弦长为 $2b$、宽度为一个单位长度的二元翼段。两个自由度分别如下:弯曲 h(在弹性轴上测量,向下为正);绕弹性轴的转动(前缘向上为正)。翼段分别由一个线弹簧和一个盘旋弹簧支持在弹性轴 E 点(相应于刚心处),弹簧常数分别为 K_h 和 K_α。如图7-1所示,E 点在翼弦中点后 ab 处。重心到弹性轴的距离以 $x_\alpha b$ 表示,量纲为1。机翼上任一点的位移为

$$Z=h+r\alpha \tag{7-1}$$

式中,r 为从弹性轴 E 量起的距离(在 E 点的后面为正)。

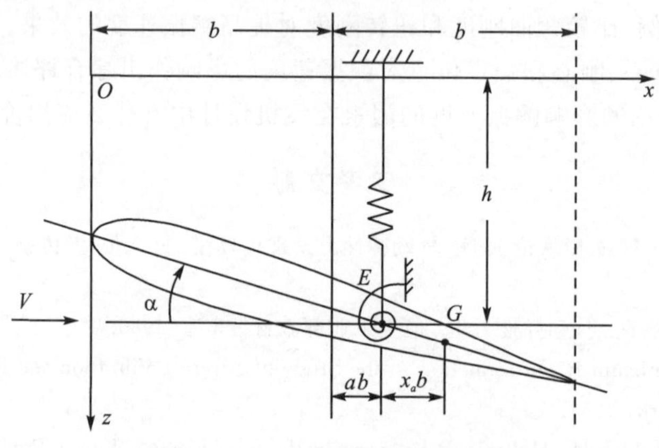

图7-1 二元翼段及所规定的符号

引用拉格朗日方程

$$\frac{\mathrm{d}}{\mathrm{d}t}\left(\frac{\partial T}{\partial \dot{q}_i}\right)-\frac{\partial T}{\partial q_i}+\frac{\partial U}{\partial q_i}=Q_i \qquad (i=1,2,\cdots,n) \tag{7-2}$$

式中，T——系统的动能；

U——系统的势能；

Q_i—— 与 q_i 相应的广义力，它由虚功表达式 $\delta W_e=\sum_{i=1}^{n}Q_i\delta q_i$ 中导出。

二元翼段的动能为

$$T=\frac{1}{2}\int_0^{2b}(\dot{h}+r\dot{\alpha})^2\mathrm{d}m=\frac{1}{2}m\dot{h}^2+S_\alpha\dot{h}\dot{\alpha}+\frac{1}{2}I_\alpha\dot{\alpha}^2 \tag{7-3}$$

式中，m——单位展长的机翼质量，$m=\int_0^{2b}\mathrm{d}m$；

S_α——单位展长机翼对弹性轴的质量静矩，$S_\alpha=\int_0^{2b}r\mathrm{d}m=mx_\alpha b$；

I_α——单位展长机翼对转轴的质量惯矩，$I_\alpha=\int_0^{2b}r^2\mathrm{d}m=mr_\alpha^2b^2$，$r_\alpha$ 为对弹性轴的回转半径，量纲为 1。

二元翼段的势能为

$$U=\frac{1}{2}K_hh^2+\frac{1}{2}K_\alpha\alpha^2 \tag{7-4}$$

应用拉格朗日方程，得

$$\left.\begin{aligned}m\ddot{h}+S_\alpha\ddot{\alpha}+K_hh&=Q_h\\S_\alpha\ddot{h}+I_\alpha\ddot{\alpha}+K_\alpha\alpha&=Q_\alpha\end{aligned}\right\} \tag{7-5}$$

式中，Q_h——与 h 相应的广义力，即由翼段振动引起的气动力（向下为正）；

Q_α——与 α 相应的广义力，即由翼段振动引起的气动力矩（以翼段前缘向上为正）。

以下对 Q_h 和 Q_α 采用格罗斯曼准定常气动力理论来进行颤振分析。引用第 5 章中准定常气动力的结果，可知

$$L=-\frac{1}{2}\rho V^2(2b)a_0\left[\alpha+\frac{\dot{h}}{V}+\left(\frac{1}{2}-a\right)b\frac{\dot{\alpha}}{V}\right]$$

以及得到对刚心 E 的力矩

$$M_E=\frac{1}{2}\rho V^2(2b)^2\left\{a_0\left(\frac{1+a}{2}-\frac{1}{4}\right)\left[\alpha+\frac{\dot{h}}{V}+\left(\frac{1}{2}-a\right)b\frac{\dot{\alpha}}{V}\right]-\frac{b\pi}{4V}\dot{\alpha}\right\}$$

代入式(7-5)，经整理后得到颤振运动方程

$$m\ddot{h}+K_hh+S_\alpha\ddot{\alpha}+\rho V^2ba_0\left[\alpha+\frac{\dot{h}}{V}+\left(\frac{1}{2}-a\right)b\frac{\dot{\alpha}}{V}\right]=0 \tag{7-6}$$

$$S_\alpha\ddot{h}+I_\alpha\ddot{\alpha}+K_\alpha\alpha+2\rho V^2b^2\left\{\frac{b\pi}{4V}\dot{\alpha}+\left(\frac{1}{4}-\frac{1+a}{2}\right)a_0\left[\alpha+\frac{\dot{h}}{V}+\left(\frac{1}{2}-a\right)b\frac{\dot{\alpha}}{V}\right]\right\}=0 \tag{7-7}$$

注意：在颤振临界状况下（此时 $V=V_{cr}$），机翼作简谐运动，即

$$h=h_0\mathrm{e}^{\mathrm{i}\omega t}$$

$$\alpha = \alpha_0 e^{i\omega t}$$

代入式(7-6)及式(7-7)得

$$(K_h - m\omega^2 + i\rho V b a_0 \omega)h + \left\{-S_\alpha \omega^2 + \rho V^2 b a_0 \left[1 + i\omega\left(\frac{1}{2} - a\right)\frac{b}{V}\right]\right\}\alpha = 0 \tag{7-8}$$

$$\left[-S_\alpha \omega^2 + i2\rho V b^2 \left(\frac{1}{4} - \frac{1+a}{2}\right) a_0 \omega\right] h +$$
$$\left(K_\alpha - I_\alpha \omega^2 + 2\rho V^2 b^2 \left\{\left[i\frac{b\pi}{4V}\omega + \left(\frac{1}{4} - \frac{1+a}{2}\right) a_0 \left[1 + i\omega\left(\frac{1}{2} - a\right)\frac{b}{V}\right]\right\}\right)\alpha = 0 \tag{7-9}$$

引入符号

$$\left.\begin{aligned}
c_{11} &= m \\
c_{12} &= c_{21} = -S_\alpha \\
c_{22} &= I_\alpha \\
a_{11} &= K_h \\
a_{22} &= K_\alpha \\
b_{12} &= -\rho b a_0 \\
b_{22} &= -2\rho b^2 a_0 \left(\frac{1+a}{2} - \frac{1}{4}\right) \\
d_{11} &= \rho b a_0 \\
d_{12} &= -\rho b^2 a_0 \left(\frac{1}{2} - a\right) \\
d_{21} &= 2\rho b^2 a_0 \left(\frac{1+a}{2} - \frac{1}{4}\right) \\
d_{22} &= 2\rho b^3 \left[\frac{\pi}{4} - \left(\frac{1+a}{2} - \frac{1}{4}\right) a_0 \left(\frac{1}{2} - a\right)\right]
\end{aligned}\right\} \tag{7-10}$$

代入到式(7-8)和式(7-9)中,得

$$(a_{11} - c_{11}\omega^2 + i\omega V d_{11})h + (c_{12}\omega^2 - b_{12}V^2 - i\omega V d_{12})\alpha = 0 \tag{7-11}$$

$$(c_{21}\omega^2 - i\omega V d_{21})h + (a_{22} - c_{22}\omega^2 + b_{22}V^2 + i\omega V d_{22})\alpha = 0 \tag{7-12}$$

以上的联立方程具有非零解的条件是系数行列式等于零,即

$$\begin{vmatrix} a_{11} - c_{11}\omega^2 + i\omega V d_{11} & c_{12}\omega^2 - b_{12}V^2 - i\omega V d_{12} \\ c_{21}\omega^2 - i\omega V d_{21} & a_{22} - c_{22}\omega^2 + b_{22}V^2 + i\omega V d_{22} \end{vmatrix} = 0 \tag{7-13}$$

这个行列式通常称为颤振行列式。它和自由振动时的固有频率方程不同,现在所得到的式(7-13)是一个复数方程。它包含实部及虚部两个方程,并有两个未知数,即颤振频率 ω 及颤振临界速度 V。

展开上式,并分成实、虚两部,得

$$A_1\omega^4 - (C_1 + C_2V^2)\omega^2 + (E_1 + E_2V^2) = 0 \tag{7-14}$$

$$-B_1\omega^2 + (D_1 + D_2V^2) = 0 \tag{7-15}$$

式中

$$\left.\begin{aligned}A_1&=c_{11}c_{22}-c_{21}c_{12}\\B_1&=d_{11}c_{22}+c_{11}d_{22}-c_{12}d_{21}-c_{21}d_{12}\\C_1&=a_{11}c_{22}+c_{11}a_{22}\\C_2&=c_{11}b_{22}-b_{12}c_{21}+d_{11}d_{22}-d_{12}d_{21}\\D_1&=d_{11}a_{22}+a_{11}d_{22}\\D_2&=d_{11}b_{22}-b_{12}d_{21}=0\\E_1&=a_{11}a_{22}\\E_2&=a_{11}b_{22}\end{aligned}\right\}\tag{7-16}$$

由式(7-15)解得

$$\omega^2=\frac{D_1}{B_1}\tag{7-17}$$

代入式(7-14),得

$$\overline{M}V^2+\overline{N}=0\tag{7-18}$$

式中

$$\left.\begin{aligned}\overline{M}&=B_1C_2D_1-B_1^2E_2\\\overline{N}&=B_1C_1D_1-B_1^2E_1-D_1^2A_1\end{aligned}\right\}\tag{7-19}$$

求解式(7-18)得

$$V^2=\frac{\overline{N}}{\overline{M}}\tag{7-20}$$

取两个根中较小的正根作为颤振速度 V_F,再代回式(7-17),即得颤振频率 ω_F。在求得 V_F 及 ω_F 后,还可以代回式(7-11)及式(7-12),求得两振幅之比,即

$$\frac{h}{\alpha}=-\frac{c_{12}\omega^2-b_{12}V^2-\mathrm{i}\omega Vd_{12}}{a_{11}-c_{11}\omega^2+\mathrm{i}\omega Vd_{11}}\tag{7-21}$$

这个比值为复数。它表明,在颤振时 h 和 α 有相位差。这显然和机翼固有振动情况不同。在一个无阻尼系统作为主振动时,各点相位差是 0°或 180°,因此固有振型只需要一张图就能表示了。

现在由于相位差不等于 0°或 180°,就必须用一系列的图形,才能表达出颤振的振型。

例题　参看图 6-9,试使准定常气动力理论更加简化。只考虑刚心处速度引起的气动阻尼力,取

$$L=\frac{1}{2}\rho V^2S\frac{\partial C_L}{\partial\alpha}\left(\alpha+\frac{\dot h}{V}\right)$$

$$M_E=e\cdot L$$

有关翼段的数据与 6.3.3 小节中例题相同,求该二元机翼的颤振速度。

解　该翼段的运动方程为

$$m\ddot h+S_\alpha\ddot\alpha+K_hh+\frac{1}{2}\rho V^2S\frac{\partial C_L}{\partial\alpha}\left(\alpha+\frac{\dot h}{V}\right)=0$$

$$S_\alpha\ddot h+I_\alpha\ddot\alpha+K_\alpha\alpha-\frac{1}{2}\rho V^2S\frac{\partial C_L}{\partial\alpha}\left(\alpha+\frac{\dot h}{V}\right)e=0$$

在颤振临界状态下

$$h=h_0 e^{i\omega t},\qquad \alpha=\alpha_0 e^{i\omega t}$$

代入上述有关的数据,由以上方程得

$$\begin{bmatrix} 0.25-\dfrac{\omega^2}{\omega_\alpha^2}+i0.2\dfrac{\omega}{\omega_\alpha}X & 0.20X^2-0.25\dfrac{\omega^2}{\omega_\alpha^2} \\ -0.5\dfrac{\omega^2}{\omega_\alpha^2}-i0.16\dfrac{\omega}{\omega_\alpha}X & 1-0.16X^2-\dfrac{\omega^2}{\omega_\alpha^2} \end{bmatrix}\begin{bmatrix} \dfrac{h_0}{b} \\ \alpha_0 \end{bmatrix}=0$$

式中
$$X=\frac{V}{b\omega_\alpha}$$

该方程的特征方程可分为实部和虚部两个方程。

实部方程为

$$0.875\frac{\omega^4}{\omega_\alpha^4}-(1.25-0.26X^2)\frac{\omega^2}{\omega_\alpha^2}+(0.25-0.04X^2)=0$$

虚部方程为

$$0.2-0.24\frac{\omega^2}{\omega_\alpha^2}=0$$

由虚部方程得颤振频率

$$\frac{\omega_F}{\omega_\alpha}=0.91$$

代入实部方程,得

$$-0.1840+0.1767X^2=0$$

解得量纲为 1 的颤振速度,即

$$X_F=\frac{V_F}{b\omega_\alpha}=1.02$$

7.2 应用非定常气动力理论的二元机翼颤振

由 7.1 节已经导出二元机翼的运动方程,即

$$\left.\begin{aligned} m\ddot{h}+S_\alpha\ddot{\alpha}+K_h h=L \\ S_\alpha\ddot{h}+I_\alpha\ddot{\alpha}+K_\alpha\alpha=M_E \end{aligned}\right\} \tag{7-22}$$

西奥道生非定常气动力理论计算气动力时,气动力是简谐振动形式。以第 5 章中的非定常气动力公式(5-49)、式(5-50)代入式(7-22)的等号右边项,同时令

$$h=h_0 e^{i\omega t},\qquad \alpha=\alpha_0 e^{i\omega t}$$

则可得

$$-m\omega^2 h-S_\alpha\omega^2\alpha+K_h h-\pi\rho b^3\omega^2\left\{L_h\frac{h}{b}+\left[L_\alpha-\left(\frac{1}{2}+a\right)L_h\right]\alpha\right\}=0 \tag{7-23}$$

$$-S_\alpha\omega^2 h-I_\alpha\omega^2\alpha+K_\alpha\alpha-\pi\rho b^4\omega^2\left\{\left[M_h-\left(\frac{1}{2}+a\right)L_h\right]\frac{h}{b}+\left[M_\alpha-\left(\frac{1}{2}+a\right)(L_\alpha+M_h)+\left(\frac{1}{2}+a\right)^2L_h\right]\alpha\right\}=0 \tag{7-24}$$

式中

$$L_h = 1 - \mathrm{i}\,\frac{2}{k}[F(k) + \mathrm{i}G(k)] \tag{7-25}$$

$$L_\alpha = \frac{1}{2} - \mathrm{i}\,\frac{1}{k}\{1 + 2[F(k) + \mathrm{i}G(k)]\} - \frac{2}{k^2}[F(k) + \mathrm{i}G(k)] \tag{7-26}$$

$$M_h = \frac{1}{2} \tag{7-27}$$

$$M_\alpha = \frac{3}{8} - \mathrm{i}\,\frac{1}{k} \tag{7-28}$$

为了计算方便，所有有关的气动力系数均已制成表格，在需要时可以查阅 U. S Army Air Force TR4798，或 R. H. Scanlan 和 R. Rosenbaum 的 *Introductionto the Study of Aircraft Vibration and Flutter* 一书的附录。这里仅摘录了不可压缩流中的一小部分系数，见表 7-1。这个表就是对不同的 k 值列出的 L_h，L_α，M_h 和 M_α 的值。这些系数有些是复数，其虚数部分代表与相应位移有相位差的那些气动力。L_h，L_α，M_h 及 M_α 和西奥道生的函数 $C(k)$ 的关系见式(7-25)～式(7-28)。

表 7-1　$Ma=0$ 时的非定常气动力的系数

k	$1/k=V/b\omega$	L_h	L_α	M_h	M_α
∞	0.00	1.000 0+0.000 0i	0.500 0+0.000 0i	0.500 0	0.375 0+0.000 0i
4	0.25	0.984 8−0.251 9i	0.421 8−0.942 3i	0.500 0	0.375 0−0.250 0i
2	0.50	0.942 3−0.512 9i	0.185 8−0.984 1i	0.500 0	0.375 0−0.500 0i
1.2	0.83	0.853 8−0.883 3i	−0.382 3−1.594 9i	0.500 0	0.375 0−0.833 3i
0.8	1.25	0.708 8−1.385 3i	−1.522 8−2.271 2i	0.500 0	0.375 0−1.250 0i
0.6	1.67	0.540 7−1.929 3i	−3.174 9−2.830 5i	0.500 0	0.375 0−1.666 7i
0.5	2.00	0.397 2−2.391 6i	−4.886 0−3.186 0i	0.500 0	0.375 0−2.000 0i
0.4	2.50	0.175 2−3.125 0i	−8.137 5−3.562 5i	0.500 0	0.375 0−2.500 0i
0.34	2.94	−0.022 1−3.805 3i	−11.714 0−3.739 6i	0.500 0	0.375 0−2.941 2i
0.3	3.33	−0.195 0−4.433 3i	−15.473 0−3.782 2i	0.500 0	0.375 0−3.333 3i
0.27	3.75	−0.379 8−5.108 4i	−20.033 7−3.684 7i	0.500 0	0.375 0−3.750 0i
0.24	4.17	−0.552 0−5.824 2i	−25.319 0−3.526 0i	0.500 0	0.375 0−4.166 7i
0.2	5.00	−0.886 0−7.276 0i	−37.766 5−2.846 0i	0.500 0	0.375 0−5.000 0i
0.16	6.25	−1.345 0−9.535 0i	−61.437 0−1.128 8i	0.500 0	0.375 0−6.250 0i
0.12	8.33	−2.002 0−13.438 5i	−114.492 0+3.242 0i	0.500 0	0.375 0−8.333 3i
0.1	10.00	−2.446 0−16.640 0i	−169.346 0+7.820 0i	0.500 0	0.375 0−10.000 0i
0.08	12.50	−3.010 0−21.510 0i	−272.410 0+16.115 0i	0.500 0	0.375 0−12.500 0i
0.06	16.67	−3.753 0−29.733 3i	−499.853 0+32.822 2i	0.500 0	0.375 0−16.666 7i

引入翼段作单纯弯曲(上下平移)振动时的固有频率

$$\omega_h = \sqrt{\frac{K_h}{m}} \tag{7-29}$$

及翼段作单纯扭转振动时的固有频率

$$\omega_\alpha = \sqrt{\frac{K_\alpha}{I_\alpha}}$$

并以$-\pi\rho b^3\omega^2$及$-\pi\rho b^4\omega^2$分别除式(7-23)及式(7-24),可得

$$\left[\frac{m}{\pi\rho b^2}\left(1-\frac{\omega_h^2}{\omega^2}\right)+L_h\right]\frac{h}{b}+\left\{\frac{m}{\pi\rho b^2}x_\alpha+\left[L_\alpha-\left(\frac{1}{2}+a\right)L_h\right]\right\}\alpha=0 \tag{7-30}$$

$$\left\{\frac{m}{\pi\rho b^2}x_\alpha+\left[M_h-\left(\frac{1}{2}+a\right)L_h\right]\right\}\frac{h}{b}+\left\{\frac{m}{\pi\rho b^2}r_\alpha^2\left(1-\frac{\omega_\alpha^2}{\omega^2}\right)+\right.$$
$$\left.\left[M_\alpha-\left(\frac{1}{2}+a\right)(L_\alpha+M_h)+\left(\frac{1}{2}+a\right)^2L_h\right]\right\}\alpha=0 \tag{7-31}$$

由以上两式可得颤振行列式

$$\begin{vmatrix} \frac{m}{\pi\rho b^2}\left[1-\left(\frac{\omega_h}{\omega_\alpha}\right)^2\left(\frac{\omega_\alpha}{\omega}\right)^2\right]+L_h & \frac{m}{\pi\rho b^2}x_\alpha+L_\alpha-\left(\frac{1}{2}+a\right)L_h \\ \frac{m}{\pi\rho b^2}x_\alpha+M_h-\left(\frac{1}{2}+a\right)L_h & \frac{m}{\pi\rho b^2}r_\alpha^2\left(1-\frac{\omega_\alpha^2}{\omega^2}\right)+M_\alpha-\left(\frac{1}{2}+a\right)(L_\alpha+M_h)+\left(\frac{1}{2}+a\right)^2L_h \end{vmatrix}=0 \tag{7-32}$$

式中,已将各物理量转化为量纲为1的量。其中,$m/\pi\rho b^2$称翼段与空气质量比,量纲为1;ω_h/ω_α为单纯弯曲与单纯扭转固有频率的比,该值对于一个特定的翼段是给定的;a,x_α,r_α等符号的意义如前所述,对于一个特定的翼段也是给定的。于是问题在于,如何由方程(7-32)求出ω_α/ω及k这两个未知量。由于k是隐含在各气动力系数内的(通常各气动力系数与k的关系是以数值表的形式给出的),因此在这个复数方程中,外表上看来似乎就只有一个未知量。关于如何求解颤振行列式等于零所构成的复数方程,将在7.3节进一步讨论。

7.3 颤振行列式的求解

7.2节讨论了用非定常理论计算气动力时的颤振方程,可以看到它和采用准定常气动力的情况不同,方程的系数不显含V,必须给定$1/k=V/b\omega$的值,才能知道L_h等参数的值。本节主要介绍如何求解颤振行列式等于零所构成的复数方程。由于求解的方法较多,这里仅介绍常用的3种。

7.3.1 西奥道生法

7.2节介绍的将颤振行列式分成实数和虚数部分两个行列式,从而求解出颤振速度的方法,在美国的文献中常称为西奥道生法。在式(7-32)中,令

$$\left(\frac{\omega_\alpha}{\omega}\right)^2=X \tag{7-33}$$

且只有对角线项包含X。对于一个给定的k值,行列式的所有项都是已知的(复数)。特征方程的形式为

$$X^2-(B_R+iB_I)X+(C_R+iC_I)=0 \tag{7-34}$$

如果把实数和虚数部分分开,就可以写成两个以X为未知量的且具有实系数的方程

$$\left.\begin{aligned} X^2-B_RX+C_R=0 \\ B_IX-C_I=0 \end{aligned}\right\} \tag{7-35}$$

分别解上述两个方程,并以 X_R,X_I 分别表示实部方程和虚部方程所得的正根。通常,$X_R \neq X_I$。显然,只有 $X_R = X_I$ 时才能求得颤振方程的解。因此,给定一组 k 值解得一组 X_R 及 X_I 后,作 $\sqrt{X_R} - k$ 及 $\sqrt{X_I} - k$ 两条曲线,如图 7-2 所示,其交点所对应的 k 值表示颤振行列式等于零的 k 值,于是可以求得 V_F 及 ω_F。

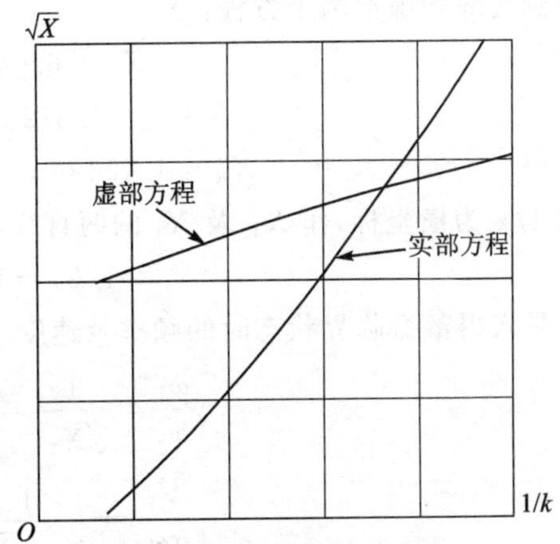

图 7-2　用西奥道生法求解颤振行列式的 $\sqrt{X} - \frac{1}{k}$

对于可压缩流体,在查寻气动力数据表时要求同时假定马赫数 Ma 和减缩频率 k,才能求得行列式的数值。先假定马赫数为 Ma,用上述方法可以算出一个颤振临界速度 V,但它对应于另一个马赫数 Ma'。不断地改变 Ma,又会导致其他的 Ma',直到 $Ma = Ma'$ 时,即可得到真实的解。因此,需要一个试凑的过程。

例题　已知二元翼段的参数如下:

$$\frac{1}{2} + a = \frac{e}{b} = 0.4, \qquad \frac{m}{\pi \rho b S} = 5$$

$$\frac{S_\alpha}{mb} = 0.25, \qquad \frac{I_\alpha}{mb^2} = 0.5$$

试用非定常气动力,分别按 $1/k = V/b\omega = 1.25$ 及 1.67 列出颤振方程,求出颤振临界点。

解　把已知参数代入到运动方程,并记 $X = (\omega_\alpha/\omega)^2$,得方程

$$\begin{bmatrix} 5 + L_h - 1.25X & 1.25 - 0.4L_h + L_\alpha \\ 1.75 - 0.4L_h & 2.3 + 0.16L_h - 0.4L_\alpha + M_\alpha - 2.5X \end{bmatrix} \begin{bmatrix} \frac{h}{b} \\ \alpha \end{bmatrix} = 0$$

由表 6-1 可查到有关 L_h 等气动力系数,代入以上方程后,得到如下特征方程:

当 $1/k = 1.25$ 时,有

$$\begin{vmatrix} 4.567\,04 - 1.508\,64\mathrm{i} - X & -0.445\,06 - 1.213\,50\mathrm{i} \\ 0.586\,59 + 0.301\,73\mathrm{i} & 1.359\,01 - 10.257\,30\mathrm{i} - X \end{vmatrix} = 0$$

展开后得

实部方程:

$$X^2 - 5.926\,05X + 5.734\,0 = 0$$

虚部方程:

$$1.765\,94X - 2.379\,24 = 0$$

由实部方程解得

$$X_R = 4.714\,06, \qquad 1.211\,99$$

又由虚部方程解得

$$X_I = 1.347\,29$$

同理,按 $1/k = 1.67$ 时的特征方程

$$\begin{vmatrix} 4.432\,56 - 1.536\,24\mathrm{i} - X & -1.712\,94 - 1.649\,86\mathrm{i} \\ 0.613\,49 + 0.307\,25\mathrm{i} & 1.612\,59 - 0.336\,70\mathrm{i} - X \end{vmatrix} = 0$$

得到实部和虚部两个方程:

$$X^2 - 6.045\,15X + 7.174\,60 = 0$$

$$1.872\,94X - 2.431\,29 = 0$$

解得 $X_R = 4.423\,06,\quad 1.622\,09,\qquad X_I = 1.298\,11$

以 $1/k$ 为横坐标,作 X_R 及 X_I 的两直线,得交点

$$1/k_F = 1.37,\qquad X_F = 1.32$$

于是求得颤振临界状态时的频率及速度

$$\frac{\omega_F}{\omega_\alpha} = \frac{1}{\sqrt{X_F}} = \frac{1}{1.32} = 0.87$$

$$\frac{V_F}{b\omega_\alpha} = \frac{1}{K_F\sqrt{X_F}} = 1.37 \times 0.87 = 1.19$$

7.3.2 V-g 法

这是当前颤振计算中较常用的方法,可用于计算航空器整体或部件(如翼面、组合段)的颤振特性。在这个方法中引入了结构阻尼系数 g。实验表明,振动时结构阻尼力的大小与振动位移量成正比,因而也与弹性恢复力成正比,而与频率无关。此外,它与速度反相,即与位移有 90°相位差。引用结构阻尼系数 g 来表示结构阻尼力,即结构阻尼力为 $-\mathrm{i}g_h K_h h$(或 $-\mathrm{i}g_\alpha K_\alpha \alpha$)。而结构阻尼力与弹性恢复力之和可用

$$-(1+\mathrm{i}g_h)K_h h = -(1+\mathrm{i}g_h)m\omega_h^2 h_0 \mathrm{e}^{\mathrm{i}\omega t}$$

及

$$-(1+\mathrm{i}g_\alpha)K_\alpha \alpha = -(1+\mathrm{i}g_\alpha)I_\alpha \omega_\alpha^2 \alpha_0 \mathrm{e}^{\mathrm{i}\omega t}$$

表示,通常取 $g_h = g_\alpha = g$。在式(7-30)及式(7-31)中引入结构阻尼力,得

$$\left\{\frac{m}{\pi\rho b^2}\left[1-(1+\mathrm{i}g)\left(\frac{\omega_h}{\omega}\right)^2\right]+L_h\right\}\frac{h}{b}+\left\{\frac{m}{\pi\rho b^2}x_\alpha+\left[L_\alpha-\left(\frac{1}{2}+a\right)L_h\right]\right\}\alpha=0 \tag{7-36}$$

$$\left\{\frac{m}{\pi\rho b^2}x_\alpha+\left[M_h-\left(\frac{1}{2}+a\right)L_h\right]\right\}\frac{h}{b}+$$
$$\left\{\frac{m}{\pi\rho b^2}r_\alpha^2\left[1-(1+\mathrm{i}g)\left(\frac{\omega_\alpha}{\omega}\right)^2\right]+\left[M_\alpha-\left(\frac{1}{2}+a\right)(L_\alpha+M_h)+\left(\frac{1}{2}+a\right)^2 L_h\right]\right\}\alpha=0 \tag{7-37}$$

相应地有颤振行列式

$$\begin{vmatrix} \frac{m}{\pi\rho b^2}\left[1-\left(\frac{\omega_h}{\omega_\alpha}\right)^2(1+\mathrm{i}g)\left(\frac{\omega_\alpha}{\omega}\right)^2\right]+L_h & \frac{m}{\pi\rho b^2}x_\alpha+L_\alpha-\left(\frac{1}{2}+a\right)L_h \\ \frac{m}{\pi\rho b^2}x_b+M_h-\left(\frac{1}{2}+a\right)L_h & \frac{m}{\pi\rho b^2}r_\alpha^2\left[1-(1+\mathrm{i}g)\left(\frac{\omega_\alpha}{\omega}\right)^2\right]+M_\alpha-\left(\frac{1}{2}+a\right)(L_\alpha+M_h)+\left(\frac{1}{2}+a\right)^2 L_h \end{vmatrix}=0 \tag{7-38}$$

令

$$Z=(1+\mathrm{i}g)\left(\frac{\omega_\alpha}{\omega}\right)^2 \tag{7-39}$$

它是一个复数未知数，式(7－38)就成为一个关于 Z 的复系数二次方程。求解后，得两个复根 $Z=Z_R+iZ_I$。由 Z 的定义式(7－39)可得

$$\omega=\frac{\omega_\alpha}{\sqrt{Z_R}} \tag{7-40}$$

$$g=\frac{Z_I}{Z_R} \tag{7-41}$$

在计算式(7－38)之前，必须先设一组 k 值，而 $k=\omega b/V$。因而，在由式(7－40)算出一个 ω 值后，就有

$$V=\frac{\omega b}{k}=\frac{b}{k}\cdot\frac{\omega_\alpha}{\sqrt{Z_R}} \tag{7-42}$$

真实的结构总是有阻尼的，就是说 g 值总是正的。负值的 g 是虚拟的，它意味着结构本身不消耗能量，反而会增加能量。以二元机翼为例，由式(7－41)解得的 g 值的物理意义是：在上式给出的 V 值下飞行时，若机翼作临界简谐振动，则它必须具有按式(7－41)算出的结构阻尼值。若机翼的真实结构阻尼小于此值，则必须给它再增加一些阻尼才能作临界简谐振动，那么实际上机翼在这个飞行速度下已经作发散振动，即已进入颤振范围；反之，若真实结构阻尼大于此值，则必须减小才能达到临界，故实际上机翼作衰减振动处于亚临界范围。事实上，结构总是存在一定的阻尼，但是很难精确地测定。因此，从保守的方面考虑，常认为机翼的结构阻尼是零。假如由式(7－41)算出的 g 值是负的(比所设的真实阻尼的零值要小)，就表示要施以负阻尼力，即施加激励力，机翼才作临界简谐振动。实际上机翼并未受此激励力，故机翼振动衰减尚未达到颤振状况，即由式(7－42)算出的 V 值比颤振速度 V_F 小。

在计算颤振速度时，也要假设一组 k(即一组 $1/k$)值，求得相应的 V, g, ω。绘制成 $V-g$ 图线，通常取与 $g=0$(由图线插值得到)所对应的 V 值作为颤振速度 V_F，如图 7－3 所示。图 7－3(a)中两条曲线所对应的频率 ω 分别接近 ω_h 及 ω_α，故有时称之为弯曲分支及扭转分支。由图可见，发生颤振的是扭转分支。还可以取计算中的 ω 值，作出 $V-\omega$ 的两条曲线，如图 7－3(b)所示。当 V 增加时，两条分支的频率逐渐靠近。通常在接近颤振速度时，都有类似现象。

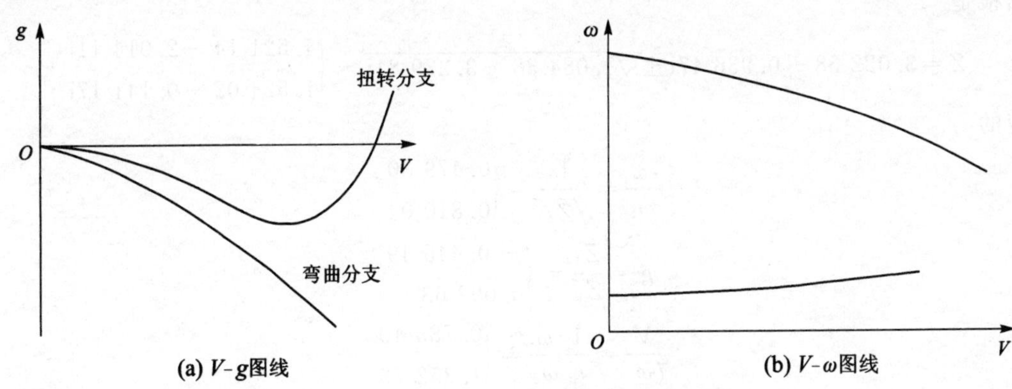

图 7－3　用 V－g 法求解颤振行列式的图线

$V-g$ 法用在两个自由度的系统上并不见得比西奥道生的解法简单，但这条曲线在颤振点上的斜率大致上表明颤振的剧烈程度，而且这样在数学上也把颤振问题概括为复特征值问题。

若用矩阵表达,则方程的一般形式为

$$(\boldsymbol{A}-Z\boldsymbol{B})\boldsymbol{q}=\boldsymbol{0} \tag{7-43}$$

或

$$\boldsymbol{D}\boldsymbol{q}=Z\boldsymbol{q} \tag{7-44}$$

式中,$\boldsymbol{D}=\boldsymbol{B}^{-1}\boldsymbol{A}$,它和 $\boldsymbol{A}$ 都是复数矩阵,其阶数等于系统的自由度数;$\boldsymbol{q}$ 是系统的位移矩阵。

对于多自由度系统,采用式(7-43)或式(7-44)便于电子计算机求解,用复数雅克比法能够求出全部复数特征根 Z,且具有同样的精确度。这点和静稳定性问题不同,颤振问题是需要求出全部特征根的。

例题 试用 $V-g$ 法求解7.3.1小节例题中机翼的颤振速度。

解 在该例题中已求解出特征方程。

当 $1/k=1.25$ 时,有

$$Z^2-(5.926\,05-1.765\,94\mathrm{i})Z+(5.713\,0-2.379\,24\mathrm{i})=0$$

算出复数根是

$$\begin{aligned}Z&=2.963\,025-0.882\,97\mathrm{i}\pm\sqrt{2.286\,48-2.853\,28\mathrm{i}}=\\&\quad 2.963\,025-0.882\,97\mathrm{i}\pm(1.723\,79-0.827\,62\mathrm{i})=\\&\quad\begin{cases}4.686\,82-1.710\,59\mathrm{i}\\1.239\,24-0.055\,35\mathrm{i}\end{cases}\end{aligned}$$

于是算得相应的

$$\frac{\omega}{\omega_\alpha}=\frac{1}{\sqrt{Z_\mathrm{R}}}=\begin{cases}0.461\,91\\0.898\,30\end{cases}$$

$$g=\frac{Z_\mathrm{I}}{Z_\mathrm{R}}=\begin{cases}-0.364\,98\\-0.044\,66\end{cases}$$

$$\frac{V}{b\omega_\alpha}=\frac{1}{k}\frac{\omega}{\omega_\alpha}=\begin{cases}0.577\,39\\1.122\,88\end{cases}$$

又当 $1/k=1.67$ 时,有

$$Z^2-(6.045\,15-1.872\,94\mathrm{i})Z+(7.174\,60-2.431\,29\mathrm{i})=0$$

算出根是

$$Z=3.022\,58-0.936\,47\mathrm{i}\pm\sqrt{1.084\,38-3.229\,81\mathrm{i}}=\begin{cases}4.521\,14-2.014\,11\mathrm{i}\\1.524\,02+0.141\,17\mathrm{i}\end{cases}$$

相应的

$$\frac{\omega}{\omega_\alpha}=\frac{1}{\sqrt{Z_\mathrm{R}}}=\begin{cases}0.479\,30\\0.810\,04\end{cases}$$

$$g=\frac{Z_\mathrm{I}}{Z_\mathrm{R}}=\begin{cases}-0.445\,49\\0.092\,63\end{cases}$$

$$\frac{V}{b\omega_\alpha}=\frac{1}{k}\frac{\omega}{\omega_\alpha}=\begin{cases}0.785\,40\\1.352\,76\end{cases}$$

若按直线插值求 $Z_\mathrm{I}=0$ 即颤振点,则可由方程

$$\frac{\frac{1}{k}-1.25}{1.67-1.25}=\frac{Z_\mathrm{I}+0.055\,35}{0.141\,17+0.055\,35}\quad 及\quad Z_\mathrm{I}=0$$

解得
$$\frac{1}{k_F}=\frac{V_F}{b\omega}=1.37$$

再按直线插值算出颤振临界点的 Z 值，即

$$Z_F=1.239\,24+\frac{1.524\,02-1.239\,24}{1.67-1.25}(1.37-1.25)=1.32$$

故颤振频率

$$\frac{\omega_F}{\omega_\alpha}=\frac{1}{\sqrt{Z_F}}=0.87$$

颤振折算速度

$$\frac{V_F}{b\omega_\alpha}=\frac{1}{k_F\sqrt{Z_F}}=1.19$$

注意：在采用 $V-g$ 法时，所选取的气动力系数 L_h,L_α,M_h 和 M_α 不仅是减缩频率 k 的函数，也同时随马赫数 Ma 而变化。在以上例题中，没有考虑随马赫数 Ma 变化的因素。

$V-g$ 法为颤振计算提供了很大的方便，但由于它使用了具有人工阻尼的简谐运动，而使得它在理论上不够严谨。对于 g 不等于零的情况，频率和阻尼就不能正确地描述系统的行为状态。

7.3.3 *p*-*k* 法

20 世纪 70 年代初，美国提出另一种求解颤振行列式的方法，即 $p-k$ 法。它比 $V-g$ 法稍进一步说明了亚临界自由振动衰减的程度。这一方法中，设二元机翼作任意运动，即

$$\left.\begin{aligned}h&=h_0\mathrm{e}^{(\gamma+\mathrm{i})\omega t}=h_0\mathrm{e}^{\bar{p}t}\\ \alpha&=\alpha_0\mathrm{e}^{(\gamma+\mathrm{i})\omega t}=\alpha_0\mathrm{e}^{\bar{p}t}\end{aligned}\right\}\tag{7-45}$$

式中，$\bar{p}=\gamma\omega+\mathrm{i}\omega,\mathrm{i}=\sqrt{-1}$。由上式可见

$$\gamma=\frac{1}{2\pi}\ln\left[\frac{h\left(t+\frac{2\pi}{\omega}\right)}{h(t)}\right]\tag{7-46}$$

表示了振动的衰减率。

机翼作任意运动时的气动力表达式更为复杂，但是人们最关心的还是颤振临界状态。在这种状态下，机翼作简谐振动。在这个状态的附近，机翼的振动也近似为简谐振动，故在计算气动力时，仍用简谐振动机翼的非定常气动力公式。在计算中所用的减缩频率 k 就取与式(7-45)中 ω 相应的 k。

机翼作简谐振动时，有 $\ddot{h}=-\omega^2h$，而对式(7-45)则有 $\ddot{h}=\mathrm{d}^2(h)/\mathrm{d}t^2$。可见，对简谐振动机翼所导得的式(7-23)和式(7-24)，只需要用 $\frac{\mathrm{d}^2}{\mathrm{d}t^2}$ 代替 $-\omega^2$，即可导出作任意运动时的有关方程。通常再引入量纲为 1 的算子，则

$$p=\frac{b}{V}\frac{\mathrm{d}}{\mathrm{d}t}=\gamma k+\mathrm{i}k=\delta+\mathrm{i}k\tag{7-47}$$

式中，$\delta=\gamma k$。

于是，可将式(7-23)和式(7-24)稍加变化，即得

$$\left\{\frac{V^2}{b^2}\begin{bmatrix} mb & S_\alpha \\ S_\alpha b & I_\alpha \end{bmatrix} p^2+\begin{bmatrix} K_h b & 0 \\ 0 & K_\alpha \end{bmatrix}-\right.$$

$$\left.\pi\rho b^3\omega^2\begin{bmatrix} L_h & L_\alpha-\left(\frac{1}{2}+a\right)L_h \\ \left[M_h-\left(\frac{1}{2}+a\right)L_h\right]b & \left[M_\alpha-\left(\frac{1}{2}+a\right)(L_\alpha+M_h)+\left(\frac{1}{2}+a\right)^2 L_h\right]b \end{bmatrix}\right\}\begin{bmatrix} \frac{h}{b} \\ \alpha \end{bmatrix}=0 \tag{7-48}$$

式(7-48)可以表示为

$$\left[\frac{V^2}{b^2}\bar{\boldsymbol{M}}p^2+\bar{\boldsymbol{K}}+\frac{1}{2}\rho V^2\bar{\boldsymbol{A}}(k)\right]\boldsymbol{q}=\boldsymbol{0} \tag{7-49}$$

式中,$\bar{\boldsymbol{M}}$,$\bar{\boldsymbol{K}}$ 及 $\bar{\boldsymbol{A}}$ 的含义可由式(7-48)和式(7-49)的对应关系直接找出;矩阵 $\boldsymbol{q}$ 代表了机翼两个自由度位移列阵$[h/b \quad \alpha]^{\mathrm{T}}$。

对于二元机翼,可直接由式(7-48)导出颤振行列式:

$$\Delta=\begin{vmatrix} \frac{m}{\pi\rho b^2}\left[p^2+\left(\frac{\omega_\alpha b}{V}\right)^2\left(\frac{\omega_h}{\omega_\alpha}\right)^2\right]-k^2L_h & \frac{m}{\pi\rho b^2}x_\alpha p^2-k^2\left[L_\alpha-\left(\frac{1}{2}+a\right)L_h\right] \\ \frac{m}{\pi\rho b^2}x_\alpha p^2-k^2\left[M_h-\left(\frac{1}{2}+a\right)L_h\right] & r_\alpha^2\frac{m}{\pi\rho b^2}\left[p^2+\left(\frac{\omega_\alpha b}{V}\right)^2\right]-k^2\left[M_\alpha-\left(\frac{1}{2}+a\right)(L_\alpha+M_h)+\left(\frac{1}{2}+a\right)^2L_h\right] \end{vmatrix}=0 \tag{7-50}$$

式中,$p=\bar{p}b/V$,量纲为1,即 $p=rk+\mathrm{i}k$。求解上式时,先要设一个大气密度 ρ 及飞行速度 V(事实上就确定了马赫数 Ma)。再假定某一减缩频率 k 值下,会同马赫数 Ma 查取相应表格中气动力系数 L_α,L_h,M_α 和 M_h,即可求解上式,并求出两个根:$p^{(1)}=\gamma^{(1)}\ k^{(1)}+\mathrm{i}k^{(1)}$ 及 $p^{(2)}=\gamma^{(2)}\ k^{(2)}+\mathrm{i}k^{(2)}$。比较 $k^{(1)}$ 与上述假定的 k 值,以更接近 k 的 $k^{(1)}$ 值重新查表上的气动力系数,由此反复迭代到满意为止。此时即寻求到了机翼在气流中自由振动的第一支模态,其频率 $\omega_1=k_1V/b$,衰减率是 γ_1。同理以 $k^{(2)}$ 作为第二分支的初始试凑值,通过迭代找出第二个模态的频率 $\omega_2=k_2V/b$。

在飞行高度不变的情况下,改变飞行速度 V(即在原速度 V 的基础上作适当的增加),重复以上步骤,从而找出在增量速度下,该机翼两支模态的频率及衰减率。如此对速度 V 逐级增加,就算出一系列相应的模态频率及衰减率,直到可以用来描绘 $V-\gamma$ 及 $V-\omega$ 图。注意到在 $V-\gamma$ 图上与横坐标相交的点,它所对应的速度就是颤振速度 V_{F}。

从上述过程可见,$p-k$ 法的计算工作量远大于 $V-g$ 法,但其所计算的结果是与所述飞行高度 H 上的飞行马赫数值协调一致的,即可认为就是最终结果,不必再对马赫数 Ma 进行迭代。此外,$V-\gamma$ 图与 $V-g$ 图不同。在 $V-\gamma$ 图中,处于亚临界状态所对应的 γ 值可认为是真实的衰减率,因此可以和飞行颤振试验的结果相对比。

7.4 二元机翼-副翼颤振

本节讨论二元机翼-副翼颤振。在二元机翼构型的基础上，在后缘装有副翼，如图7-4所示。图中，eb为副翼前缘至翼弦中点的距离，cb为副翼铰链轴至翼弦中心的距离。在副翼铰链轴上附有旋转弹簧，其刚度系数为K_β，副翼偏角为β，且下偏为正。图中坐标系原点取在翼弦中点。

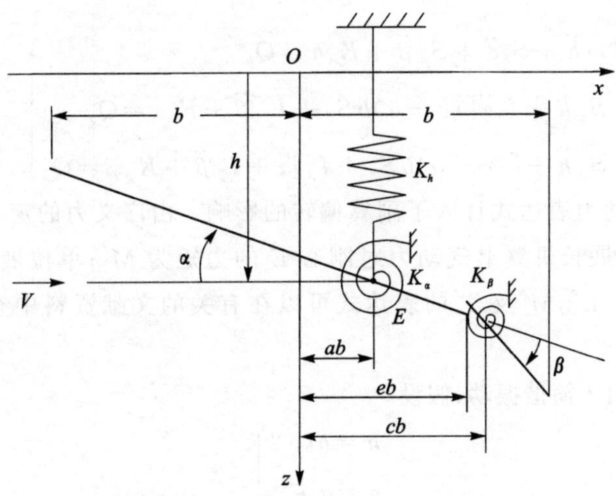

图7-4 二元机翼-副翼示意图

机翼上任一点的位移可表示为

$$\begin{aligned} z &= h + (x - ab)\alpha & (-b \leqslant x < eb) \\ z &= h + (x - ab)\alpha + (x - cb)\beta & (eb \leqslant x \leqslant b) \end{aligned} \tag{7-51}$$

为引用拉格朗日方程，计算二元翼段的动能为

$$\begin{aligned} T = {} & \frac{1}{2}\int_{-b}^{b} \dot{z}^2 m_0 \mathrm{d}x = \\ & \frac{1}{2}\int_{-b}^{eb} [\dot{h} + (x - ab)\dot{\alpha}]^2 m_0 \mathrm{d}x + \frac{1}{2}\int_{eb}^{b} [\dot{h} + (x - ab)\dot{\alpha} + (x - cb)\dot{\beta}]^2 m_0 \mathrm{d}x = \\ & \frac{1}{2} m \dot{h}^2 + \frac{1}{2} I_\alpha \dot{\alpha}^2 + \frac{1}{2} I_\beta \dot{\beta}^2 + S_\alpha \dot{h}\dot{\alpha} + S_\beta \dot{h}\dot{\beta} + [(c - a)bS_\beta + I_\beta]\dot{\alpha}\dot{\beta} \end{aligned} \tag{7-52}$$

式中

$$\left.\begin{aligned} m &= \int_{-b}^{b} m_0 \mathrm{d}x \\ S_\alpha &= \int_{-b}^{b} (x - ab) m_0 \mathrm{d}x = m x_\alpha b \\ I_\alpha &= \int_{-b}^{b} (x - ab)^2 m_0 \mathrm{d}x = m r_\alpha^2 b^2 \\ S_\beta &= \int_{eb}^{b} (x - cb) m_0 \mathrm{d}x = m x_\beta b \\ I_\beta &= \int_{eb}^{b} (x - cb)^2 m_0 \mathrm{d}x = m r_\beta^2 b^2 \end{aligned}\right\} \tag{7-53}$$

以上各式中,m_0 为单位面积的翼段质量;m 为单位展长的翼段质量;S_α 为单位展长机翼对刚心的质量静矩;I_α 为单位展长机翼对刚心的质量惯矩;S_β 为单位展长副翼对副翼转轴的质量静矩;I_β 为单位展长副翼对副翼转轴的质量惯矩。

二元翼段的势能为

$$U=\frac{1}{2}K_h h^2+\frac{1}{2}K_\alpha \alpha^2+\frac{1}{2}K_\beta \beta^2 \tag{7-54}$$

代入拉格朗日方程,得

$$\left.\begin{aligned}&m\ddot{h}+S_\alpha\ddot{\alpha}+S_\beta\ddot{\beta}+K_h h=Q_h\\&S_\alpha\ddot{h}+I_\alpha\ddot{\alpha}[(c-a)bS_\beta+I_\beta]\ddot{\beta}+K_\alpha\alpha=Q_\alpha\\&S_\beta\ddot{h}+[(c-a)bS_\beta+I_\beta]\ddot{\alpha}+I_\beta\ddot{\beta}+K_\beta\beta=Q_\beta\end{aligned}\right\} \tag{7-55}$$

在副翼有偏转时,气动力表达式计入了副翼偏转的影响。由广义力的定义可知,单位展长机翼的升力为 L';单位展长机翼上气动力对刚心 E 的力矩为 M';单位展长上气动力对副翼铰链轴的力矩为 T'。L',M'及 T'的表达式可以在有关的文献资料中查到,例如本章参考文献[1]。

在式(7-55)中引入简谐振动,假设

$$\left.\begin{aligned}h&=h_0\mathrm{e}^{\mathrm{i}\omega t}\\\alpha&=\alpha_0\mathrm{e}^{\mathrm{i}\omega t}\\\beta&=\beta_0\mathrm{e}^{\mathrm{i}\omega t}\end{aligned}\right\} \tag{7-56}$$

在运动方程中引入结构阻尼,并把上式的系数化成量纲为1的形式,可利用单自由度系统固有频率

$$\left.\begin{aligned}\omega_h&=\sqrt{\frac{K_h}{m}}\\\omega_\alpha&=\sqrt{\frac{K_\alpha}{I_\alpha}}\\\omega_\beta&=\sqrt{\frac{K_\beta}{I_\beta}}\end{aligned}\right\} \tag{7-57}$$

则得

$$\left.\begin{aligned}&A_{11}\frac{h}{b}+A_{12}\alpha+A_{13}\beta=0\\&B_{11}\frac{h}{b}+B_{12}\alpha+B_{13}\beta=0\\&C_{11}\frac{h}{b}+C_{12}\alpha+C_{13}\beta=0\end{aligned}\right\} \tag{7-58}$$

式中

$$
\left.\begin{aligned}
A_{11} &= \frac{m}{\pi\rho b^2}\left[1-(1+\mathrm{i}g_h)\left(\frac{\omega_\alpha}{\omega}\right)^2\left(\frac{\omega_h}{\omega_\alpha}\right)^2\right]+L_h \\
A_{12} &= \frac{m}{\pi\rho b^2}x_\alpha + L_\alpha - \left(\frac{1}{2}+a\right)L_h \\
A_{13} &= \frac{m}{\pi\rho b^2}x_\beta + L_\beta - (c-e)L_z \\
B_{11} &= \frac{m}{\pi\rho b^2}x_\alpha + M_h - \left(\frac{1}{2}+a\right)L_h \\
B_{12} &= \frac{m}{\pi\rho b^2}r_\alpha^2\left[1-(\mathrm{i}+\mathrm{i}g_\alpha)\left(\frac{\omega_\alpha}{\omega}\right)^2\right]+M_\alpha-\left(\frac{1}{2}+a\right)(M_h+L_\alpha)+\left(\frac{1}{2}+a\right)^2 L_h \\
B_{13} &= \frac{m}{\pi\rho b^2}[(c-a)x_\beta+r_\beta^2]+M_\beta-\left(\frac{1}{2}+a\right)L_\beta-(c-e)M_z+(c-e)\left(\frac{1}{2}+a\right)L_z \\
C_{11} &= \frac{m}{\pi\rho b^2}x_\beta + T_h - (c-e)P_h \\
C_{12} &= \frac{m}{\pi\rho b^2}[(c-a)x_\beta+r_\beta^2]+T_\alpha-(c-e)P_\alpha-\left(\frac{1}{2}+a\right)T_h+(c-e)\left(\frac{1}{2}+a\right)P_h \\
C_{13} &= \frac{m}{\pi\rho b^2}r_\beta^2\left[1-(1+\mathrm{i}g_\beta)\left(\frac{\omega_\alpha}{\omega}\right)^2\left(\frac{\omega_\beta}{\omega_\alpha}\right)^2\right]+T_\beta-(c-e)(P_\beta+T_z)+(c-e)^2P_z
\end{aligned}\right\}
\tag{7-59}
$$

上式中的气动力系数都是 k 的函数。在计及压缩性影响时，它们还是马赫数 Ma 的函数。由此得到颤振行列式为

$$
\begin{vmatrix} A_{11} & A_{12} & A_{13} \\ B_{11} & B_{12} & B_{13} \\ C_{11} & C_{12} & C_{13} \end{vmatrix} = 0 \tag{7-60}
$$

当采用 $V-g$ 法求解时，令 $g_h = g_\alpha = g_\beta$，并引入

$$
\lambda = (1+\mathrm{i}g)\left(\frac{\omega_\alpha}{\omega}\right)^2
$$

展开行列式，可得 λ 的复系数三次方程，即

$$
\lambda^3 + L\lambda^2 + M\lambda + N = 0 \tag{7-61}
$$

式中，L，M 和 N 都是复系数。求解时可用牛顿法，求得一个复根后即可降阶，用解二次方程的方法求得其余两个根。

思考题

7.1 7.1 节中应用拉格朗日方程建立了振动运动方程，试用其他方法（例如力的平衡法）建立振动运动方程。

7.2 试比较 7.1 节的例题与 6.3.3 小节的例题，哪个计算结果精度更高些？为什么？

7.3 广义气动力与一般空气动力有什么关系？为什么说它是广义的？

7.4 熟悉非定常气动力系数的查表过程。

7.5 采用非定常气动力和采用准定常气动力在求解颤振行列式上有什么不同？

7.6 区分 $V-g$ 法和 $p-k$ 法在原理上及计算方法上的主要差异。

7.7 解释$V-g$图中g的物理意义。

7.8 练习推导二元机翼-副翼的振动运动方程。

7.9 式(7-61)中L,M,N都是复系数,思考如何求解该式。

参考文献

[1] Scanlan R H, Rosenbaum R. Introduction to the Study of Aircraft Vibration and Flutter. The Macmillan Company, New York, 1951.

[2] Fung Y C. 空气弹性力学引论. 冯钟越,管德,译. 北京:国防工业出版社,1963.

[3] 伏欣 H W. 气动弹性力学原理. 沈克扬,译. 上海:上海科学技术文献出版社,1982.

[4] 诸德超,陈桂彬,邹丛青. 气动弹性力学. 航空工业部教材编审室,1986.

第 8 章　工程颤振分析

第 6～7 章介绍了经典颤振的基本概念，并以二元机翼为对象讨论了经典颤振分析的基本思路和方法特点。本章将围绕飞机、导弹、火箭等飞行器的部件（如翼面、尾翼）以及整体这些复杂的三维对象，介绍气动弹性设计中经典颤振工程分析的基本方法、分析流程和分析思路。以大展弦比直机翼为例，分别采用格罗斯曼准定常和西奥道生非定常气动力的片条理论，讨论颤振运动方程的建立，分析颤振计算的特点，并用于大展弦比后掠翼颤振的分析。以小展弦比翼面为例，分别采用非定常气动力的偶极子格网法和超声速活塞理论，讨论其颤振运动方程的建立以及小展弦比翼面颤振计算特点。此外，本章还介绍了典型尾翼颤振以及操纵面颤振的基本特点。

8.1　工程颤振分析的概述

机翼、弹翼等翼面是一个三维复杂的连续弹性体，具有无穷多个运动自由度，故比二元机翼要复杂得多。对于一个真实的飞行器结构，要想精确地研究它是不可能的。这就需要有工程上的手段，使其成为能够反映主要弹性及惯性特性的物理模型及数学模型。

在结构分析中，为了描述结构的变形，可以有两种方法。第一种方法是在结构上选择一定数量的点，通过这些点上的位移来描述结构的变形。这种方法就形成了"集中质量法"。在集中质量法中，把机翼分成一定数量的片条，并认为每一片条都是作为一个整体在运动。第二种方法是用由连续函数组成的级数展开式，这种方法就形成了广义坐标，该方法已在第 2 章中有所介绍，这是在颤振分析中常用的方法。

把一个复杂弹性结构的变形用有限数量的广义坐标来表示，等于在弹性体上加上了某种约束。因此，结构不再是完全弹性的，而是"半刚固"的。这里重要的是选择描述弹性位移的广义坐标；在广义坐标选定以后，就可以根据拉格朗日方程导出运动方程。因此，就要从模型试验和实际工程经验中去恰当地选择半刚固形态。为了说明广义坐标的选择，作为例子，选择一个大展弦比直机翼来讨论。该机翼根部固支，并以一根弹性轴来表示，把它当作度量机翼挠度的参考线。这样对沿翼弦方向的机翼剖面变形可以用 3 个量来表示，即弹性轴的弯曲（向下为正）、绕弹性轴的转动（前缘向上为正）以及副翼绕其铰链的转动（后缘向下为正）。对于展向某一个剖面在时间 t 时，上述 3 个量分别以 $h(y,t)$，$\alpha(y,t)$ 及 $\beta(y,t)$ 来表示。如果要求完全描述任意函数 $h(y,t)$，$\alpha(y,t)$ 及 $\beta(y,t)$，则需要一整套的广义坐标。但是，它和振动分析中的情况一样，往往可以选取少量广义坐标作为颤振机翼的代表。在本例中取了 3 个广义坐标，设

$$\left.\begin{aligned} h(y,t) &= \bar{h}(t)f(y) \\ \alpha(y,t) &= \bar{\alpha}(t)\phi(y) \\ \beta(y,t) &= \bar{\beta}(t)\psi(y) \end{aligned}\right\} \tag{8-1}$$

式中,$\bar{h}(t)$,$\bar{\alpha}(t)$及$\bar{\beta}(t)$是未知的时间函数,而$f(y)$,$\phi(y)$及$\psi(y)$则是3个假定的y的函数;假定了上述3个y的函数后,机翼的变形形式就受到了限制。如果$f(y)$,$\phi(y)$及$\psi(y)$选择得当,则所求得的颤振速度就比较接近实际。此处函数$f(y)$,$\phi(y)$及$\psi(y)$称为变形的半刚固形态,或者简称形态。广义坐标$\bar{h}(t)$,$\bar{\alpha}(t)$及$\bar{\beta}(t)$是基于这些函数定义的。

通常,操纵面可以认为是刚体的,因而$\psi(y)$可以取为常数,因为操纵面最低阶的扭转频率通常比颤振频率高得多。在结构设计中,为了保证这一点,经常把操纵杆尽量安排在操纵面翼展的中间。在需要增置平衡质量时,也应尽可能靠近操纵拉杆。

在本例中,对函数$f(y)$,$\phi(y)$及$\psi(y)$可选为机翼自由振动的纯弯、纯扭振型。但是,为了便于计算,也可以选择近似于纯弯、纯扭振型的多项式,甚至于选取一些初等函数。这些函数一定要满足机翼根部约束的边界条件。例如,对于翼根部剖面固支的悬臂机翼选为

$$f(y)=\frac{1}{l^2}y^2,\qquad \phi(y)=\frac{1}{l}y,\qquad \psi(y)=1$$

就完全满足了位移边界条件。

当选用机翼无阻尼自由振动的固有振型时,所得到的结果最好。若在本例中选取前三阶固有振型,即

$$\begin{pmatrix} f_1(y) \\ \phi_1(y) \\ \psi_1(y) \end{pmatrix},\qquad \begin{pmatrix} f_2(y) \\ \phi_2(y) \\ \psi_2(y) \end{pmatrix},\qquad \begin{pmatrix} f_3(y) \\ \phi_3(y) \\ \psi_3(y) \end{pmatrix} \tag{8-2}$$

则可以写出

$$\left.\begin{aligned} h(y,t)&=q_1(t)f_1(y)+q_2(t)f_2(y)+q_3(t)f_3(y) \\ \alpha(y,t)&=q_1(t)\phi_1(y)+q_2(t)\phi_2(y)+q_3(t)\phi_3(y) \\ \beta(y,t)&=q_1(t)\psi_1(y)+q_2(t)\psi_2(y)+q_3(t)\psi_3(y) \end{aligned}\right\} \tag{8-3}$$

式中,$q_1(t)$,$q_2(t)$及$q_3(t)$是广义坐标。

在颤振分析中,通常选取以主振型(固有振型)为模态("基")的广义坐标,称之为主坐标。这样做的优点如下:① 能够更好地反映真实机翼的质量和刚度特性;② 广义质量矩阵和广义刚度矩阵都是对角矩阵;③ 前几阶的固有频率和振型可以用实物的地面共振试验取得,而且还能测定相应的广义质量。这样,可以使得理论计算与试验互相校核。当然,这样做也使得气动力矩阵的计算工作量增加了。而且在做颤振计算之前,总要先求出机翼(或飞行器)在无气流时的固有频率和振型,也就是说先做振动计算和地面试验,为颤振计算提供原始资料。

现代飞机的刚度比较小,机翼上往往有大的集中质量,机身可能较重。因此,主坐标的数目需要选取得多一些。在新飞机的研制中,由于无经验可循,故必须采用机翼的主振型,一般要取6~10个自由度(主坐标);对于全机或全弹还要多些,甚至多达几十个自由度。

值得注意的是,颤振分析本身除了要借助于高速计算机外,还包含了很强的技巧性。设计人员除了要作出一些重要的简化假定外,还需要把分析对象表示为仅具有少量的自由度,而且仅考虑那些有可能发生颤振的形态。这就要求设计人员依靠所积累的工程实际经验,作出对重要模态和自由度的正确选择,在尽量减少颤振分析工作量的同时,得到最准确的结果。

最后要提及的是关于非线性问题。由于无论是在前面或以后所讨论的颤振问题,都是以线化理论为基础的,而真实的物理现象并不是线性的,因此就存在如何评价线化理论的正确性的问题。关于这方面只是从实践证明了当运动的幅值不太大时,以线化理论来处理颤振问题,

在临界速度的附近是比较接近真实情况的。事实上，即使是在线化理论的范围之内，在理论上也未必能达到尽善尽美的程度。在以后的章节中将会看到，在处理工程实际问题时，常常要引入一些附加的假设来简化颤振计算。例如：① 以弹性梁代替三元机翼；② 用“片条”假设来简化空气动力；③ 气动力系数是对应于处在零迎角的平板翼型计算的，即不计非线性厚度效应；④ 有时忽略空气压缩性效应等。因此在一些要求有高准确度的实际问题中，必须采用理论分析和模型试验、飞行试验相结合的技术途径。

8.2　大展弦比直机翼的运动方程

本节讨论大展弦比直机翼的颤振计算。在讨论中，引用了两个重要的假设：① 在气动力计算上，应用片条理论；② 在结构上，把机翼简化为由各剖面刚心连成的一根直线，称之为弹性轴。本节从建立运动方程出发，分别采用准定常及非定常气动理论进行颤振计算，并应用实例说明计算过程。

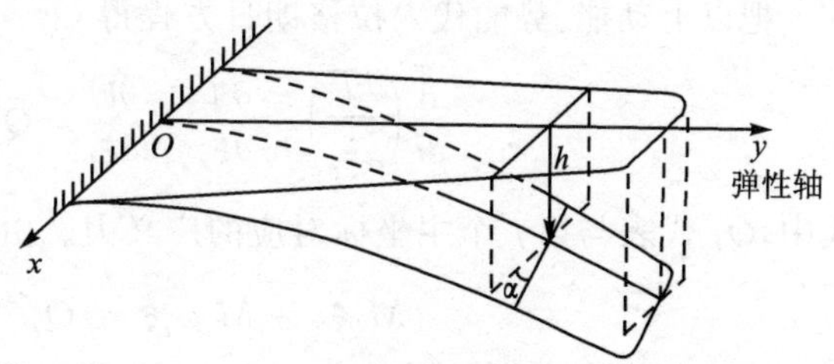

图 8-1　大展弦比直机翼颤振计算示意图

如图 8-1 所示，大展弦比直机翼的弦向剖面可以认为是绝对刚硬的，而且它有一根近似于垂直对称面的直弹性轴。因此，机翼的变形可以用弹性轴的弯曲 $h(y,t)$ 和弦向剖面绕弹性轴的扭转 $\alpha(y,t)$ 来表示，即

$$w(x,y,t)=h(y,t)+r(x)\alpha(y,t) \tag{8-4}$$

式中，w 为平直机翼任意一点的变形，向下为正；h 以向下为正；r 为从弹性轴量起的弦向距离，以顺气流方向向后为正；α 以前缘抬头为正。

机翼的第 j 阶固有振型 $w_j(x,y)$ 也可以表示为弹性轴的弯曲 $h_j(y)$ 及绕弹性轴的扭转 $\alpha_j(y)$，即

$$w_j(x,y)=h_j(y)+r(x)\alpha_j(y) \tag{8-5}$$

现在，把机翼的变形运动转化到用主坐标来描述，即把机翼在垂直方向的运动位移用 n 个固有振型叠加组成，则

$$w(x,y,t)=\sum_{j=1}^{n}[h_j(y)+r(x)\alpha_j(y)]\cdot\xi_j(t) \tag{8-6}$$

为了引用拉格朗日方程，先要计算机翼的动能 T 及势能 U。

机翼的动能为

$$T=\frac{1}{2}\iint_S\gamma(x,y)[\dot{w}(x,y,t)]^2\mathrm{d}x\mathrm{d}y=\frac{1}{2}\sum_{j=1}^{n}M_j\dot{\xi}_j^2 \tag{8-7}$$

式中，$\gamma(x,y)$——机翼单位面积质量；

S——机翼面积。

$$M_j=\int_0^l[mh_j^2(y)+2S_\alpha h_j(y)\alpha_j(y)+I_\alpha\alpha_j^2(y)]\mathrm{d}y \tag{8-8}$$

式中，l——半展长。

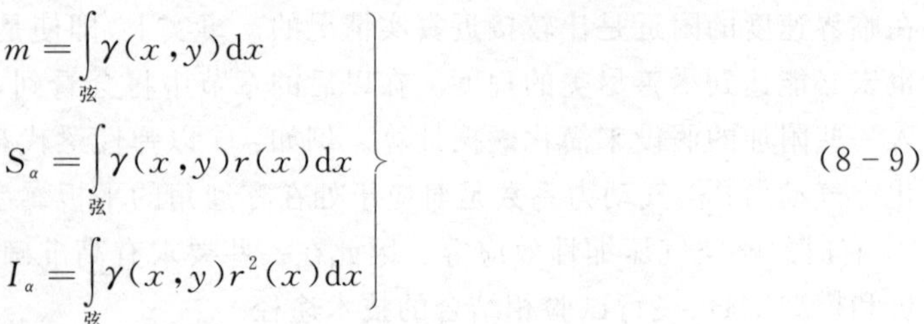

$$\left.\begin{aligned} m &= \int_{弦} \gamma(x,y)\mathrm{d}x \\ S_\alpha &= \int_{弦} \gamma(x,y)r(x)\mathrm{d}x \\ I_\alpha &= \int_{弦} \gamma(x,y)r^2(x)\mathrm{d}x \end{aligned}\right\} \tag{8-9}$$

式(8-9)中的 m,S_α,I_α 分别为单位展长机翼的质量、对弹性轴的质量静距及惯距。

机翼的势能为

$$U = \frac{1}{2}\sum_{j=1}^{n} M_j\omega_j^2\xi_j^2 \tag{8-10}$$

式中,ω_j 为第 j 阶固有频率。

把以上动能、势能代入拉格朗日方程得

$$\frac{\mathrm{d}}{\mathrm{d}t}\left(\frac{\partial T}{\partial \dot{\xi}_j}\right) - \frac{\partial T}{\partial \xi_j} + \frac{\partial U}{\partial \xi_j} = Q_j \qquad (j=1,2,\cdots,n) \tag{8-11}$$

式中,Q_j 代表与第 j 个主坐标对应的广义力。由此可得到颤振分析所用的运动方程

$$M_j\ddot{\xi}_j + M_j\omega_j^2\xi_j = Q_j \qquad (j=1,2,\cdots,n) \tag{8-12}$$

这里如何选用固有振型及取用多少阶固有振型,直接涉及颤振分析工作的繁简。通常,对于大展弦比直机翼,在没有较大的集中质量情况下,在初步估算颤振时,往往只取机翼的第一阶主弯曲振型及第一阶主扭转振型,此时机翼变形运动降为两个自由度。

进一步简化,还可以用与第一阶纯弯振型 $f(y)$ 及第一阶纯扭振型 $\phi(y)$ 相联系的 $h(t)$ 和 $\alpha(t)$ 作为两个广义坐标,即

$$\left.\begin{aligned} h(y,t) &= f(y)h(t) \\ \alpha(y,t) &= \phi(y)\alpha(t) \end{aligned}\right\} \tag{8-13}$$

代入式(8-4),则

$$w(x,y,t) = f(y)h(t) + r(x)\phi(y)\alpha(t) \tag{8-14}$$

这样得到的运动方程与式(8-12)不同,在等号左边将出现惯性耦合项,此时动能为

$$\begin{aligned} T &= \frac{1}{2}\iint_S \gamma(x,y)\left[f(y)\dot{h}(t) + r(x)\phi(y)\dot{\alpha}(t)\right]^2 \mathrm{d}x\mathrm{d}y = \\ &\quad \frac{1}{2}(c_{11}\dot{h}^2 - 2c_{12}\dot{h}\dot{\alpha} + c_{22}\dot{\alpha}^2) \end{aligned} \tag{8-15}$$

式中

$$\left.\begin{aligned} c_{11} &= \int_0^l m(y)\cdot f^2(y)\mathrm{d}y \\ c_{12} &= c_{21} = -\int_0^l S_\alpha(y)f(y)\phi(y)\mathrm{d}y \\ c_{22} &= \int_0^l I_\alpha(y)\phi^2(y)\mathrm{d}y \end{aligned}\right\} \tag{8-16}$$

式中,m,S_α 和 I_α 的表达式仍为式(8-9)。此时的势能为

$$U=\frac{1}{2}\int_0^l EI(y)\left[\frac{\partial^2 f(y)}{\partial y^2}\right]^2 h^2(t)\mathrm{d}y+\frac{1}{2}\int_0^l GJ(y)\left[\frac{\partial \phi(y)}{\partial y}\right]^2 \alpha^2(t)\mathrm{d}y=$$
$$\frac{1}{2}a_{11}h^2+\frac{1}{2}a_{22}\alpha^2 \tag{8-17}$$

代入式(8-11)拉格朗日方程，得

$$\left.\begin{aligned} c_{11}\ddot{h}-c_{12}\ddot{\alpha}+a_{11}h=Q_h \\ -c_{21}\ddot{h}+c_{22}\ddot{\alpha}+a_{22}\alpha=Q_\alpha \end{aligned}\right\} \tag{8-18}$$

考虑纯弯曲自由振动，这时无外力 Q_h，得

$$c_{11}\ddot{h}+a_{11}h=0$$

同理，考虑纯扭转自由振动，这时无外力 Q_α，得

$$c_{22}\ddot{\alpha}+a_{22}\alpha=0$$

由于运动是简谐的，将 $h=h_0\mathrm{e}^{\mathrm{i}\omega t}$，$\alpha=\alpha_0\mathrm{e}^{\mathrm{i}\omega t}$ 代入上式，即可求出

$$\left.\begin{aligned} a_{11}=c_{11}\omega_h^2 \\ a_{22}=c_{22}\omega_\alpha^2 \end{aligned}\right\} \tag{8-19}$$

ω_h 及 ω_α 分别为纯弯曲及纯扭转自由振动频率。由此可见，广义刚度 a_{11}，a_{22} 可以通过相应的广义质量和纯弯曲或纯扭转固有频率来表示，于是式(8-18)又可改写为

$$\left.\begin{aligned} c_{11}\ddot{h}-c_{12}\ddot{\alpha}+c_{11}\omega_h^2 h=Q_h \\ -c_{21}\ddot{h}+c_{22}\ddot{\alpha}+c_{22}\omega_\alpha^2\alpha=Q_\alpha \end{aligned}\right\} \tag{8-20}$$

式中，Q_h 和 Q_α 分别对应于广义坐标 $h(t)$，$\alpha(t)$的广义气动力。

现在来求广义空气动力。按广义力的定义 $Q_h\delta h=\delta W_h$，当有增量 δh 时各翼段上的升力 L'将在位移 $f(y)\delta h$ 上做功，因此相应的功增量为

$$\delta W_h=\int_0^l L' f(y)\delta h\,\mathrm{d}y$$

故

$$Q_h=\int_0^l L'(y,t)f(y)\mathrm{d}y \tag{8-21}$$

同理，按广义力的定义

$$Q_\alpha\delta\alpha=\delta W_\alpha$$

当有增量 $\delta\alpha$ 时，各翼段的气动力矩 M'将在位移 $\phi(y)\delta\alpha$ 上做功，由此得出

$$Q_\alpha=\int_0^l M'(y,t)\phi(y)\mathrm{d}y \tag{8-22}$$

8.3　采用准定常气动力理论的颤振计算

本节所讨论的大展弦比直机翼，采用了气动力片条理论，即认为机翼的任意弦向剖面上的气动力，可以按照二元机翼理论计算，于是在此处可以直接引用第 5 章的结果。

在二元机翼格罗斯曼准定常气动力公式中，分别用 $f(y)h(t)$及 $\phi(y)\alpha(t)$代替 h 及 α，则得

$$L'=-\rho V^2 a_0 b(y)\left\{\phi(y)\alpha(t)+\frac{f(y)\dot{h}(t)}{V}+\left[\frac{1}{2}-a(y)\right]b(y)\frac{\phi(y)\dot{\alpha}(t)}{V}\right\} \tag{8-23}$$

式中,$a(y)b(y)$为沿翼展向各剖面上弹性轴在翼弦中点后的距离。

$$M' = 2\rho V^2 a_0 b^2(y)\left[\frac{1+a(y)}{2}-\frac{1}{4}\right]\left\{\phi(y)\alpha(t)+\frac{f(y)\dot{h}(t)}{V}+\left[\frac{1}{2}-a(y)\right]b(y)\frac{\phi(y)\dot{\alpha}(t)}{V}\right\}-\frac{1}{2}\pi\rho V b^3(y)\phi(y)\dot{\alpha}(t) \tag{8-24}$$

将式(8-23)及式(8-24)分别代入式(8-21)及式(8-22)中,即求得 Q_h 和 Q_α。再将所求得的 Q_h,Q_α 代入式(8-18),经过整理后可得到形式上与二元机翼类同的方程式,即

$$\left.\begin{aligned} c_{11}\ddot{h}-c_{12}\ddot{\alpha}+a_{11}h-b_{12}V^2\alpha+d_{11}V\dot{h}-d_{12}V\dot{\alpha}=0 \\ -c_{21}\ddot{h}+c_{22}\ddot{\alpha}+a_{22}\alpha+b_{22}V^2\alpha-d_{21}V\dot{h}+d_{22}V\dot{\alpha}=0 \end{aligned}\right\} \tag{8-25}$$

式中,各系数的含义如下:

c_{11},c_{12},c_{22}——如式(8-16)所示,称为广义质量;

a_{11},a_{22}——如式(8-19)所示,称为广义刚度。

$$\left.\begin{aligned} b_{12} &= -\rho\int_0^l a_0 b(y) f(y)\phi(y)\mathrm{d}y \\ b_{22} &= -2\rho\int_0^l a_0 b^2(y)\left[\frac{1+a(y)}{2}-\frac{1}{4}\right]\phi^2(y)\mathrm{d}y \\ d_{11} &= \rho\int_0^l a_0 b(y) f^2(y)\mathrm{d}y \\ d_{12} &= -\rho\int_0^l a_0\left[\frac{1}{2}-a(y)\right]b^2(y)\phi(y)f(y)\mathrm{d}y \\ d_{21} &= 2\rho\int_0^l a_0 b^2(y)\left[\frac{1+a(y)}{2}-\frac{1}{4}\right]f(y)\phi(y)\mathrm{d}y \\ d_{22} &= 2\rho\int_0^l b^3(y)\left\{\frac{\pi}{4}-a_0\left[\frac{1+a(y)}{2}-\frac{1}{4}\right]\left[\frac{1}{2}-a(y)\right]\right\}\phi^2(y)\mathrm{d}y \end{aligned}\right\} \tag{8-26}$$

式中,b_{11},b_{22} 可称为气动刚度系数;d_{11},d_{12},d_{21} 和 d_{22} 可称为气动阻尼系数。在颤振临界状态,机翼作简谐振动,即

$$h(t)=h_0 e^{i\omega t}, \qquad \alpha(t)=\alpha_0 e^{i\omega t}$$

且此时飞行速度 $V=V_F$,代入式(8-25),则可得到对于 h_0 及 α_0 的联立一次齐次方程式,它与式(7-11)和式(7-12)在形式上完全相同。由特征行列式为零就得到式(7-13),其求解方法和二元机翼的求解方法一致,此处不再重复。以下将通过一个具体机翼的数字计算实例来说明颤振计算过程。

例题 试采用准定常气动力理论对某大展弦比机翼求解其弯曲-扭转型颤振临界速度。已知机翼的半展长为5.8 m,机翼升力曲线斜率$\partial C_L/\partial\alpha=4.32$。其几何参数、惯性及弹性特性由表8-1给出。

解 作为第一次近似结果,取等剖面均匀机翼的第一阶纯弯曲与第一阶纯扭转振型作为位移函数,见表8-2。然后应用数值积分法计算系数 a_{11},a_{12} 等,见表8-3。

表 8-1　机翼的几何参数、惯性及弹性特性

y/l	弦长 $2b$/m	弯曲刚度·10^{-6} $EI/(\mathrm{N\cdot m^2})$	扭转刚度·10^{-5} $GJ/(\mathrm{N\cdot m^2})$	单位长度质量 m/kg	单位长度转动惯量 $I_\alpha/(\mathrm{kg\cdot m^2})$	重心到弯心间距离 $x_\alpha b$/m	弯心至中点的距离 ab/m
0	3.15	4.08	16	79.0	74.0	0.10	−0.575
0.1	2.94	3.00	13	37.5	32.6	0.31	−0.450
0.2	2.74	1.87	10.4	32.5	26.0	0.33	−0.440
0.3	2.53	1.24	7.6	28.0	19.7	0.33	−0.415
0.4	2.32	0.82	5.2	23.5	13.7	0.33	−0.400
0.5	2.11	0.53	3.7	19.5	9.25	0.32	−0.375
0.6	1.91	0.32	2.8	15.5	5.83	0.31	−0.365
0.7	1.70	0.17	2.0	12.5	3.51	0.28	−0.340
0.8	1.49	0.09	1.4	10.5	2.28	0.22	−0.315
0.9	1.29	0.05	0.8	8.5	1.51	0.16	−0.285
1.0	1.08	0.04	0.5	6.2	0.99	0.09	−0.270

表 8-2　等剖面机翼的位移函数

y/l	$f(y)$	$\phi(y)$	$f\phi$	f^2	ϕ^2	f^*	ϕ^*	f^{*2}	ϕ^{*2}
0	0	0	0	0	0	2.0	1.0	4.0	1.0
0.1	0.033 5	0.156	0.005 24	0.001 12	0.024 4	1.725	0.988	2.974	0.976
0.2	0.127 7	0.309	0.039 46	0.017 3	0.095 5	1.451	0.951	2.108	0.904
0.3	0.270	0.454	0.112	0.069 7	0.206	1.180	0.891	1.396	0.794
0.4	0.460	0.588	0.270	0.211	0.345	0.928	0.809	0.850	0.655
0.5	0.679	0.707	0.480	0.461	0.500	0.679	0.707	0.461	0.500
0.6	0.928	0.809	0.746	0.850	0.655	0.460	0.588	0.210	0.345
0.7	1.186	0.891	1.053	1.396	0.794	0.270	0.454	0.069 7	0.203
0.8	1.451	0.951	1.381	2.108	0.904	0.127 7	0.309	0.017 3	0.043 7
0.9	1.725	0.988	1.703	2.974	0.975	0.033 5	0.156	0.001 12	0.024 3
1.0	2.0	1.0	2.0	4.0	1.0	0	0	0	0

注：$\dfrac{\mathrm{d}^2 f}{\mathrm{d}y^2}=\dfrac{1.875^2}{l^2}f^*$；$\dfrac{\mathrm{d}\phi}{\mathrm{d}y}=\dfrac{\pi}{2l}\phi^*$。

表 8-3　用数值积分法计算系数 a_{11}，a_{22}，c_{11}

y/l	计算系数 a_{11}			计算系数 a_{22}			计算系数 c_{11}		
	$10^{-6}EI/(\mathrm{N\cdot m^2})$	$(f_i^*)^2$	$10^{-6}EI_i(f_i^*)^2/(\mathrm{N\cdot m^2})$	$10^{-5}GJ_i/(\mathrm{N\cdot m^2})$	$(\phi_i^*)^2$	$10^{-5}GJ_i(\phi_i^*)^2/(\mathrm{N\cdot m^2})$	m_i/kg	f_i^2	$m_if_i^2$/kg
0	4.08	4.0	16.32	16.0	1.0	16.0	79	0	0
0.1	3.00	2.93	8.79	13.0	0.975	12.69	37.5	0.001 12	0.042
0.2	1.87	2.095	3.92	10.4	0.905	9.41	32.5	0.017 3	0.562
0.3	1.24	1.417	1.755	7.6	0.794	6.03	28.0	0.069 7	1.951
0.4	0.82	0.848	0.695	5.2	0.655	3.41	23.5	0.211 4	4.96
0.5	0.53	0.472 5	0.250	3.7	0.500	1.85	19.5	0.460 9	9.00
0.6	0.32	0.209 5	0.066 7	2.8	0.346	0.969	15.5	0.850 5	13.2
0.7	0.17	0.074 5	0.013	2.0	0.196	0.392	12.5	1.376	17.41
0.8	0.09	0.016 3	0.001	1.4	0.095	0.133	10.5	2.108	22.15
0.9	0.05	0.001 11	—	0.8	0.023	0.018	8.5	2.974	25.28
1.0	0.04	0	—	0.5	0	0	6.2	4.0	24.80
Σ			23.651			42.9			100.696

通过计算得

$$a_{11}=23.651\times10^6\times\frac{5.8}{10}\left(\frac{1.875}{5.8}\right)^4=149\ 500$$

$$a_{22}=42.9\times10^5\times\frac{5.8}{10}\left(\frac{\pi}{2\times5.8}\right)=183\ 000$$

$$c_{11}=100.696\times\frac{5.8}{10}=62$$

同理

$$c_{12}=-11.59,\qquad c_{22}=15.82$$
$$b_{12}=-16.55,\qquad b_{22}=1.405$$
$$d_{11}=23.2,\qquad d_{12}=-12.29$$
$$d_{21}=1.41,\qquad d_{22}=2.88$$

以颤振临界状态下的 $h(t)=h_0\mathrm{e}^{\mathrm{i}\omega t}$，$\alpha(t)=\alpha_0\mathrm{e}^{\mathrm{i}\omega t}$ 以及此时的 $V=V_\mathrm{F}$ 代入式(8-25)可得到对于 h_0 及 α_0 的联立一次齐次方程。按颤振行列式为零的条件，可得到特征方程，把它分成实部和虚部以后就得到两个方程，即

$$A_1\omega^4-(C_1+C_2V_\mathrm{F}^2)\omega^2+(E_1+E_2V_\mathrm{F}^2)=0$$
$$-B_1\omega^2+(D_1+D_2V_\mathrm{F}^2)=0$$

可以按照类似式(7-16)计算，得

$$A_1=c_{11}c_{22}-c_{12}c_{21}=847$$
$$B_1=d_{11}c_{22}+c_{11}d_{22}-c_{12}d_{21}-c_{21}d_{12}=420$$
$$C_1=a_{11}c_{22}+c_{11}a_{22}=13.71\times10^6$$
$$C_2=c_{11}b_{22}-b_{12}c_{21}+d_{11}d_{22}-d_{12}d_{21}=-195$$
$$D_1=d_{11}a_{22}+a_{11}d_{22}=4.8\times10^6$$
$$D_2=d_{11}b_{22}-b_{12}d_{21}=-9.3$$
$$E_1=a_{11}a_{22}=2.74\times10^{10}$$
$$E_2=a_{11}b_{22}=-21\times10^4$$

可得

$$LV^4+MV^2+N=0$$

式中

$$L=D_2(B_1C_2-D_2A_1)=0.688\times10^6$$
$$M=B_1C_2D_1+B_1C_1D_2-B_1^2E_2-2D_1D_2A_1=-32.67\times10^{10}$$
$$N=B_1C_1D_1-B_1^2E_1-D_1^2A_1=35.6\times10^{14}$$

于是，可算出机翼的弯曲扭转颤振临界速度

$$V_\mathrm{F}^2=\frac{32.67\times10^{10}-\sqrt{32.67^2\times10^{20}-4\times0.688\times35.6\times10^{20}}}{2\times0.688\times10^6}\ (\mathrm{m/s})^2=11\ 159\ (\mathrm{m/s})^2$$

$$V_\mathrm{F}=105.63\ \mathrm{m/s}=380\ \mathrm{km/h}$$

上述计算结果是选取等剖面均匀机翼的第一阶弯曲与扭转振型作为位移函数的。下面把位移函数取为机翼自身的第一阶纯弯曲及纯扭转振型作为位移函数，其计算过程同上。其结

果为

$$V_F^2=\frac{-M-\sqrt{M^2-4Lm}}{2L}=12\ 686\ (\mathrm{m/s})^2$$

故

$$V_F=112.6\ \mathrm{m/s}=405\ \mathrm{km/h}$$

比较这两个结果，可见仅相差 6%，由此可见采用均匀机翼的固有振型作为位移函数是可行的。在求解 V_F^2 时，当发现其为复数时，则在物理上反映出机翼不会发生对应于所选位移函数的颤振。当有实数解时，其中较小的一个正实数解就是对应的颤振临界速度。超过这个速度以后，机翼开始颤振。

8.4　采用非定常气动力理论的颤振计算

本节仍然讨论大展弦比直机翼，先讨论如何用非定常气动力理论计算广义力。根据片条理论，可直接引用第 5 章中二元机翼西奥道生非定常气动力的结果。

$$L'=\pi\rho b^3(y)\omega^2\left\{L_h\frac{f(y)h(t)}{b(y)}+\left[L_\alpha-\left(\frac{1}{2}+a(y)\right)L_h\right]\phi(y)\alpha(t)\right\}\tag{8-27}$$

$$M'=\pi\rho b^4(y)\omega^2\left\{\left[M_h-\left(\frac{1}{2}+a(y)\right)L_h\right]\frac{f(y)h(t)}{b(y)}+\left[M_\alpha-\left(\frac{1}{2}+a(y)\right)(L_\alpha+M_h)+\left(\frac{1}{2}+a(y)\right)^2L_h\right]\phi(y)\alpha(t)\right\}\tag{8-28}$$

上式中，各气动系数 L_h，M_h 等都是减缩频率的函数；而 $k=\omega b/V$，其中 b 又是 y 的函数，所以 k 也是 y 的函数。气动力系数不仅显含 k，还通过西奥道生函数关系 $C(k)=F(k)+\mathrm{i}G(k)$ 与 k 成函数关系。由西奥道生函数关系曲线可见，在通常有实用意义的 k 值范围内，$F(k)$ 及 $G(k)$ 的变化不大。因此，通常都指定一参考半弦长 b_r（一般取机翼半展长 3/4 处的半弦长）及相应的 $k_r=\omega b_r/V$，将各气动力系数中所含 $C(k)$ 都取作 $C(k_r)$，但显含的 k 则仍按当地弦长得出的 $k(y)=\omega b(y)/V$ 计算，即改用

$$\left.\begin{aligned}L_h&=K_1(L_h)+\frac{b_r}{b}K_2(L_h)\\L_\alpha&=K_1(L_\alpha)+\frac{b_r}{b}K_2(L_\alpha)+\left(\frac{b_r}{b}\right)^2K_3(L_\alpha)\\M_\alpha&=K_1(M_\alpha)+\frac{b_r}{b}K_2(M_\alpha)\\M_h&=\frac{1}{2}\end{aligned}\right\}\tag{8-29}$$

式中，$K_1(L_h)=1$，$K_1(L_\alpha)=0.5$，$K_1(M_\alpha)=0.375$ 以及 $M_h=0.5$ 是气动力系数中的不变部分；而 $K_2(L_h)$，$K_2(L_\alpha)$，$K_3(L_\alpha)$ 及 $K_2(M_\alpha)$ 是气动力系数中的可变部分。这些系数在有关的资料中均已制成表格，可以从系数表（见表 8-4）中查得。此外，还要注意在式（8-29）中的 b 是随展向位置 y 而变的。

表 8-4 颤振计算用不可压流气动力系数表

$V/b\omega$	$K_2(L_h)$		$K_2(L_\alpha)$		$K_3(L_\alpha)$		$K_2(M_\alpha)$
0	−0	−	−0	−	−0	−	−0
0.25	−0.015 25	−0.251 85i	−0.015 25	−0.501 85i	−0.062 96	+0.007 63i	−0.250 00i
0.50	−0.057 70	−0.512 90i	−0.057 70	−1.012 90i	−0.256 45	+0.028 85i	−0.500 00i
0.83	−0.146 17	−0.888 33i	−0.146 17	−1.716 66i	−0.736 10	+0.121 79i	−0.833 33i
1.25	−0.291 25	−1.385 25i	−0.291 25	−2.635 25i	−1.731 56	+0.364 06i	−1.250 00i
1.67	−0.459 33	−1.929 33i	−0.459 33	−3.596 00i	−3.215 56	+0.765 55i	−1.666 67i
2.00	−0.602 80	−2.391 60i	−0.602 80	−4.391 60i	−4.783 20	+1.205 60i	−2.000 00i
2.50	−0.825 00	−3.125 00i	−0.825 00	−5.625 00i	−7.812 50	+2.062 50i	−2.500 00i
2.94	−1.022 35	−3.805 29i	−1.022 35	−6.746 47i	−11.192 0	+3.006 92i	−2.941 18i
3.33	−1.195 33	−4.433 33i	−1.195 33	−7.766 66i	−14.777 8	+3.984 44i	−3.333 33i
3.75	−1.379 83	−5.108 36i	−1.379 83	−8.858 36i	−19.153 9	+5.173 69i	−3.750 00i
4.17	−1.551 67	−5.824 16i	−1.551 67	−9.990 83i	−24.267 4	+6.465 27i	−4.166 67i
5.00	−1.886 00	−7.276 00i	−1.886 00	−12.276 0i	−36.380 0	+9.430 00i	−5.000 00i
6.25	−2.345 00	−9.535 00i	−2.345 00	−15.785 0i	−59.593 8	+14.656 2i	−6.250 00i
8.33	−3.001 67	−13.438 5i	−3.001 67	−21.771 8i	−111.986	+25.013 8i	−8.333 33i
10.00	−3.446 00	−16.640 0i	−3.446 00	−26.640 0i	−166.400	+34.460 0i	−10.000 0i
12.50	−4.010 00	−21.510 0i	−4.010 00	−34.010 0i	−268.875	+50.125 0i	−12.500 0i
16.67	−4.753 33	−29.733 3i	−4.753 33	−46.400 0i	−495.556	+79.222 2i	−16.666 7i

按广义力定义

$$\left.\begin{aligned}Q_h&=\int_0^l L'(y,t)f(y)\mathrm{d}y=\pi\rho\omega^2[A_{hh}h(t)+A_{h\alpha}\alpha(t)]\\Q_\alpha&=\int_0^l M'(y,t)\phi(y)\mathrm{d}y=\pi\rho\omega^2[A_{\alpha h}h(t)+A_{\alpha\alpha}\alpha(t)]\end{aligned}\right\}\tag{8-30}$$

式中

$$\left.\begin{aligned}A_{hh}&=\int_0^l b^2f^2\mathrm{d}y+b_\mathrm{r}K_2(L_h)\int_0^l bf^2\mathrm{d}y\\A_{h\alpha}&=-\int_0^l ab^3f\phi\mathrm{d}y+b_\mathrm{r}K_2(L_\alpha)\int_0^l b^2f\phi\mathrm{d}y+b_\mathrm{r}^2K_3(L_\alpha)\int_0^l bf\phi\mathrm{d}y-b_\mathrm{r}K_2(L_h)\int_0^l\left(\frac{1}{2}+a\right)b^2f\phi\mathrm{d}y\\A_{\alpha h}&=-\int_0^l ab^3f\phi\mathrm{d}y-b_\mathrm{r}K_2(L_h)\int_0^l\left(\frac{1}{2}+a\right)b^2f\phi\mathrm{d}y\\A_{\alpha\alpha}&=\int_0^l\left(\frac{1}{8}+a^2\right)b^4\phi^2\mathrm{d}y+b_\mathrm{r}K_2(M_\alpha)\int_0^l b^3\phi^2\mathrm{d}y+b_\mathrm{r}K_2(L_h)\int_0^l\left(\frac{1}{2}+a\right)^2b^3\phi^2\mathrm{d}y-\\&\quad b_\mathrm{r}^2K_3(L_\alpha)\int_0^l\left(\frac{1}{2}+a\right)b^2\phi^2\mathrm{d}y-b_\mathrm{r}K_2(L_\alpha)\int_0^l\left(\frac{1}{2}+a\right)b^3\phi^2\mathrm{d}y\end{aligned}\right\}\tag{8-31}$$

把式(8-30)代入式(8-20),即得颤振方程

$$\left.\begin{aligned}&[c_{11}(\omega_h^2-\omega^2)-\pi\rho\omega^2 A_{hh}]h+[c_{12}\omega^2-\pi\rho\omega^2 A_{h\alpha}]\alpha=0\\&[c_{21}\omega^2-\pi\rho\omega^2 A_{\alpha h}]h+[c_{22}(\omega_\alpha^2-\omega)-\pi\rho\omega^2 A_{\alpha\alpha}]\alpha=0\end{aligned}\right\}\tag{8-32}$$

引入 $X=(\omega_\alpha/\omega)^2$，可得颤振行列式，即

$$\begin{vmatrix}c_{11}\left[1-\left(\dfrac{\omega_h}{\omega_\alpha}\right)^2 X\right]+\pi\rho A_{hh} & \pi\rho A_{h\alpha}-c_{12}\\ \pi\rho A_{\alpha h}-c_{21} & c_{22}(1-X)+\pi\rho A_{\alpha\alpha}\end{vmatrix}=0\tag{8-33}$$

若以 $V-g$ 法求解上式时，则需要引入结构阻尼项，即以

$$Z=(1+\mathrm{i}g)\left(\frac{\omega_\alpha}{\omega}\right)^2$$

代替上式中的 X。

为了说明采用非定常气动力时的颤振计算过程，仍以大展弦比直机翼的具体实例来分析。

例题　图 8-2 所示的大展弦比直机翼，其刚轴位于距前缘 35%弦长处。现将机翼分为 6 段，其各段所代表的剖面在展向的位置坐标、质量及对弹性轴的质量矩阵和静矩均已列在表 8-5 中，并已知机翼的第一阶自由-自由纯弯曲及扭转振型为

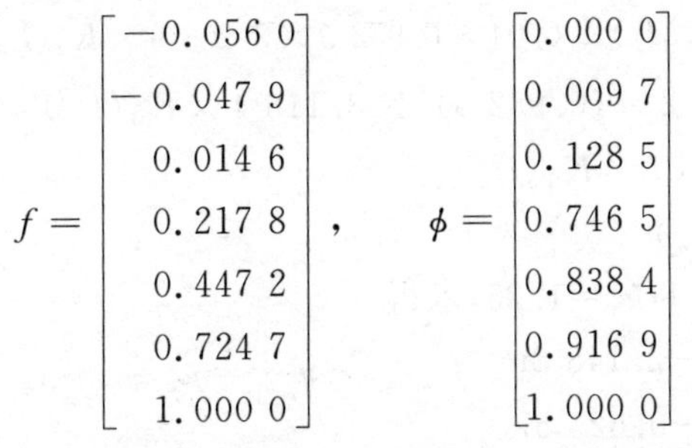

$$f=\begin{bmatrix}-0.0560\\-0.0479\\0.0146\\0.2178\\0.4472\\0.7247\\1.0000\end{bmatrix},\qquad \phi=\begin{bmatrix}0.0000\\0.0097\\0.1285\\0.7465\\0.8384\\0.9169\\1.0000\end{bmatrix}$$

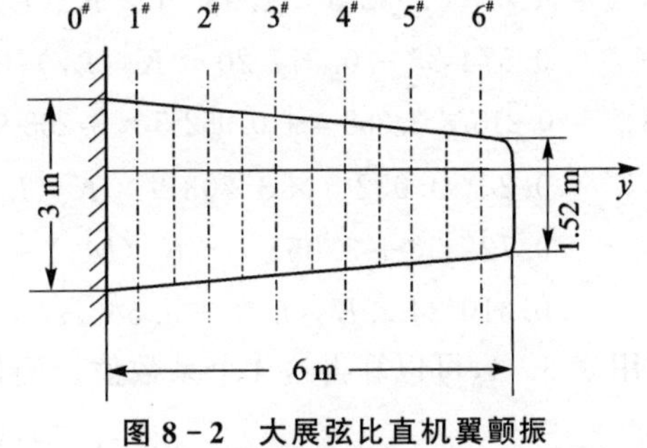

图 8-2　大展弦比直机翼颤振计算例题示图

$\omega_h=62.20\ \mathrm{rad/s}$，　$\omega_\alpha=100.64\ \mathrm{rad/s}$

表 8-5　机翼各剖面的展向坐标、质量及对弹性轴的质量静矩和惯矩的数据表

站　号	各站坐标 y_i/m	各站质量 m_j/kg	对弹性轴静矩 $S_{\alpha j}$/(kg·m)	对弹性轴惯矩 $I_{\alpha j}$/(kg·m²)
0	0	1 387	—	—
1	0.406 4	277.2	40.82	40.33
2	1.270 0	254.2	36.29	28.80
3	2.540 0	115.5	18.14	23.05
4	3.560 0	46.22	9.072	17.28
5	4.572 0	32.35	6.895	15.55
6	5.588 0	18.50	2.722	12.86

试用 $V-g$ 法计算机翼在高度 6 090 m 处的颤振速度。

解　① 由已知数据可以作如下的数值积分：

$$c_{11}=\sum_{j=0}^{6}m_j f_j^2=55.254\ \mathrm{kg}$$

$$c_{12}=c_{21}=\sum_{j=0}^{6}S_{\alpha j}f_j\phi_j=13.604\ \mathrm{kg}$$

$$c_{22}=\sum_{j=0}^{6} I_{\alpha j}\phi_j = 50.664\ \text{kg}$$

$$\int_0^l bf^2 \mathrm{d}y = 1.628\,1\ \text{m}^2,\qquad \int_0^l b^2 f^2 \mathrm{d}y = 1.488\,8\ \text{m}^3$$

$$\int_0^l bf\phi \mathrm{d}y = 2.083\,6\ \text{m}^2,\qquad \int_0^l b^2 f\phi \mathrm{d}y = 1.983\,9\ \text{m}^3$$

$$\int_0^l b^3 f\phi \mathrm{d}y = 1.887\,0\ \text{m}^4,\qquad \int_0^l b^2 f\phi^2 \mathrm{d}y = 3.116\,4\ \text{m}^3$$

$$\int_0^l b^3 \phi^2 \mathrm{d}y = 3.203\,8\ \text{m}^4,\qquad \int_0^l b^4 \phi^2 \mathrm{d}y = 3.358\,6\ \text{m}^5$$

$$a=-0.3,\qquad \rho = 0.669\ \text{kg/m}^3$$

② 按式(8-31),并利用表8-4,计算 $1/k_r$ 所对应的 A_{hh},$A_{\alpha h}$,$A_{h\alpha}$ 及 $A_{\alpha\alpha}$。

$$A_{hh}=1.985\,0+0.952\,5\times 1.628\,1\times K_2(L_h)=1.985\,0+1.550\,8\,K_2(L_h)$$

$$A_{\alpha h}=0.3\times 1.914\,5-0.2\times 0.952\,5\times 1.980\,1\times K_2(L_h)=0.574\,05-0.377\,20K_2(L_h)$$

$$A_{h\alpha}=A_{\alpha h}+0.952\,5\times 1.980\,1\times K_2(L_\alpha)+(0.952\,5)^2\times 2.038\,6\times K_3(L_\alpha)=$$
$$0.574\,35-0.377\,20\times K_2(L_h)+1.886\,0\times K_2(L_\alpha)+1.890\,4\times K_3(L_\alpha)$$

$$A_{\alpha\alpha}=0.215\times 3.358\,4+0.952\,5\times 3.203\,9\times K_2(M_\alpha)+0.04\times 0.952\,5\times 3.203\,9\times K_2(L_\alpha)-$$
$$0.2\times 0.952\,5\times 3.203\,9\times K_2(L_\alpha)-0.2\times(0.952\,5)^2\times 3.116\,4\times K_3(L_\alpha)=$$
$$0.722\,06+3.051\,7\times K_2(M_\alpha)+0.122\,07\times K_2(L_h)-$$
$$0.610\,34\times K_2(L_\alpha)-0.565\,47\times K_3(L_\alpha)$$

利用表8-4,可以算得这4个系数值。例如对于 $1/k_r=1.25$,求得

$$A_{hh}=1.037\,1-2.148\,2\text{i}$$
$$A_{\alpha h}=0.676\,2+0.523\,5\text{i}$$
$$A_{h\alpha}=-3.147\,5-3.768\,1\text{i}$$
$$A_{\alpha\alpha}=1.843\,4-2.581\,2\text{i}$$

③ 把以上系数代入式(8-33),注意此时的 Z 已引入结构阻尼。展开行列式,解得

$$Z_1=2.788\,6-0.268\,3\text{i},\qquad Z_2=1.009\,2-0.052\,7\text{i}$$
$$\omega_1=60.27,\qquad \omega_2=100.18$$
$$g_1=-0.096\,2,\qquad g_2=-0.052\,2$$
$$V_1=71.76,\qquad V_2=119.3$$

④ 重复步骤②及③,依次算出 $1/k_r$ 在选定值上所对应的根。在本题中计算了 $1/k_r=1.25$,2.0,2.5及2.94,其结果列于表8-6中。

表8-6 对应于不同 $1/k_r$ 的计算结果

$1/k_r$	ω_1	g_1	V_1	ω_2	g_2	V_2
1.25	60.27	−0.096	71.8	100.18	−0.052	119.3
2.00	61.82	−0.183	117.8	92.76	−0.058	176.7
2.50	63.39	−0.273	150.9	86.67	−0.024	206.4
2.94	64.78	−0.392	181.4	81.96	0.043	229.5

按表 8-6 中数据，可以在 $V-g$ 图中绘出两个分支，如图 8-3 所示。图中对应于 $g=0$ 时的速度 $V_F=214.6\ \text{m/s}=773\ \text{km/h}$。

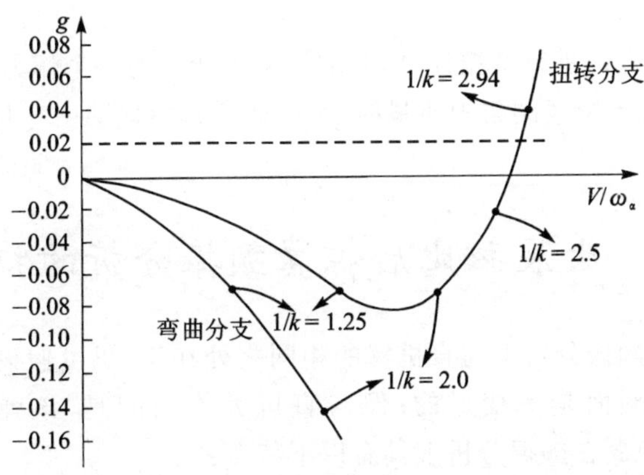

图 8-3　算例中的 V-g 图

由上例可以看出，当给出一个 k 值时，可以找到两组 ω_α，g 和 V_F 值，因此在图上有两条曲线。也可以说，在每个飞行速度 V 之下都有用两种不同阻尼值维持的等幅振动。然而，当 $V=0$ 时，机翼有两个不需任何阻尼（即 $g=0$）而成立的等幅振动，其模态是接近纯弯曲的耦合弯曲固有振型以及接近扭转的耦合扭转固有振型，相应的频率就是两个固有频率 ω_1 及 ω_2。既然当 $V=0$ 时的情况是这样的，那么根据物理现象的连续性，不难预料，随着 V 值的增大，需要不同阻尼维持的两个等幅振动中的一个必定与弯曲固有振型接近，或者说它就是弯曲固有振型的变态。这就是在图 8.3 中分别称这两条曲线为“弯曲分支”和“扭转分支”的原因。在计算中可以通过 ω 值来鉴别这两个分支。在同一速度下，ω 接近 ω_h 的就是弯曲分支；而另一个接近 ω_α 的 ω 就是扭转分支。

对于图 8.3 所示的情况，也可以这样说明：扭转振型逐渐失去稳定；或者说，就颤振而言该机翼的扭转振型是危险振型。对于更多自由度的问题，或者对于复杂结构需要选取较多的假设位移函数来组合表示颤振模态时，如何能选取到危险的振型，又使取用的位移函数最少，还保证了计算结果的可靠性，是颤振工程分析中的重要问题之一。

在上述非定常气动力理论中，由于没有考虑到有限翼展的影响，因此所算出的颤振临界速度一般偏于保守，即小于真实的颤振临界速度。

值得指出的是，上面所引用的 $f(y)$，$\phi(y)$ 称为位移函数，其选择是否恰当将会影响到最终结果的准确性。通常，把机翼作自由振动时的振动形态作为位移函数，因为固有振型至少已经充分地反映了机翼的惯性及弹性特性。工程实践证明，这样所得的结果一般都是相当可靠的。据一般工程实践经验，针对大展弦比直机翼在选取 $f(y)$ 及 $\phi(y)$ 时，大体上可遵循以下准则。

1. 对于不带集中质量的机翼

如本节所述可以选取第一阶纯弯曲固有振型和第一阶纯扭转固有振型作为位移函数 $f(y)$ 及 $\phi(y)$。当重心轴与弹性轴距离很大时，则应考虑采用耦合振动时的固有振型。

2. 对于带有集中质量（如发动机等）的机翼

① 取第一阶纯弯曲振型和第一阶纯扭转振型作为位移函数 $f(y)$ 及 $\phi(y)$（应考虑到集中

质量的影响)。

② 取第一阶纯弯曲振型和第二阶纯扭转振型作为位移函数 $f(y)$ 及 $\phi(y)$(应考虑到集中质量的影响)。

对上述两种情况都应该进行颤振计算,并取结果中较小的一个作为颤振临界速度。

③ 当机翼上带有若干个大的集中质量时,则应研究自由振动中有几个固有振型相耦合的情况。

8.5 大展弦比后掠翼颤振分析的特点

大展弦比后掠翼在颤振分析上与直机翼的相同之处在于,仍可假设翼面具有一根直的弹性轴,也可假设其弦向剖面是不变形的;但与直机翼不同的是,该弹性轴有一后掠角,如图8-4所示。这种后掠翼在颤振分析上具有以下特点:

① 从振动上来说,在考虑整架飞机振动时,不能把机翼作为悬臂梁处理。由于机身振动的原因,会把机翼的扭转振动与弯曲振动联合起来。

② 从气动力方面说,由于气流与机翼前缘有一角度,故应考虑气动力的后掠效应。此时气流可分解为与前缘垂直的分量 $V_n = V\cos\Lambda$ 和与前缘平行的分量 $V_t = V\sin\Lambda$。其中 Λ 为后掠角。经验表明:当后掠角较小时,可以采用“侧滑机翼”的假设,亦即仅考虑垂直分量 V_n 的作用,而把切线分量的作用略去不计。这样,在计算气动力时,就可以应用前面所导出的全部公式;但当后掠角 Λ 较大时,切线分量就不能再略去不计。

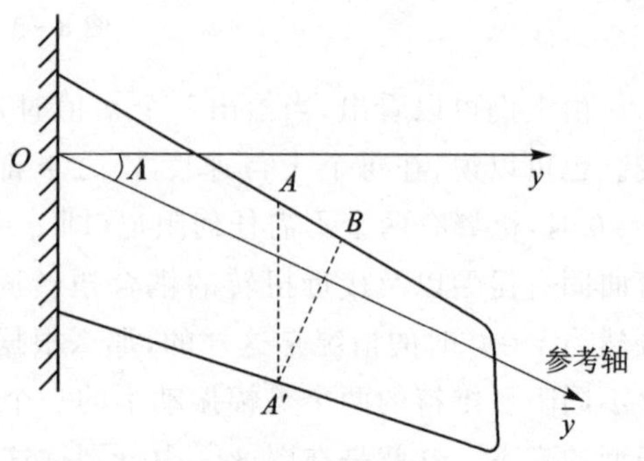

图8-4 大展弦比后掠翼颤振分析示图

此外,在计算后掠翼的气动载荷时,可以依据平行于气流方向的剖面 $A-A'$ 进行,也可以依据与弹性轴相垂直的剖面 $A'-B$ 进行。因此,在列写颤振行列式上就存在两种计算方法。一些实验结果表明,依据顺气流方向的剖面计算颤振临界速度所得的结果比较接近实际,所以在以下的讨论中只涉及这一种方法。

参看图8-4,$\bar{y}$ 为参考轴,它可取为弹性轴,Λ 则为参考轴后掠角。翼面上各点的位移可以通过参考轴的线位移 $h(y,t)$ 及剖面绕 $O-O$ 轴(该轴垂直于气流通过参考轴与剖面的交点)的角位移 $\alpha(y,t)$ 表示。和平直翼不同,后掠翼参考轴的弯曲变形与剖面绕 $O-O$ 轴的扭转变形是分不开的。因此每一个固有振型将包括弯、扭两个部分。一般,它们对位移的贡献是同量级的。因此,对于后掠翼通常不能用纯弯、纯扭振型作位移函数,而要用耦合的固有振型作位移函数。

如果已知后掠翼各阶固有振型,则可设

$$\left.\begin{aligned} h(y,t) &= \sum_{i=1}^{n} h_i(y)\xi_i(t) \\ \alpha(y,t) &= \sum_{i=1}^{n} \phi_i(y)\xi_i(t) \end{aligned}\right\} \tag{8-34}$$

则后掠翼上一点的位移可表示为

$$w(x,y,t)=h(y,t)+r(x,y)\alpha(y,t) \tag{8-35}$$

式中，$r(x,y)$为从各剖面与参考轴交点量起沿 x 方向的距离(向后为正)。于是可导出颤振运动方程，即

$$M_i\ddot{\xi}_i+M_i\omega_i^2\xi_i=Q_i \qquad (i=1,2,\cdots,n)$$

式中，在广义质量 M_i 中的 S_α，I_α 对后掠翼应是对 $O-O$ 轴的质量静距和惯矩；而展向坐标及所有的展向积分都是沿 y 轴方向进行的。

在计算广义气动力时，则应计及后掠角的影响。如果不考虑弯曲(即 $h(y,t)$)引起的顺气流方向迎角的变化，则可把前述气动导数简单地乘以 $\cos\Lambda$。例如，对于非定常气动力理论来说有

$$\overline{L}=\pi\rho b^3\omega^2\cos\Lambda\left\{L_h\frac{h(y,t)}{b}+\left[L_\alpha-\left(\frac{1}{2}+a\right)L_h\right]\alpha(y,t)\right\} \tag{8-36}$$

$$\overline{M}=\pi\rho b^4\omega^2\cos\Lambda\left\{\left[M_h-\left(\frac{1}{2}+a\right)L_h\right]\frac{h(y,t)}{b}+\left[M_\alpha-\left(\frac{1}{2}+a\right)(L_\alpha+M_h)+\left(\frac{1}{2}+a\right)^2L_h\right]\alpha(y,t)\right\} \tag{8-37}$$

式中，气动力系数和长直机翼相同。

当后掠角 Λ 大于 45°时，就必须考虑切线分量 $V\sin\Lambda$ 的影响。在机翼上任意作一根展向的线，并在其上取一点。如果用 h 表示该点所在剖面弹性轴的位移，用 α 表示该剖面绕弹性轴的转角，用 ζ 表示这一点的位移，参看图 8－5，则有

$$\zeta=h+(x_0-x)\alpha \tag{8-38}$$

而

$$\frac{\partial\zeta}{\partial y}=\frac{\partial h}{\partial y}+(x_0-x)\frac{\partial\alpha}{\partial y} \tag{8-39}$$

由于切线速度分量的影响，在这一点将引起附加上洗

$$\Delta W=V\sin\Lambda\frac{\partial\zeta}{\partial y} \tag{8-40}$$

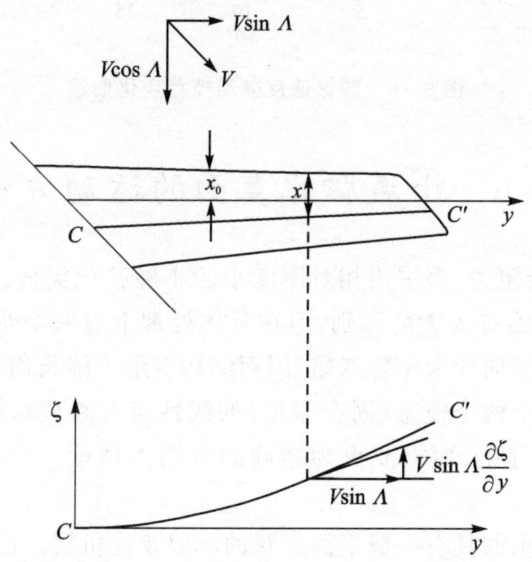

图 8－5　Λ＞45°时切线 Vsin Λ 分量的影响

于是无分离条件为

$$\frac{W-\Delta W}{V_n}=\frac{\partial \zeta}{\partial x}+\frac{1}{V_n}\frac{\partial \zeta}{\partial t} \tag{8-41}$$

式中,W 是由于附着涡所产生的诱导速度,V_n 为法向速度。把式(8-38)、式(8-39)、式(8-40)代入式(8-41),得

$$\frac{W}{V_n}=-\alpha-(x-x_0)\left(\frac{\dot{\alpha}}{V_n}+\tan\Lambda\frac{\partial \alpha}{\partial y}\right)+\left(\frac{\dot{h}}{V_n}+\tan\Lambda\frac{\partial h}{\partial y}\right) \tag{8-42}$$

而对于直机翼的无分离条件,有

$$\frac{W}{V}=-\alpha-(x-x_0)\frac{\dot{\alpha}}{V}+\frac{\dot{h}}{V} \tag{8-43}$$

比较式(8-42)及式(8-43)可知,只要以 V_n 代替 V,以$\frac{\dot{\alpha}}{V_n}+\tan\Lambda\frac{\partial \alpha}{\partial y}$代替$\frac{\dot{\alpha}}{V}$,并以$\frac{\dot{h}}{V_n}+\tan\Lambda\frac{\partial h}{\partial y}$代替$\frac{\dot{h}}{V}$,那么就可以利用前面已经得到的公式来计算气动力了。

最后要提及的是:在气动弹性静力学问题分析中考虑掠角效应的分析方法,同样也适用于颤振分析。后掠角会带来发散速度的提高,同样也会提高颤振速度。对于小后掠角的情况,速度的增加通常会在 $1/\cos\Lambda$ 和 $1/(\cos\sqrt{\Lambda})^{1/2}$ 之间,如图 8-6 所示,图中的 q_{F0} 表示非后掠角情况的颤振动压。

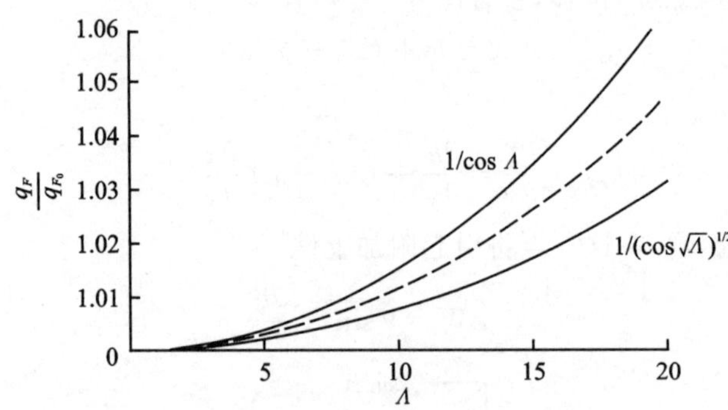

图 8-6 颤振速度随后掠角变化曲线

8.6 小展弦比翼面的运动方程

高速飞行器为了降低阻力,多采用相对厚度小的小展弦比翼面。对于小展弦比翼面的颤振分析,原则上与长直翼没有太大的区别,但在具体处理上有两个明显的特点:① 在结构上,由于展弦比小,故翼面的弦向变形不容忽略,因而结构变形不能再简单地用弯曲和扭转两个模态来描述,通常要用远多于两个模态(固有振型)的线性组合来表示翼面的变形运动;② 在气动力上,不适于采用片条理论,而需要更为精确的气动力理论。此外,还应计入空气压缩性影响。

现考虑如图 8-7 所示的具有一般平面形状的小展弦比机翼。已知该机翼的质量、刚度和几何尺寸,坐标系示于图中。机翼平面上任一点位移用 $z(x,y,t)$来表示。

分析方法和以前所讲的方法相同：① 通过事先假设的位移函数及广义坐标来表示机翼的运动状态；② 计算相应的动能、势能及广义力，利用拉格朗日方程导出颤振运动方程；③ 根据机翼作简谐运动时必须满足的条件导出颤振行列式；④ 由颤振行列式展开求出颤振临界速度及频率。

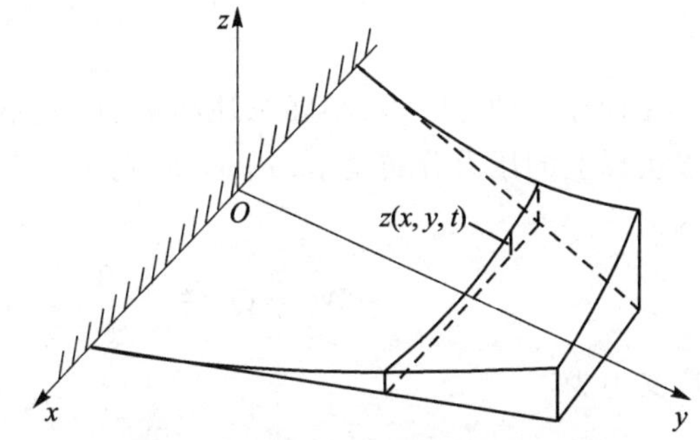

图 8-7　小展弦比机翼颤振分析示图

通常，先要计算出机翼的前几阶固有频率及相应的固有振型，设分别用 ω_i 及 $f_i(x,y)$ 表示。其中 $i=1,2,\cdots,n$，分别代表第 1 阶，第 2 阶，…，第 n 阶。于是机翼的一般运动情况可表示为

$$z(x,y,t)=\sum_{i=1}^{n} f_i(x,y)\xi_i(t) \tag{8-44}$$

式中，$\xi_i(t)$是随时间变化的广义坐标。若结构离散化后具有 N 个节点，显然 $n<N$，f_i 通常表示为$(N,1)$阶的向量，则上式的矩阵形式为

$$\boldsymbol{Z}=\sum_{i=1}^{n} \boldsymbol{f}_i\xi_i(t) \tag{8-45}$$

式中，$\boldsymbol{Z}$ 及 $\boldsymbol{f}_i$ 都是 N 阶列阵。固有振型 $\boldsymbol{f}_i$ 满足自由振动运动方程，即

$$\omega_i^2\boldsymbol{M}\boldsymbol{f}_i=\boldsymbol{K}\boldsymbol{f}_i \qquad (i=1,2,\cdots,n) \tag{8-46}$$

式中，$\boldsymbol{M}$ 和 $\boldsymbol{K}$ 分别为机翼的质量矩阵及刚度矩阵。按振动理论，固有振型具有正交性，即

$$\boldsymbol{f}_i^{\mathrm{T}}\boldsymbol{M}\boldsymbol{f}_j=\begin{cases} M_i & (i=j) \\ 0 & (i\neq j)\end{cases} \tag{8-47}$$

及

$$\boldsymbol{f}_i^{\mathrm{T}}\boldsymbol{K}\boldsymbol{f}_j=\begin{cases} K_i=M_i\omega_i^2 & (i=j) \\ 0 & (i\neq j)\end{cases} \tag{8-48}$$

式中，M_i 和 K_i 分别是与第 i 阶固有振型相应的广义质量及广义刚度。

当采用固有振型的叠加来描述机翼变形时，机翼的动能为

$$T=\frac{1}{2}\iint_S \gamma(x,y)[\dot{z}(x,y,t)]^2\,\mathrm{d}x\,\mathrm{d}y$$

式中，$\gamma(x,\ y)$为机翼单位面积的质量，积分域 S 表示整个机翼面积。上式的矩阵形式为

$$T=\frac{1}{2}\sum_{i=1}^{n}\sum_{j=1}^{n}\boldsymbol{f}_i^{\mathrm{T}}\boldsymbol{M}\boldsymbol{f}_j\dot{\xi}_i\dot{\xi}_j$$

引用正交条件，则有

$$T=\frac{1}{2}\sum_{i=1}^{n}M_i\dot{\xi}_i^2 \tag{8-49}$$

机翼结构的变形势能为

$$U=\frac{1}{2}\sum_{i=1}^{n}\sum_{j=1}^{n}\boldsymbol{f}_i^{\mathrm{T}}\boldsymbol{K}\boldsymbol{f}_j\xi_i\xi_j$$

按固有振型的正交条件，则有

$$U=\frac{1}{2}\sum_{i=1}^{n}M_i\omega_i^2\xi_i^2 \tag{8-50}$$

在计算气动力时，对小展弦比机翼，已经不能再引用片条理论，而必须采用升力面理论。现设机翼上的压力分布是 $p(x,y,t)$，则按广义力定义，当机翼有虚位移 $\delta\xi_i$ 时，系统所做的虚功为

$$\delta W_e=Q_i\delta\xi_i=\iint_S p(x,y,t)f_i(x,y)\delta\xi_i\mathrm{d}x\mathrm{d}y$$

故广义力为

$$Q_i=\iint_S p(x,y,t)f_i(x,y)\mathrm{d}x\mathrm{d}y \tag{8-51}$$

将式(8-49)、式(8-50)及式(8-51)代入拉格朗日方程，即可得到颤振运动方程

$$M_i\ddot{\xi}+M_i\omega_i^2\xi_i=Q_i\qquad(i=1,2,\cdots,n) \tag{8-52}$$

由上式可见，其惯性力项和弹性力项的各自由度之间都是不耦合的，但等号右边的广义力项 Q_i 是和各广义坐标有关的，因此上列各式都不是独立的，需联立求解。对与小展弦比翼面的颤振计算，其关键在于广义气动力的计算。为了计算气动力 $p(x,y,t)$，本节只介绍在亚声速范围使用的偶极子格网法以及在超声速范围内使用的活塞理论，以作示例。

8.7 用偶极子格网法的颤振计算

有关亚声速偶极子格网法的原理，已在第5章的有关章节中进行了介绍。本节从广义气动力计算出发，说明广义气动力的表达形式。在该法中将翼面分成若干梯形网格，网格的展弦比不能太大，以接近1为好。在每一网格的1/4弦长线上布置等强度的压力偶极子，认为网络上的压力合力作用在网格的1/4弦长点上。该点称为压力点。在中切面3/4弦长点处满足物面条件，这些点称为下洗点或控制点，如图5-8所示(见5.2.2小节)。由偶极子格网法可求得影响系数矩阵 $\boldsymbol{D}$，并有

$$\bar{\boldsymbol{w}}=\boldsymbol{D}\bar{\boldsymbol{p}}$$

式中，$\bar{\boldsymbol{w}}=\frac{\boldsymbol{w}}{V}$，为法洗速度，量纲为1；$\bar{\boldsymbol{p}}=\frac{\boldsymbol{p}}{\frac{1}{2}\rho V^2}$，为气动载荷系数；$\bar{\boldsymbol{w}},\bar{\boldsymbol{p}}$ 为 $(m,1)$ 阶，$\boldsymbol{D}$ 为 (m,m) 阶，m 为翼面上的气动网格数，且

$$\bar{\boldsymbol{w}}=\frac{\partial \boldsymbol{z}}{\partial x}+\frac{1}{V}\frac{\partial \boldsymbol{z}}{\partial t}$$

将式(8-44)代入上式，并考虑翼面作简谐运动，故有

$$\bar{\boldsymbol{w}}=\sum_{j=1}^{n}\left(\frac{\partial \boldsymbol{f}_j}{\partial x}+\frac{\mathrm{i}\omega}{V}\boldsymbol{f}_j\right)\xi_j$$

$$\boldsymbol{p}=\frac{1}{2}\rho V^2\boldsymbol{D}^{-1}\cdot\sum_{j=1}^{n}\left(\frac{\partial \boldsymbol{f}_j}{\partial x}+\frac{\mathrm{i}\omega}{V}\boldsymbol{f}_j\right)\xi_j$$

由式(8-51)，写出其矩阵形式为

$$Q_i=\boldsymbol{f}_i^{\mathrm{T}}\Delta\boldsymbol{S}\boldsymbol{p}=\frac{1}{2}\rho V^2\boldsymbol{f}_i^{\mathrm{T}}\Delta\boldsymbol{S}\boldsymbol{D}^{-1}\cdot\sum_{j=1}^{n}\left(\frac{\partial \boldsymbol{f}_j}{\partial x}+\frac{\mathrm{i}\omega}{V}\boldsymbol{f}_j\right)\xi_j \tag{8-53}$$

式中，$\Delta\boldsymbol{S}=\mathrm{diag}\,(\Delta S_1 \quad \cdots \quad \Delta S_m)$，表示各面元的面积，$\boldsymbol{f}_i$，$\boldsymbol{f}_j$ 表示第 i，j 模态。但需注意，它和式(8-45)中的模态是有区别的。在式(8-45)中的 $\boldsymbol{f}$ 为$(N,1)$阶，是 N 个结构节点的模态，由振动计算直接给出；而式(8-53)中的 $\boldsymbol{f}$ 为$(m,1)$阶，因此，气动力计算节点和计算固有模态所选的结构节点位置是不同的。在计算式(8-53)时，先要对原来的固有模态，用插值的方法求得按气动力计算节点相应位移表示的固有模态；还要注意 $\boldsymbol{f}_i$，$\boldsymbol{f}_j$ 相应的点也不同。$\boldsymbol{f}_j$ 与气动力计算时的边界条件相联系，是控制点处的模态；而 $\boldsymbol{f}_i$ 与力作用点的位移相联系，是力作用点处的模态。

式(8-53)可以表示为

$$Q_i=\sum_{j=1}^{n}Q_{ij}\xi_j \tag{8-54}$$

式中

$$Q_{ij}=\frac{1}{2}\rho V^2\boldsymbol{f}_i^{\mathrm{T}}\Delta\boldsymbol{S}\boldsymbol{D}^{-1}\left(\frac{\partial\boldsymbol{f}_j}{\partial x}+\mathrm{i}\,\frac{\omega}{V}\boldsymbol{f}_j\right)$$

颤振时，翼面作简谐振动，即

$$\xi_j=\bar{\xi}_j\mathrm{e}^{\mathrm{i}\omega t}\qquad (j=1,2,\cdots,n)$$

把式(8-54)代入到式(8-52)中，就得到颤振方程，可应用 $V-g$ 法或 $p-k$ 法解出颤振速度 V_{F}、颤振频率 ω_{F}。

当用 $V-g$ 法计算时，要引入结构阻尼，则得到颤振运动方程

$$\left[\boldsymbol{M}-(1+\mathrm{i}g)\left(\frac{\omega_1}{\omega}\right)^2\boldsymbol{K}+\bar{\boldsymbol{Q}}\right]\boldsymbol{\xi}=\boldsymbol{0} \tag{8-55}$$

式中，$\boldsymbol{M}=\mathrm{diag}\,(M_1 \quad M_2 \quad \cdots \quad M_n)$；

$\boldsymbol{K}=\mathrm{diag}\left[M_1\left(\frac{\omega_1}{\omega_1}\right)^2 \quad M_2\left(\frac{\omega_2}{\omega_1}\right)^2 \quad \cdots \quad M_n\left(\frac{\omega_n}{\omega_1}\right)^2\right]$；

$\bar{\boldsymbol{Q}}=[\bar{Q}_{ij}]$；

$\boldsymbol{\xi}=[\xi_1 \quad \xi_2 \quad \cdots \quad \xi_n]$；

$\bar{Q}_{ij}=\dfrac{Q_{ij}}{\omega^2}$，它是马赫数 Ma、减缩频率 k 及模态 f 的函数。

由此得颤振行列式

$$|\boldsymbol{M}-\lambda\boldsymbol{K}+\bar{\boldsymbol{Q}}|=0 \tag{8-56}$$

式中

$$\lambda=(1+\mathrm{i}g)\left(\frac{\omega_1}{\omega}\right)^2$$

对于式(8-55)，当阶数 n 较高时，便不能用行列式展开的方法，而要用求特征值及特征向量的方法。

图 8-8 给出了一个真实飞机采用 $V-g$ 法解颤振的算例的结果。作图时，首先在 $V-\omega$ 平面上作等 k 线，并把每个 k 下的(V,ω)点标出，$V=0$ 时所对应的频率值即为固有频率，按不同 k 值连线，即为 $V-\omega$ 曲线。$V-g$ 图的作图法与 $V-\omega$ 图的作图法相似，一般地说，在上面曲线的连线中，要相互参照其走向。注意到在颤振点上的斜率值，它愈大，表示颤振暴发的程度愈大，这就必然导致灾难性后果。若斜率值很小，则表示发生颤振的过程是缓和的。

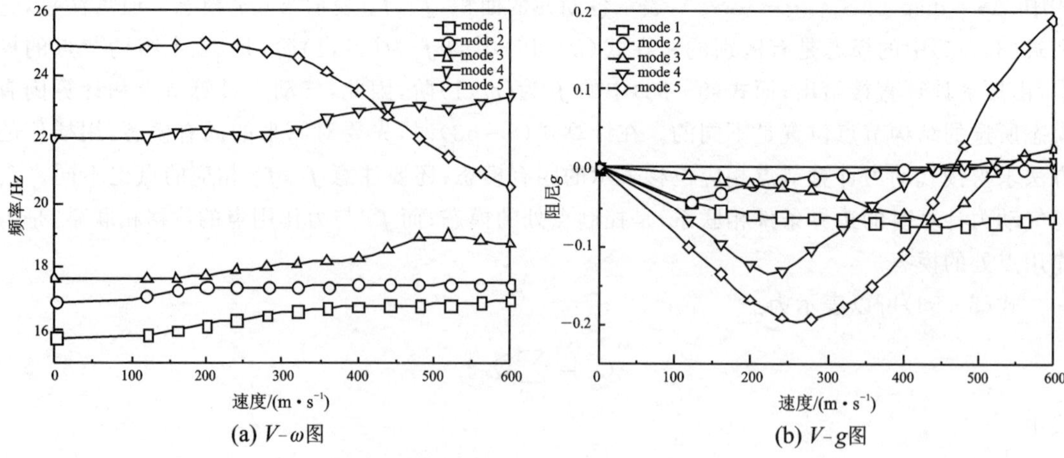

图 8-8 采用 $V-g$ 法计算颤振的算例

注意到上述采用偶极子格网法的工程计算中,虽然也计及压缩性效应,但对跨声速状态下的绕流特点反映不出来,因此颤振计算只能做到出现跨声速效应以前。通过跨声速颤振模型的风洞试验,可以作出颤振速度 V_F 随马赫数 Ma 的变化情况,如图 8-9 所示。在 $Ma=1$ 处,V_F 下降呈凹坑状,即所谓的"跨声速凹坑"。在气动弹性的设计中,通常是由风洞试验作出 V_F-Ma 曲线,从而找出 V_F 的最低点 V_{F_D},

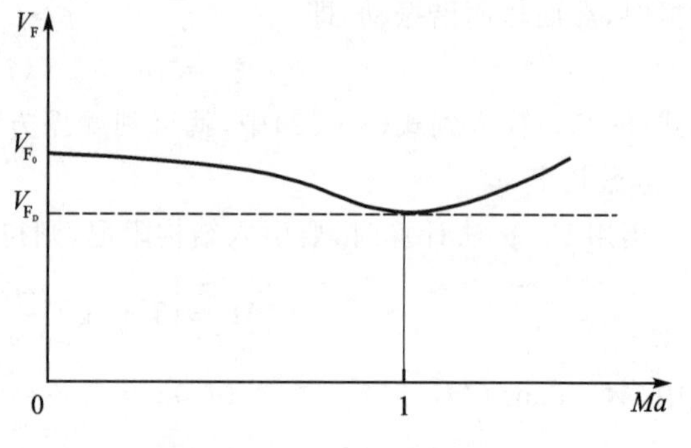

图 8-9 跨声速凹坑示意图

由此即可得到在较低马赫数 Ma 下计算的颤振速度 V_{F_0} 和 V_{F_D} 的比值 $f_c=V_{F_0}/V_{F_D}$。然后用这个比值作为修正常数,来修正按较低马赫数(例如按 $Ma=0.1$)。算出的颤振速度 V_F,即取 V_F/f_c 作为所设计飞机的颤振速度。这种处理方法称作"空气压缩性修正",f_c 称作空气压缩性修正系数,它也可以按经验来确定。在我国,通常取 $f_c=1.15\sim1.2$。

在各种颤振求解方法中,有些是没有计及压缩性影响的,即所引用或所计算出的气动力都是按不可压缩流动建立起来的。在考虑压缩性影响时,气动力除了取决于减缩频率外,还取决于马赫数 Ma。在计算颤振时,除了预设 k 值外,还必须预设马赫数 Ma,根据这二者去查取气动力系数。例如在 $V-g$ 法中,开始是对减缩频率 k 的试凑迭代求解,求得的是在一组 k 值下的 $V-g$ 曲线所确定的颤振速度 V_F。若在某给定的高度(即当地声速也随之而定),就相应有一个马赫数 Ma。这就引出一个新问题,即计算所得的 V_F 除以给定的声速算出的马赫数 Ma,不一定和原始的马赫数 Ma 相等。为了确定与预设的 ρ,M 相匹配的 V_F,就必须进行一个针对马赫数 Ma 的迭代过程。在给定 ρ 值后,要设一组马赫数 Ma,对每一个 Ma,给定一组减缩频率 k 值,求得 V_F。在此基础上作 $V_F/b\omega_\alpha-Ma$ 曲线,如图 8-10 所示。

图 8-10 中的虚直线代表对于给定高度(即给定声速 c),飞行速度 V 与飞行马赫数 Ma 成正比,即 $V=Ma\cdot c$,于是 $(V/b\omega_\alpha)=Ma(\alpha/b\omega_\alpha)$ 也是直线关系。当虚直线与数值计算结果所连成的曲线 $V_F/b\omega_\alpha-Ma$ 相交时,交点所对应的马赫数 Ma 及 $V_F/b\omega_\alpha$ 即为颤振临界点的对

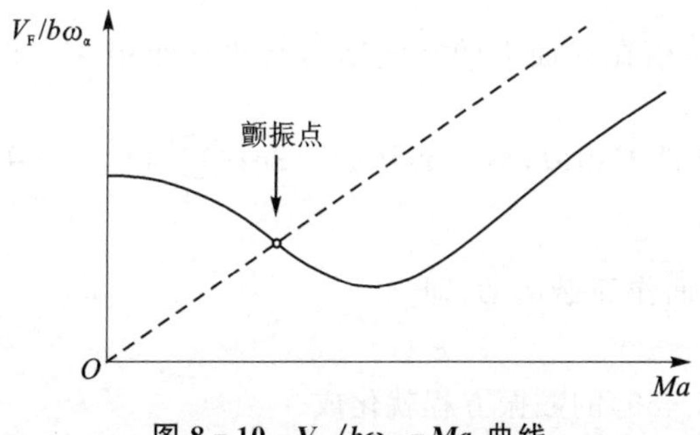

图 8-10　$V_F/b\omega_\alpha$-Ma 曲线

应值。若虚直线与数值计算结果连成的曲线不能相交，则表示不会发生颤振。

图 8-10 中的实线有一定的代表性。因为一般翼剖面上的空气动力在马赫数 Ma 接近 1 时达到最大值，故这时 $V_F/b\omega_\alpha$ 最小。当 $Ma \gg 1$ 时，由空气动力的活塞理论，气动力压力正比于 $\rho V^2/Ma$，故 $Ma \gg 1$ 时，V_F 大体上正比于 $\sqrt{Ma}$。

8.8　应用活塞理论的颤振计算

本节介绍应用活塞理论的颤振计算。活塞理论是一种简化的气动力理论，只适用于对超声速翼面进行颤振计算。试验表明，马赫数 Ma 在 2～5 范围内，都能得到比较准确的结果。由第 5 章中关于活塞理论推导的结果，可得到广义力为

$$\begin{aligned}Q_i &= \iint_S \Delta p(x,y,t) f_i(x,y)\mathrm{d}x\mathrm{d}y = \\ &-2\rho c\sum_{j=1}^{n}\iint_S\left[1+G\frac{\partial}{\partial x}H(x,y)\right]\left[V\frac{\partial}{\partial x}f_j(x,y)\xi_j + f_j(x,y)\dot{\xi}_j\right] f_i(x,y)\mathrm{d}x\mathrm{d}y = \\ &-2\rho c\sum_{j=1}^{n}\left[V(A_{ij}+GC_{ij})\xi_j + (B_{ij}+GD_{ij})\dot{\xi}_j\right] \qquad (i=1,2,\cdots,n)\end{aligned} \tag{8-57}$$

式中

$$\left.\begin{aligned}A_{ij} &= \iint_S \frac{\partial}{\partial x}f_j(x,y)f_i(x,y)\mathrm{d}x\mathrm{d}y \\ B_{ij} &= \iint_S f_j(x,y)f_i(x,y)\mathrm{d}x\mathrm{d}y \\ C_{ij} &= \iint_S \frac{\partial}{\partial x}H(x,y)\frac{\partial}{\partial x}f_j(x,y)f_i(x,y)\mathrm{d}x\mathrm{d}y \\ D_{ij} &= \iint_S \frac{\partial}{\partial x}H(x,y)f_j(x,y)f_i(x,y)\mathrm{d}x\mathrm{d}y\end{aligned}\right\} \tag{8-58}$$

这些都是常数，取决于所选的位移函数以及翼型的厚度函数。

按 8.6 节的方法算出翼面的动能、势能以及本节中应用活塞理论导出的广义力，就可以把它们代入拉格朗日方程，从而得到颤振运动方程，即

$$M_i\ddot{\xi}_i + M_i\omega_i^2\xi_i = -2\rho c\sum_{j=1}^{n}\left[V(A_{ij}+GC_{ij})\xi_j(t) + (B_{ij}+GD_{ij})\dot{\xi}_j\right] \qquad (i=1,2,\cdots,n) \tag{8-59}$$

由式(8-59)可以看出,作用在翼面上的空气动力起两种作用:一部分是 $-2\rho c\sum_{j=1}^{n}[V(A_{ij}+GC_{ij})\xi_j]$,起的作用和弹性力相似;另一部分是 $-2\rho c\sum_{j=1}^{n}[(B_{ij}+GD_{ij})\dot{\xi}_j]$,起的作用与阻尼力相似。

在颤振临界状态,翼面作简谐运动,即

$$\xi_i(t)=\bar{\xi}_i e^{i\omega t}$$

再引入结构阻尼,则式(8-59)的颤振方程就化成

$$M_i\left[\left(\frac{\omega_i}{\omega_1}\right)^2\left(\frac{\omega_1}{\omega}\right)^2(1+ig)-1\right]\bar{\xi}_i+\frac{2\rho}{Ma}\sum_{j=1}^{n}\left[\left(\frac{V}{\omega}\right)^2(A_{ij}+GC_{ij})+i\frac{V}{\omega}(B_{ij}+GD_{ij})\right]\bar{\xi}_j=0$$

$$(i=1,2,\cdots,n) \tag{8-60}$$

式中,Ma 表示马赫数;g 表示阻尼系数,并假设对各阶固有振型阻尼系数是一样的。

在具有 n 个自由度的情况下,为方便起见,可以把颤振行列式写成

$$\left|\frac{Ma}{2\rho}\left(\frac{\omega_1}{\omega}\right)^2(1+ig)\boldsymbol{K}-\frac{Ma}{2\rho}\boldsymbol{M}+[\boldsymbol{A}+G\boldsymbol{C}]\left(\frac{V}{\omega}\right)^2+i[\boldsymbol{B}+G\boldsymbol{D}]\left(\frac{V}{\omega}\right)\right|=0 \tag{8-61}$$

式中,$\boldsymbol{M}=\mathrm{diag}(M_1\ \cdots\ M_n)$;$\boldsymbol{A}$,$\boldsymbol{B}$,$\boldsymbol{C}$ 和 $\boldsymbol{D}$ 均为矩阵,其元素分别为 A_{ij},B_{ij},C_{ij} 和 D_{ij}。

应用活塞理论计算颤振临界速度,其结果的准确程度随马赫数 Ma 的增高而增加。与试验结果相比较可知:应用活塞理论所求得的颤振速度都是比较保守的。当 $Ma=1.3$ 时,计算结果与试验结果比较,误差是 23%;当 $Ma=2$ 时,误差是 9%,都过于保守。此外,一些实验的结果表明,对于三角形翼,应用活塞理论所得的结果要比非尖削的后掠翼的情况好。这个原因可能是由于非尖削的后掠翼存在着很大的翼梢效应所致,特别是在低马赫数下格外显著,而在活塞理论中是根本不考虑这些效应的。

8.9 尾翼颤振分析

飞行器是一个无穷多自由度系统,而颤振的发生是在各部件同时参与下进行的,各部件的振动是相互联系在一起的振动。例如在研究机翼的颤振时,忽略了它与其他部件的联系,是因为机翼和机身间的连接比较刚硬,机身对机翼的影响较小。而后机身是柔度较大的结构,它和尾翼的振动密切相关,必须要考虑机身的影响,这就使尾翼的颤振分析变得复杂了。在分析方法上,对于尾翼大体上也可以直接应用前述方法。尾翼具有多种结构形式,如常规的固定尾翼、全动水平尾翼及 T 形尾翼等。每一种构型的尾翼,可能发生的颤振形式也是多种多样的,很难预料哪几种自由度的组合会产生最低的颤振速度;同时,还要保证应有的准确度,因此如何选择自由度是一个很重要的问题。在作简化假设时,必须建立在实际经验和实验结果的基础上。飞机、导弹、火箭等飞行器均可能带有固定尾翼。下面以飞机为例对常规固定尾翼颤振进行分析,分别对不同构型的尾翼介绍其在颤振分析上的特点。

8.9.1 常规的固定尾翼颤振分析

在没有其他的理由可以作为依据时,固定尾翼至少应该考虑以下的自由度:

(1) 对于对称的尾翼颤振

① 升降舵绕铰链轴的转动(升降舵可作为简单的刚体处理);

② 机身的垂直弯曲；

③ 水平安定面的弯曲。

如果水平安定面的弯曲固有频率比机身弯曲的固有频率高得多(例如 3 倍以上),则可以认为水平安定面是刚硬的。因此,上述颤振形式就简化为两个自由度(即机身的垂直弯曲及升降舵的偏转)的颤振问题了。

(2) 对于反对称的尾翼颤振

1) 升降舵颤振

① 升降舵绕其铰链轴的转动,左右两个升降舵转动方向相反；

② 机身的扭转；

③ 水平尾翼的弯曲。

2) 方向舵颤振

① 方向舵绕其铰链轴的转动；

② 机身的侧向弯曲；

③ 机身扭转或垂直安定面的弯曲。

如果垂直安定面的第一次弯曲频率比机身的第一次弯曲或扭转频率大得多,那么也可以把它们看作刚体,而取消相应的自由度。此外,两个升降舵如果是刚硬连接的,那么自然也不会发生机身扭转、升降舵反方向偏转型的颤振。

在计算时,可以把机身看作是一个自由梁,而机翼和尾翼是附在机身上的集中质量。对于小型飞机还可进一步简化,把机身自机翼后梁起作为一个悬臂梁来处理,而取消了飞机整体俯仰自由度。确定了自由度后,采用固有模态为位移函数,就可以按照前面的原理,利用拉格朗日方程,或者利用伽辽金方法进行求解。

注意:舵面的平衡度对于颤振临界速度有着重大影响。通常,在规范中规定,当舵面达到完全平衡或稍微超平衡时,可以不进行颤振临界速度的计算。当平衡不满足规范中的要求时,就有必要进行颤振分析了。最好能作出不同的平衡度下,颤振速度随频率比(舵系统频率与对应的机身弯曲、扭转频率之比)的变化曲线,以及对不同频率比作出颤振速度对平衡度的变化曲线。这些曲线可以帮助判别是否会发生颤振,或者需要采取什么措施。

8.9.2　全动尾翼的颤振分析

全动水平尾翼广泛应用于飞机、导弹及火箭等飞行器,而全动垂直尾翼、全动 V 形尾翼等也有应用,其颤振特性有着相近的特性。下面以飞机为例进行全动水平尾翼颤振分析。

对于全动水平尾翼的颤振分析,应研究对称和反对称两种模态情况。对全动翼面颤振机制有作用的所有模态都应包括在颤振分析中。这些模态通常包含一阶弯曲模态、二阶、旋转模态以及扭转模态。必须考虑机身、尾翼和尾翼操纵系统。但机身-尾翼颤振和尾翼颤振这两种颤振型,仍可能成为颤振的临界状态。在全动尾翼操纵系统刚度较小的情况下,尾翼的旋转频率远低于尾翼的一阶扭转频率。这时操纵系统旋转刚度就成为影响全动水平尾翼颤振的关键因素。

全动水平尾翼在结构构型上与普通常规的尾翼不同。最常见的构型是通过一根大轴把平尾安装于后机身上的。由于大轴是可以转动的,这样就不可避免地存在间隙,给全动水平尾翼刚体模态的支持刚度带来不确定因素；而且在飞机的使用过程中,由于磨损会使间隙发生变化。为此在颤振分析时应作变参数分析,使支持刚度能覆盖所要求的范围。

由于间隙的存在,转动轴在间隙范围内作微幅振动时,其刚度等于零,这就有可能发生振幅急剧扩大。振幅扩大到超过间隙的范围时,大轴就受到了约束,系统具有了原有的刚度,颤振速度立即得到提高,振动趋于衰减;但振动衰减到小于间隙时,剧烈的振动再度发生。最终的现象是大轴连同水平尾翼,作极限环振动。

对于线性系统,颤振临界条件与振幅无关。但是,在具有非线性结构的系统中,振幅的变化明显地改变颤振临界条件。目前,在飞机的飞行中,已经遇到过由于结构非线性引起的颤振问题。在工程上较为简单的方法是采用描述函数法进行非线性分析。描述函数法给出计及结构非线性效应后的等效刚度,即

$$K' = \bar{\delta} K$$

式中,K 是假定不存在结构非线性效应时的系统物理刚度;$\bar{\delta}$ 是一个系数,在不同的情况下有不同的表达式。例如,在自由间隙情况,分析如图8-11所示的载荷-位移图,其中 $\bar{s}$ 表示间隙值的一半。对于这种情况,描述函数 $\bar{\delta}$ 的表达式如下:

当振幅 $A \leqslant \bar{s}$ 时

$$\bar{\delta} = 0$$

当振幅 $A > \bar{s}$ 时

$$\bar{\delta} = \frac{1}{\pi}(\pi - 2t_1 - \sin 2t_1)$$

式中

$$t_1 = \sin^{-1}\left(\frac{\bar{s}}{A}\right)$$

上述描述函数体现了结构非线性的对称间隙。$\bar{\delta}$ 对 $(A/\bar{s})$ 的曲线如图8-12所示。当 $\bar{\delta}=1$ 时,即 $\bar{s}=0$ 的情况,就是一般的线性状态。这样的处理方法就是把一个非线性问题准线性化了。

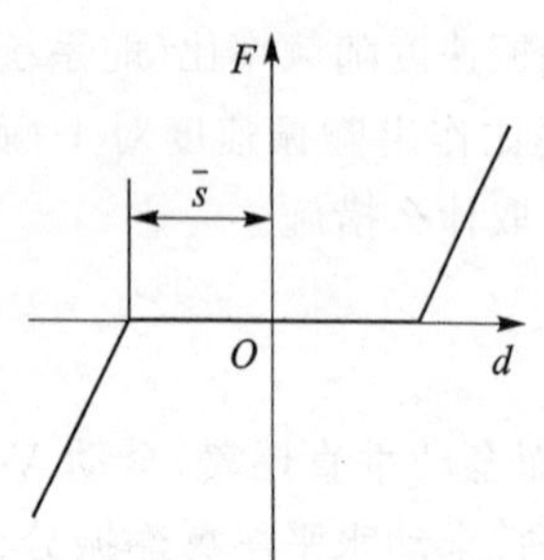

图8-11 载荷-位移图(自由间隙)

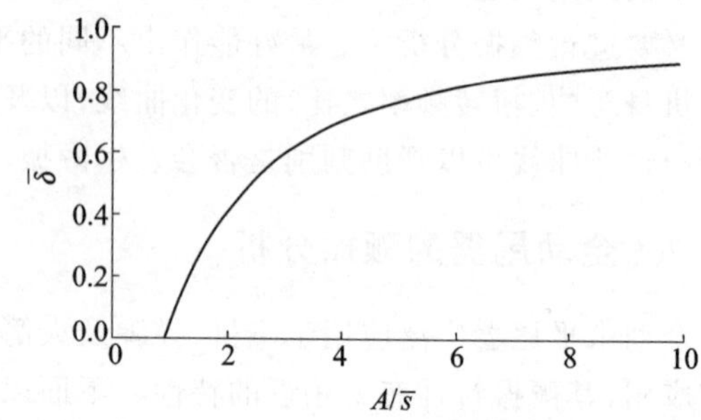

图8-12 $\bar{\delta}$-$(A/\bar{s})$曲线

在实际飞行中,水平尾翼上是有空气动力载荷作用的。因此还应考虑有间隙的系统在外载荷作用下的情况,即如图8-13所示的预载间隙。其描述函数的表达式比较复杂,读者需要时可参看有关文献,此处从略。

为了使用描述函数法,需要使用非耦合模态,即如图8-14所示的机身-全动水平尾翼组合。为了计算尾翼支持轴承(即图中的 A 和 B)及操纵系统中的间隙,使用了尾翼刚体扑动和刚体旋转模态。在线性假设下的这两个频率值,需要用试凑的方法确定,以便同机身-全动尾翼组合的固有频率和模态协调。

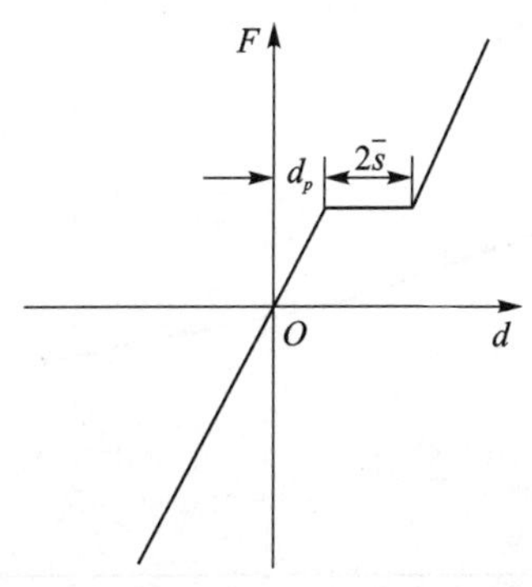

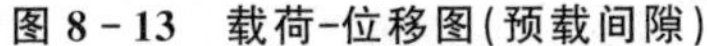

图 8-13　载荷-位移图(预载间隙)

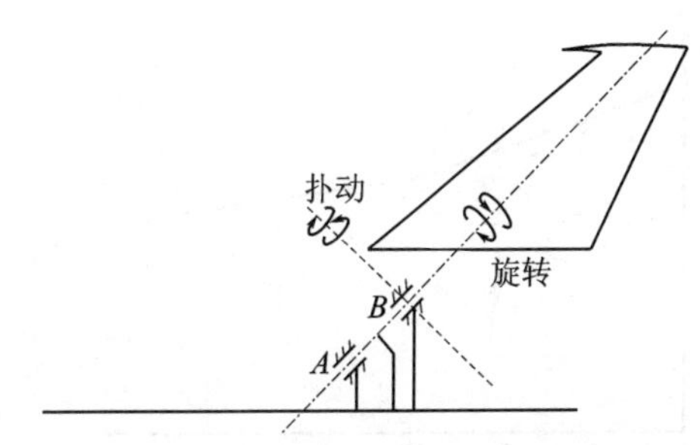

图 8-14　机身-全动水平尾翼组合图

8.9.3　T 形尾翼的颤振分析

所谓 T 形尾翼是指水平尾翼置放于垂直尾翼顶端翼稍处的尾翼构型，简称为 T 尾，如图 8-15所示。由于 T 尾布局在小迎角时能减少机翼尾流影响，提高平尾气动效率，且有利于在机身尾部设置大开口，因而对于没有大机动要求的飞机采用 T 尾是比较有利的气动布局。目前，T 尾已较为广泛地应用于某些客机和运输机。

然而，由于 T 尾在结构和外形上的特殊性，故常使得在结构动力学和颤振的分析上变得复杂。在结构方面，由于水平尾翼安置在垂直尾翼的顶部，如同垂尾翼稍上的重外挂物，致使垂尾的固有频率偏低。与此同时，平尾又成为垂尾的翼稍挡板，从而提高了垂尾翼稍的气动力载荷，这些都会对颤振产生不利的影响。T 尾和常规尾翼在颤振分析上的主要不同点，是在计算非定常气动力时，要考虑平尾的上反角以及静升力等定常参数。这一点在常规的颤振计算中是不需要考虑的。

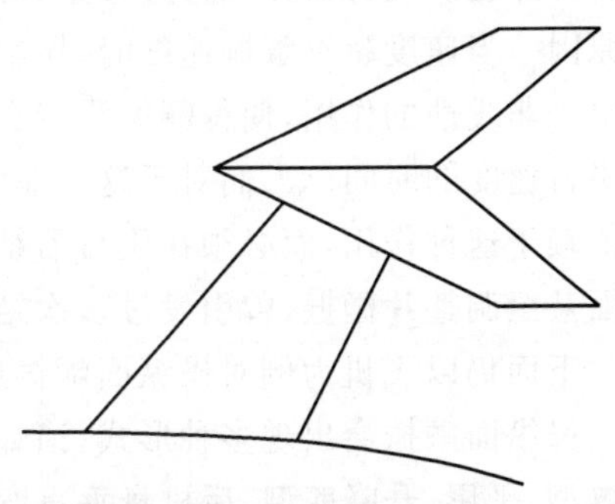

图 8-15　T 形尾翼示意图

上反角对 T 形尾翼结构振动特性及气动特性都有影响。在零上反角时，无论是 T 形尾翼的偏航、垂尾的扭转和弯曲，都会在平尾上产生滚转力矩。滚转使平尾静升力改变了方向，由此产生了在 Y 方向的一个分量，在计算广义气动力 Q_Y 时，必须计入平尾静升力。

T 形尾翼颤振的基本机制是垂直尾翼的一弯和一扭的耦合模态，但也可能出现平尾的弯扭耦合型；当平尾具有安定面俯仰自由度时，也可能出现平尾安定面俯仰型颤振。在一架运输机上，对 T 形尾翼颤振分析计算及风洞试验表明有如下的结论可供参考：

① 迎角对垂尾弯扭耦合型颤振影响较大，随着迎角增大，颤振速度下降；而迎角对平尾弯扭型颤振和平尾安定面俯仰型颤振影响很小。一架具有 T 形尾翼的模型，在风洞试验中测得的迎角对垂尾弯扭耦合型颤振试验的结果，如图 8-16 所示。

② 上反角对垂尾弯扭耦合型颤振影响较大，随着上反角增大，颤振速度下降；而上反角对平尾弯扭型颤振和平尾安定面俯仰型颤振影响很小。在同一模型中，测得上反角对垂尾弯扭耦合型颤振的试验结果，如图 8-17 所示。

③ 侧滑角对T形尾翼的各种耦合型颤振的影响均很小。

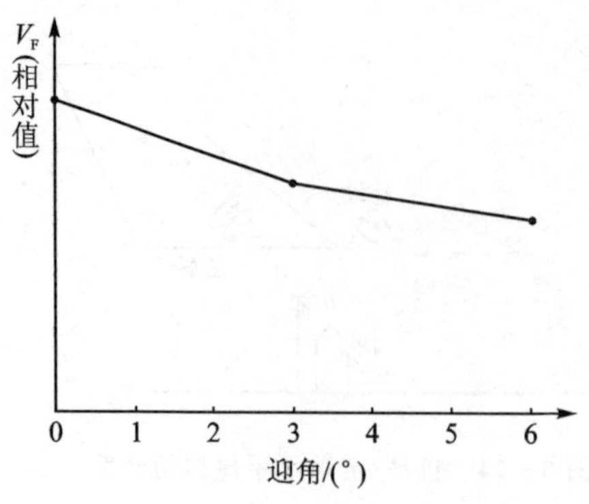

图8-16 颤振速度随迎角变化曲线

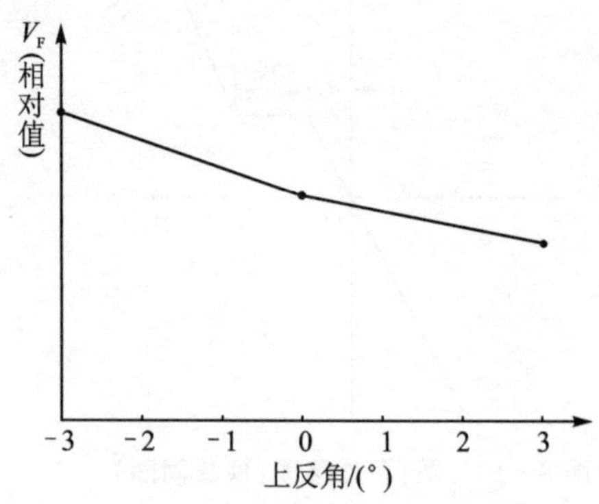

图8-17 颤振速度随上反角变化曲线

8.10 操纵面的颤振

操纵面与调整片颤振是最常发生的颤振形式。而其中方向舵发生颤振的可能要远小于副翼和升降舵。飞行器在飞行过程中,若发生了操纵面或调整片的颤振,需要认真分析导致颤振的原因。当速度超过颤振速度时,振幅会逐渐增大,但并不一定出现振幅无限增大的现象,这是由于非线性的作用,使得颤振维持在一个大而有限的振幅下。有利的非线性作用,给予了降低飞行速度的时间。人们对于这种非线性的确切实质并不十分了解,所以在任何情况下,都不能依赖于这种作用,而必须在飞行器结构设计中绝对避免这种颤振的发生。在历史上,由于操纵面甚至调整片颤振,曾引发过多次结构破坏,导致了多起飞机、导弹等空中解体坠毁事故。

下面仍以飞机为例对操纵面颤振进行分析。

操纵面颤振会出现多种形式,诸如机翼弯曲-副翼型、机翼扭转-副翼型、机翼弯曲和扭转-副翼型、平尾-升降舵型、后机身垂直弯曲-平尾-升降舵型、垂尾-方向舵型、后机身扭转-垂直尾翼-方向舵型以及含有调整片的一些颤振型等。本节中作为举例,只介绍上述的一种颤振型,即机翼弯曲和扭转-副翼的颤振分析。依据同样的原理,也可分析上述涉及的升降舵和方向舵的颤振。

承接7.4节中对二元机翼-副翼颤振的介绍,在本例中除同样要考虑机翼的弯曲和扭转变形外,还要考虑副翼的偏转(当机翼作对称振动时,副翼作同向偏转;当机翼作反对称振动时,副翼作反方向偏转)。考虑图8-18所示的机翼-副翼图,其半翼展长设为l,副翼区起始于l_1,终止于l_2。它们相应的弯曲模态为$f(y)$、扭转模态为$\varphi(y)$,并分别选取广义坐标为$h(t)$及$\alpha(t)$。副翼的偏转振型为$\psi(y)$,一般取$\psi(y)=1$,其相应的广义坐标为$\beta(t)$。以上的y均表示沿翼展方向的坐标,图中的a,b,e和c等都是y的函数。参见式(7-51),这里用$f(y)h(t)$,$\varphi(y)\alpha(t)$及$\psi(y)\beta(t)$分别置换h,α和β,则机翼上任一点的位移可表示为

$$\left.\begin{aligned}&z(x,y,t)=f(y)h(t)+(x-ab)\varphi(y)\alpha(t) &\text{(在非副翼区)}\\&z(x,y,t)=f(y)h(t)+(x-ab)\varphi(y)\alpha(t)+(x-cb)\psi(y)\beta(t) &\text{(在含副翼区)}\end{aligned}\right\}\tag{8-62}$$

机翼的动能可写为

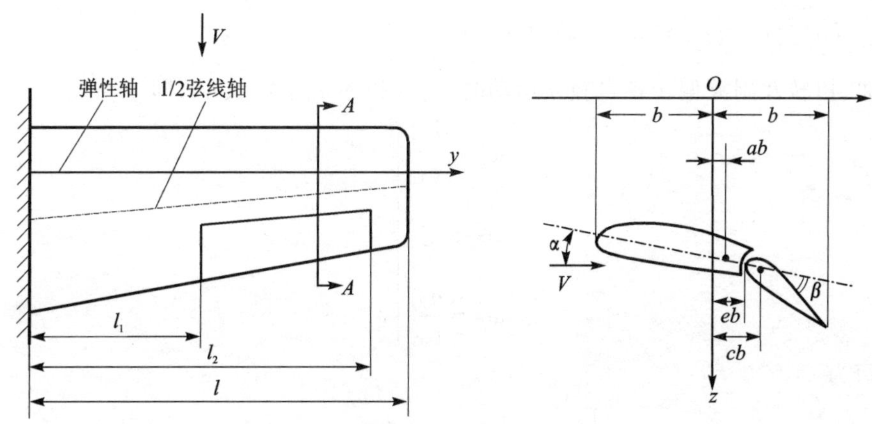

图 8-18 机翼-副翼图

$$T=\frac{1}{2}\iint_S \dot{z}^2(x,y,t)\gamma(x,y)\mathrm{d}x\mathrm{d}y=$$

$$\frac{1}{2}(c_{11}\dot{h}^2+c_{22}\dot{\alpha}^2+c_{33}\dot{\beta}^2)-c_{12}\dot{h}\dot{\alpha}-c_{13}\dot{h}\dot{\beta}-c_{23}\dot{\alpha}\dot{\beta} \tag{8-63}$$

式中，γ——单位面积机翼质量。

$$\left.\begin{aligned}
c_{11}&=\int_0^l f^2(y)m(y)\mathrm{d}y\\
c_{12}&=-\int_0^l f(y)\varphi(y)S_\alpha(y)\mathrm{d}y\\
c_{22}&=\int_0^l \varphi^2(y)I_\alpha(y)\mathrm{d}y\\
c_{33}&=\int_{l_1}^{l_2}\psi^2(y)I_\beta(y)\mathrm{d}y\\
c_{13}&=-\int_{l_1}^{l_2}f(y)\psi(y)S_\beta(y)\mathrm{d}y\\
c_{23}&=-\int_{l_1}^{l_2}[S_\beta(y)(c-a)b+I_\beta(y)]\varphi(y)\psi(y)\mathrm{d}y
\end{aligned}\right\} \tag{8-64}$$

式中，$m(y)$——单位展长机翼的质量，$m(y)=\int_{-b}^{b}\gamma(x,y)\mathrm{d}x$；

$S_\alpha(y)$——单位展长机翼质量对弹性轴的静质矩，$S_\alpha(y)=\int_{-b}^{b}\gamma(x,y)(x-ab)\mathrm{d}x$；

$I_\alpha(y)$——单位展长机翼质量对弹性轴的惯性矩，$I_\alpha(y)=\int_{-b}^{b}\gamma(x,y)(x-ab)^2\mathrm{d}x$；

$S_\beta(y)$——单位展长副翼质量对副翼转轴的静质矩，$S_\beta(y)=\int_{eb}^{b}\gamma_a(x,y)(x-cb)\mathrm{d}x$；

$I_\beta(y)$——单位展长副翼质量对副翼转轴的惯矩，$I_\beta(y)=\int_{eb}^{b}\gamma_a(x,y)(x-cb)^2\mathrm{d}x$ 。

式中，γ_a 为单位面积副翼质量。机翼的应变能为

$$U=\frac{1}{2}\int_0^l EI(y)\left[\frac{\mathrm{d}^2 f(y)}{\mathrm{d}y^2}\right]^2 h^2(t)\mathrm{d}y+\frac{1}{2}\int_0^l GJ(y)\left[\frac{\mathrm{d}\varphi(y)}{\mathrm{d}y}\right]^2\alpha^2(t)\mathrm{d}y+\frac{1}{2}K_\beta\beta^2(t)=$$

$$\frac{1}{2}[a_{11}h^2(t)+a_{22}\alpha^2(t)+a_{33}\beta^2(t)] \tag{8-65}$$

机翼的弯曲、扭转及副翼偏转各自独立运动时,引入频率 ω_h,ω_α 及 ω_β,即

$$\left.\begin{aligned}\omega_h^2&=\frac{a_{11}}{c_{11}}\\ \omega_\alpha^2&=\frac{a_{22}}{c_{22}}\\ \omega_\beta^2&=\frac{a_{33}}{c_{33}}\end{aligned}\right\} \tag{8-66}$$

则应变能写为

$$U=\frac{1}{2}(c_{11}\omega_h^2h^2+c_{22}\omega_\alpha^2\alpha^2+c_{33}\omega_\beta^2\beta^2) \tag{8-67}$$

代入拉格朗日方程,得到颤振微分方程如下:

$$\left.\begin{aligned}c_{11}\ddot{h}-c_{12}\ddot{\alpha}-c_{13}\ddot{\beta}+c_{11}\omega_h^2h&=Q_h\\ -c_{12}\ddot{h}+c_{22}\ddot{\alpha}-c_{23}\ddot{\beta}+c_{22}\omega_\alpha^2\alpha&=Q_\alpha\\ -c_{13}\ddot{h}-c_{23}\ddot{\alpha}+c_{33}\ddot{\beta}+c_{33}\omega_\beta^2\beta&=Q_\beta\end{aligned}\right\} \tag{8-68}$$

在颤振临界条件下,引入机翼作简谐运动的条件,同时再引入结构阻尼,得

$$\left.\begin{aligned}-\omega^2(c_{11}h-c_{12}\alpha-c_{13}\beta)+(1+\mathrm{i}g)c_{11}\omega_h^2h&=Q_h\\ -\omega^2(-c_{12}h+c_{22}\alpha-c_{23}\beta)+(1+\mathrm{i}g)c_{22}\omega_\alpha^2\alpha&=Q_\alpha\\ -\omega^2(-c_{13}h-c_{23}\alpha+c_{33}\beta)+(1+\mathrm{i}g)c_{33}\omega_\beta^2\beta&=Q_\beta\end{aligned}\right\} \tag{8-69}$$

根据广义力的定义,有

$$\left.\begin{aligned}Q_h&=\int_0^l L'(y,t)f(y)\mathrm{d}y\\ Q_\alpha&=\int_0^l M'_E(y,t)\varphi(y)\mathrm{d}y\\ Q_\beta&=\int_0^l T'(y,t)\psi(y)\mathrm{d}y\end{aligned}\right\} \tag{8-70}$$

式中,L'——单位展长机翼的升力;

M'_E——单位展长机翼气动力对弹性轴的力矩;

T'——单位展长副翼气动力对副翼铰链轴的气动力矩。

这些气动力可在相关文献资料或书中查到,这里只直接引用其结果。

$$\left.\begin{aligned}Q_h&=\pi\rho b_r^3\omega^2\left(A_{hh}\frac{h}{b_r}+A_{h\alpha}\alpha+A_{h\beta}\beta\right)\\ Q_\alpha&=\pi\rho b_r^4\omega^2\left(A_{\alpha h}\frac{h}{b_r}+A_{\alpha\alpha}\alpha+A_{\alpha\beta}\beta\right)\\ Q_\beta&=\pi\rho b_r^4\omega^2\left(A_{\beta h}\frac{h}{b_r}+A_{\beta\alpha}\alpha+A_{\beta\beta}\beta\right)\end{aligned}\right\} \tag{8-71}$$

式中,b_r 为参考半弦长,通常取75%半翼展处的半弦长。气动力系数 A_{hh},$A_{h\alpha}$,$A_{h\beta}$,$A_{\alpha h}$,$A_{\alpha\alpha}$,$A_{\alpha\beta}$,$A_{\beta h}$,$A_{\beta\alpha}$ 及 $A_{\beta\beta}$ 的含义可由 L',M'_E和 T'代入式(8-70)的过程中查明,此处略去了推导过程。但须注意,这些气动力系数是减缩频率 $k(k=\omega b/V)$的函数,而其中的 b 是 y 的函数,

故气动力也是 y 的函数。为简化起见，对气动力系数中的西奥道生函数 $C(k)$ 都取成参考半弦长处的 $C(k_r)$。对其中显含的 k，则用当地实际的 k 值。对于副翼，考虑到其弦长变化不大，故对其气动力系数，即使把显含的 k 用 k_r 代替，也不致引起多大的误差。但对副翼以外的气动力系数，凡显含的 k，仍要用当地弦长计算。将式(8-71)代入式(8-69)，就可得到相应的运动方程和颤振行列式，从而求得机翼-副翼的颤振速度。

最后应注意，在上述计算过程中，需要给出副翼操纵系统的刚度 K_β，但 K_β 很难用计算方法给出精确值，必须依靠实验手段来测定。在飞机设计过程中，实施颤振计算时，这个实验还没有做。因此通常的做法是，假设一组 ω_β 值，从而求出一组颤振速度 V_F，以供设计人员参考。此外，要充分估计操纵面颤振中可能存在的误差，由于计算中诸多的不利因素，例如操纵面非定常气动力计算不准、操纵面的铰链和支持刚度难以计算以及各种非线性因素的影响等，故在设计阶段的计算通常是不可靠的。

8.11　操纵面的嗡鸣

20 世纪 40 年代到 50 年代中期，操纵面嗡鸣一直是最常见的气动弹性不稳定形式之一。

嗡鸣是在跨声速飞行时发生的一种单自由度自激振动。最早的嗡鸣是发生在副翼上，因此过去常称之为副翼嗡鸣。嗡鸣的本质特征与经典的基于多模态耦合型颤振完全不同，它本质上是由操纵面旋转自由度构成的一种单自由度颤振。在发生嗡鸣时，操纵面的振动引起激波的前后移动，激波的前后移动又引起操纵面产生压力脉动，由此使操纵面处于一种持续振动状态。可见激波和附面层影响以及它们相互干扰有关的气动相位滞后，导致气动阻尼丧失而构成发生嗡鸣的因素。在一定的速度、高度和升力系数下，嗡鸣的振幅是有限的，嗡鸣的振幅通常随升力系数增大而增大。

嗡鸣按其发生时的流动情况大致可分成三种类型，分别是激波在操纵面铰链前的主翼面上、激波在操纵面上和激波在操纵面的后缘。每一种类型的激振机理也有所不同，主要取决于马赫数。第一种嗡鸣是超过临界马赫数后，舵面自发产生的颤振，它具有有限的极限振幅，当速度低于临界马赫数时便消失，其范围为(0.75～0.9)Ma。第二种嗡鸣发生在(0.9～1)Ma 范围，这时在操纵面转轴到操纵面后缘之间上下表面都存在激波，所以操纵面处于亚、超声速的混合流之中。该型嗡鸣大多不是谐和振动，而是随机的。最后一种嗡鸣发生在(1～1.4)Ma 范围，这时升力面和操纵面都处在超声速范围内。它和上一类型嗡鸣之间存在一个稳定的速度范围，但很难去确定。这种超声速速度范围内的单自由度操纵面颤振，理论上可以采用大结构阻尼和高操纵面固有频率才能防止。

操纵面的嗡鸣可能会因疲劳或因过大的振幅而导致操纵面的损伤，降低操纵面的助力器、铰链和轴承的使用寿命，甚至使操纵面遭到破坏。但目前还没有一个完全可信的解析方法，可用来预计发生操纵面嗡鸣的速度和频率。尽管早已开展了应用计算流体力学技术和在风洞中进行跨声速操纵面嗡鸣的相关研究，但长期以来，在飞机设计中，对于嗡鸣还只能依靠经验设计准则。

为了防止嗡鸣的发生，在工程上可采用的措施如下：提高操纵面操纵系统的刚度，或者降低绕铰链轴的惯性矩；增大铰链轴线的后掠角及减小翼型厚度比；采用阻尼器、涡流发生器或扰流片等措施，对防止嗡鸣或推迟嗡鸣的发生都有显著的作用。此外，操纵面展弦比对嗡鸣有重要影响,无论哪种类型嗡鸣,小展弦比均可明显降低甚至消除这种颤振危险。机翼后掠角对嗡鸣特性有明显影响。操纵面前缘后掠角增大,会降低颤振危险。但要注意到,质量平衡不能防止嗡鸣,反而由于质量平衡增加了操纵面的转动惯量,对嗡鸣有不利影响。

思考题

8.1 在结构分析中通常如何描述结构的变形?

8.2 为什么在颤振分析中经常选取以固有振型为模态的广义坐标?

8.3 在处理工程实际问题时通常要引入一些什么假设?

8.4 比较大展弦比直机翼和第 7 章二元机翼在运动方程的建立上有什么不同?

8.5 8.2 节的讨论是建立在什么重要假设基础上的?

8.6 如何求广义气动力?

8.7 什么是片条理论?在什么情况下可以采用片条理论?

8.8 复算 8.3 节中所给出的例题,考虑影响颤振速度的因素。

8.9 从物理概念出发来解释 $V-g$ 图上的曲线。

8.10 复算 8.4 节和 8.3 节中所给出的例题,比较其在计算方法上的不同。

8.11 比较后掠机翼与长直机翼在颤振分析上的异同。

8.12 在计算后掠机翼的广义气动力时如何计及后掠角的影响?

8.13 小展弦比机翼在颤振分析上与大展弦比机翼相比有哪些特点?

8.14 把 8.7 节中的 $V-g$ 法改为 $p-k$ 法,写出其基本运动方程。

8.15 采用活塞理论作颤振分析时,试述其应用范围及其所具有的特点。

8.16 在颤振计算中如何计及空气压缩性效应?

8.17 考虑尾翼颤振分析的特点,应考虑哪些自由度,为什么?

8.18 考虑常规尾翼、全动平尾及 T 形尾翼三种构型在颤振分析中各具有什么特点?

8.19 试考虑操纵面的颤振分析所具有的特点。

8.20 在飞机设计的过程中,认识操纵面颤振分析的重要性及难点。

8.21 为了防止嗡鸣,在工程实际上可采取哪些措施?

参考文献

[1] 伏欣 H W. 气动弹性力学原理. 沈克扬,译. 上海:上海科学技术文献出版社,1982.

[2] 诸德超,陈桂彬,邹丛青. 气动弹性力学. 航空工业部教材编审室,1986.

[3] Bisplinghoff R L, Ashley H, Halfman R L. Aeroelasticity. Addison-Wesley Publishing Company, Inc., 1955.

[4] Hodges D H, Pierce G A. Introduction to structural dynamc and aeroelasticity. Cambridge [England] New York: Cambridge University Press, 2002.

[5] Fung Y C. 空气弹性力学引论. 冯钟越,管德,译. 北京:国防工业出版社,1963.

[6] 管德. 飞机气动弹性力学手册. 北京:航空工业出版社,1994.

第 9 章　飞行器的防颤振设计

在气动弹性问题中，颤振无疑是最具危险性因而也是最受关注的问题。这就促使防止颤振成为重要的研究课题，由此形成了飞行器设计的关键内容之一。

9.1　防颤振设计概要

防止飞行器发生颤振是一个由来已久的问题，随着飞行器的发展，这个问题的研究也就不断地深入。一个成功的气动弹性设计，并不需要在结构上增加过多的材料（即超过了结构为承受静或动载荷而需要的量），就可以保证稳定性。

飞行器设计中，要求结构提供足够的强度，同时也必须具有足够的刚度。一方面为了承受地面和飞行载荷，另一方面要保证防止发生气动弹性不稳定。在给定的设计要求下，不仅要保证结构安全，还要求质量最小。

为了保证在设计速度范围内的稳定性，有下列途径可以遵循。

1. 提供足够的刚度

提供足够的刚度，从而提高气动弹性不稳定性的临界速度，以保证在设计速度范围内是稳定的。

在飞机设计过程中，刚度设计始终是设计者关心的主要内容之一。初步设计阶段常采用判别式的方法。下面介绍两个由英国人提出的机翼颤振判别式，可以作为一种估算手段，在判别式的这些参数中，可以看到刚度起着重要的作用。

(1) 后掠翼的弯扭判别式

$$V_1 = 0.46\sqrt{\frac{K_\theta}{\rho l b_{0.7}^2}} \times \frac{0.9\left(0.77+\frac{0.1}{r}\right)\left(1+\frac{0.8}{A}\right)}{x_G}\sec\left(\Lambda-\frac{\pi}{16}\right)$$

$$V_F = V_1(1-0.166Ma_1\cos\Lambda) \qquad (Ma_1\cos\Lambda < 1)$$

$$V_F = 0.834V_1 \qquad (Ma_1\cos\Lambda > 1.2)$$

式中，0.46——由英制转换为公制所用的系数；

l——沿弹性轴的半展长，单位为 m；

$b_{0.7}$——$0.7l$ 处垂直于弹性轴的弦长，单位为 m；

x_G——$0.7l$ 处剖面重心到前缘的距离除以 $b_{0.7}$；

$A=2l/b_m$——全翼的展弦比，b_m 为平均弦长（垂直于弹性轴），单位为 m；

K_θ——$0.7l$ 处的扭转刚度，单位为 kg · m/rad；

r——刚度比，$r=0.6K_h b_m/K_\theta$，K_h 为 $0.7l$ 处的弯曲刚度，单位为 kg · m；

$Ma_1=V_1/a$——马赫数，a 是当地声速；

ρ——大气密度，单位为 kg · s^2/m^4；

Λ——前缘后掠角，单位为 rad；

V_F 的单位为 m/s。

有关符号参见图 9-1。

(2) 小展弦比机翼颤振判别式

该判别式适用于刚度比 r≥0.5 的情形,参见图 9-2。

$$V_1 = 0.46\sqrt{\frac{K_\theta}{\rho l b_{0.7}^2}\cdot\frac{\left(0.77+\dfrac{0.1}{r}\right)\left(0.95+\dfrac{1.3}{\sigma_W}\right)}{x_G}}\left[\sec\left(\Lambda-\frac{\pi}{16}\right)\right]^{\frac{3}{2}}$$

$$V_F = V_1(1-0166Ma_1\cos\Lambda) \qquad (Ma_1\cos\Lambda \leqslant 1.265)$$

$$V_F = 0.79V_1 \qquad (Ma_1\cos\Lambda > 1.265)$$

式中,σ_W 为机翼密度比,$\sigma_W=\rho_W/\rho$,ρ_W=机翼质量$/lb_m^2$。其余符号意义与上同。

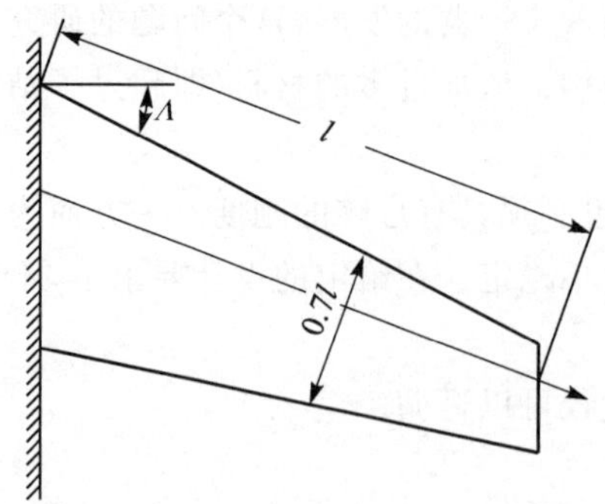

图 9-1　后掠机翼应用颤振判别式示意图

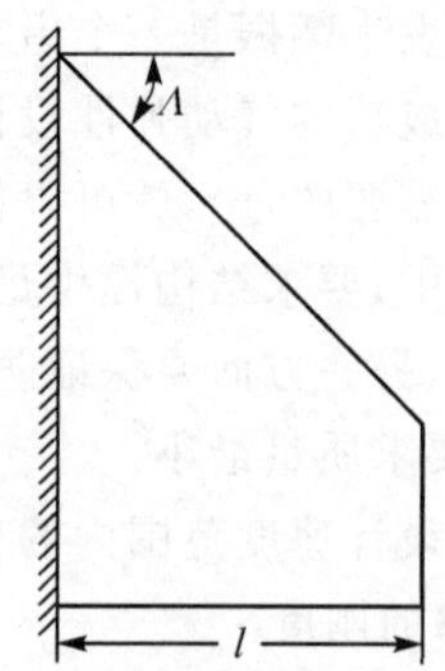

图 9-2　小展弦比机翼应用颤振判别式示意图

要特别注意,这里采用的单位不是国际单位制,而是由英制单位转化的公制单位。在没有更可靠的判别式时,可以用它来试算(引自 ARC. Reports, Memorand No 3231 和 Aircraft Engineering 1960 Dec)。

2. 消除惯性耦合及空气动力耦合

消除惯性耦合及空气动力耦合可以有以下 3 种途径:

① 恰当地安排质量和刚度的分布,尽量使弹性轴、惯性轴和空气动力中心相互靠近。

② 采用配重的方法,通常可以增加铰链前配重,把操纵面质心移向铰链。这是消除弯扭耦合有效的方法。

③ 安排质量分布,翼面展向质量分布的弦向位置对颤振十分重要。

3. 提供良好的空气动力设计

对于需要产生气动力的结构,应使其在使用条件下,保持气流不分离。而对于不希望产生空气动力的结构,如对于土木结构、桥梁等,就应设法使结构的空气动力效率降低,从而减小升力和阻力。

由上述途径可以看到,当其他因素保持不变时,防止颤振的根本保障是结构刚度。虽然刚度也取决于结构布置形式,但通常也取决于结构使用的材料。

采用刚度较大的伺服作动器来控制操纵面运动,以达到抑制颤振的目的,这也是一种防止颤振的方法。在一架高性能的飞机上,要得到最佳的设计是十分困难的,往往不得不付出性能的代价。这就促使飞机设计者在条件成熟时,由被动地防止颤振转入主动地抑制颤振。

9.2　防颤振设计的一般程序

颤振问题是复杂的，防止颤振更是气动弹性设计的重大难题。为了切实做好防颤振设计，必须遵循一些既定的指导原则，力图避免在设计的后期又要求对飞行器作大修改。因此，防颤振设计有两项主要任务：一是防止在飞行器上发生气动弹性不稳定，也同时避免因气动弹性问题而作大更改；二是在现代飞行器设计中，利用气动弹性特性提高飞行性能，例如主动气动弹性机翼技术的应用就体现了这点。本节旨在介绍在一般情况下颤振设计规范及设计程序。

9.2.1　防颤振设计步骤

在飞行器设计中，如何协调好颤振设计的各项工作是十分重要的。下面提供一个飞机设计中简要的颤振分析工作程序，通过它可以了解颤振分析所包含的主要内容，同时也可了解这些工作是如何安排在飞行器设计的各个阶段的。现将这些主要内容以图 9－3 所示的飞机防颤振设计流程图表示。需要说明的是，对于不同的飞行器还可根据其特殊性对某些环节进行增减。例如，对改型飞机，就没有必要做完图中的全部工作；而对于导弹、无人飞机等可不进行飞行试验或只考虑飞行中监测。

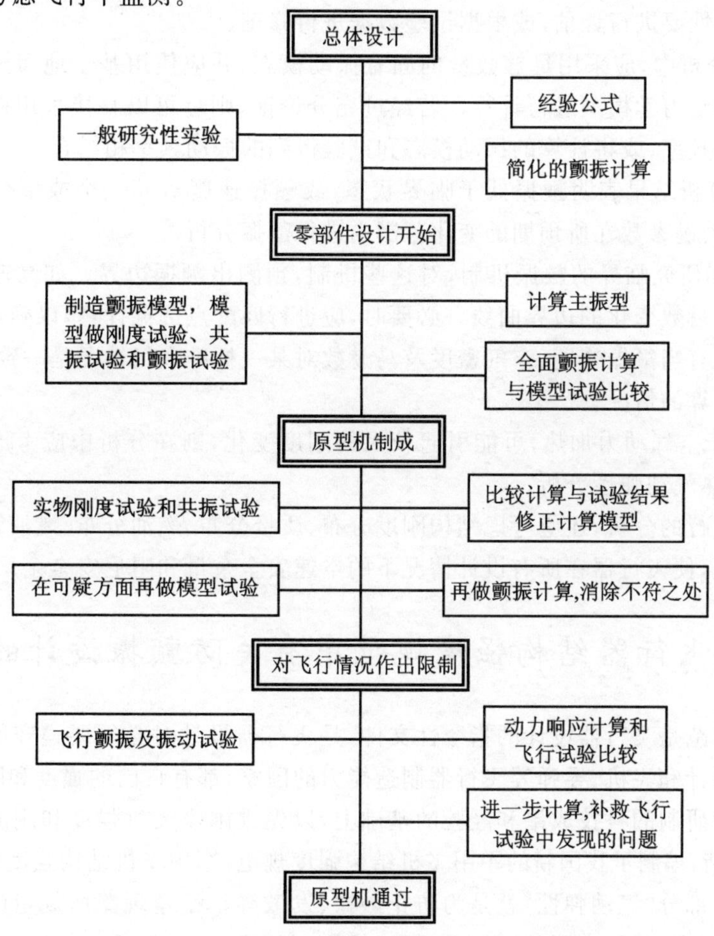

图 9－3　在飞机设计中防颤振设计步骤示意图

由图9-3可见,颤振分析大体上可分为计算和试验两大类。目前,颤振计算已基本成为一种常规的工作流程,但仍需要经过各种试验验证。

9.2.2 颤振分析的基本原则

对新设计的飞行器,或者改型已影响到颤振特性时,则需要进行以下必要的分析:

① 在飞机设计的初步阶段,首先应对主要的升力面部件(如翼面、平尾和垂尾等)进行部件颤振计算。此外,还需要对一些重要的参数进行评估,这些重要的参数包括部件连接刚度、操纵面系统刚度和间隙、操纵面质量平衡、燃油量以及装载情况等。其次要对飞行器整体进行颤振分析。在对整体进行颤振分析时,可以基于半翼展和全翼展数学模型。在半翼展模型分析时,要把对称和反对称的边界条件和其他对应的模态都考虑在内。

② 在飞行高度的选择上,一般需要对以下三个(或更多)选定的高度进行颤振分析。这三个高度分别是获得最大设计马赫数的最低高度、最大设计动压的最低高度以及产生跨声速效应的最低高度。此外,对任何其他需要的高度和速度,如在飞行包线内出现的"驼峰式"颤振模态也应进行颤振分析。

③ 在气动力的选择上,应根据气动外形和所需要进行的颤振计算状态,确定非定常气动力的计算模型。根据计算马赫数,确定采用亚、跨、超声速的非定常气动力理论。对所使用的计算方法的可靠性要进行评估,或根据试验数据进行修正。

④ 在颤振分析中,应采用足够数量的固有振动模态,并应使用基于地面振动试验结果数据修正过的结构动力学模型进行计算。若经过充分论证,则也可以直接采用振动试验实测的固有振动模态和频率,或将计算的振动模态和试验得到的振动频率相结合。

⑤ 当颤振分析结果表明颤振处于临界状态,或颤振速度对某一个或多个参数变化敏感时,应该使这个关键参数在所预期的变化范围内进行颤振分析。

⑥ 应识别和研究临界的颤振机制,对这些机制,预测出颤振边界。如高速飞行器需要得到颤振速度随马赫数变化的边界曲线。必要时,应进行匹配点颤振计算,以确定各种颤振机制的颤振边界。只有当颤振速度、空气密度及马赫数对某一标准大气情况是一致时,才能得到一个匹配点颤振计算的情况。

⑦ 如果由于空气动力加热,可能引起较大的刚度变化,则在分析中应考虑瞬态或稳态加热效应,即进行热气动弹性分析。

对以上所进行的分析,还应考虑结构刚度分布、质量分布、燃油分布、燃油管理以及自动飞行控制系统特性,使飞行器在所有设计情况下的空速安全余量和阻尼安全余量都能得到满足。

9.3 飞行器结构强度规范中有关防颤振设计的内容

结构强度规范是飞行器设计的指令性文件,是飞行器设计时必须要遵守的法则。在国际上很多有独立设计和飞机、导弹等飞行器制造能力的国家,都有自己的强度和刚度规范。我国在充分总结飞机研制的科技成果和经验的基础上,以先进国家飞机强度和刚度规范为主要参考,结合我国国情,编制了我国新的军用飞机结构强度规范《军用飞机结构强度规范 GJB 67A—2008》,其中第7部分"气动弹性"就是为防止颤振、发散等不稳定现象所规定的设计指南。对于民用飞机,我国发布了《中国民用航空规章》第25部、第23部等适航标准,其中也有专门针

对颤振、发散等的设计条款。各类导弹设计部门也发布了气动弹性的设计规范。这些规范、标准中，防颤振设计内容基本一致。

飞机规范中，就其总体内容对飞机设计的一般要求如下：飞机设计、制造、材料应使飞机及其部件在全部飞行包线内的各种外挂物组合、质量、装载以及引起较大刚度损失的机动飞行等条件下，飞行速度直到 1.15 倍限制速度 V_L 都不发生颤振、发散、嗡鸣以及其他动态气动弹性和气动伺服弹性不稳定现象。对于超声速飞机，如果由于空气动力加热引起较大的刚度损失，还应考虑气动热弹性不稳定现象。

为了确保安全，当分析或试验，或二者同时进行时应证明满足以下条件：

① 在等马赫数和等高度线上所得的飞行限制速度包线的所有点上，提高 15% 当量空速不会发生颤振，详见图 9-4。

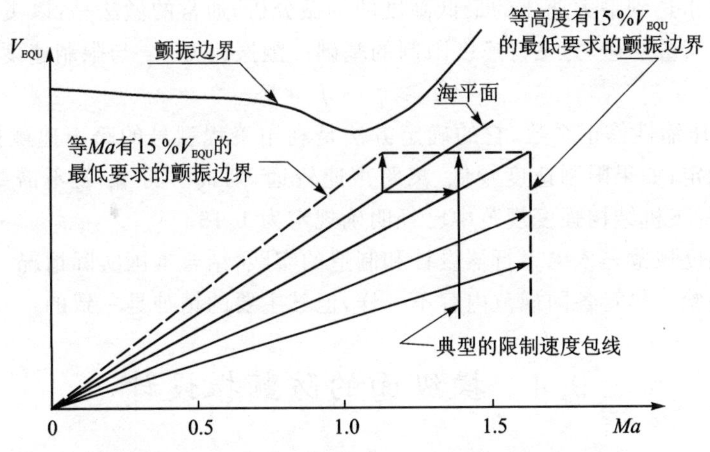

注：当量空速 V_{EQU} 是真空速乘以$\sqrt{\Delta}$，其中 Δ 为给定高度上自由流空气密度与标准海平面空气密度之比。

图 9-4　最低要求的颤振余量图示

② 在所有高度上，飞行速度从最低巡航速度直到限制速度 V_L，任何临界颤振模态或任何显著的动态响应模态的阻尼系数（包括气动和结构阻尼两部分）至少应为 0.03（见图 9-5）。

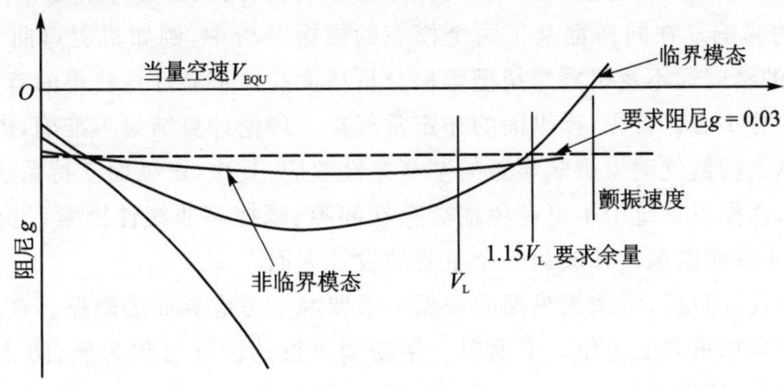

图 9-5　所要求阻尼余量的图示

对于带有飞行控制系统的飞机，应特别注意该系统与飞机结构模态之间的相互影响，以防止任何气动伺服弹性不稳定性。在飞行控制系统所有的工作状态，如正常状态、故障状态、模式转换和增强系统的接通和断开(如果断开是设计状态时),都要满足上述的速度余量和阻尼余量要求。此外,对于任何单一的飞控系统反馈回路,在速度直到限制速度 V_L 时,飞机结构模态应有以下稳定性余量:

- 增益余量不低于 6 dB;
- 相位余量不低于 60°。

此外,在详细设计要求中,分别对增稳系统、破损-安全稳定性、旋转颤振、外挂物、壁板颤振、变几何形状飞机、操纵面和调整片等作了详细设计要求的规定。上述的种种要求保证了在飞机设计中的气动弹性及气动伺服弹性的稳定性。

对于军用飞机,由作战技术要求确定的最大速压,应是飞机俯冲拉起时达到的最大速压,它是飞机结构强度和刚度设计的基础。颤振分析的目的在于确定满足这个速压要求的安全飞行颤振边界。对于达到最大速压的最低高度的颤振分析,通常的做法是:以飞机最终分析结果的颤振速度 V_F(当量空速)为飞行速度限制的基础。颤振速度 V_F 与限制速度 V_L 的关系为

$$V_F \geqslant f_c \cdot f_s \cdot V_L \tag{9-1}$$

式中,f_c 为空气压缩性修正系数,它的确定方法是利用工程型号的跨声速颤振模型进行风洞试验或按经验确定;如果限制速度较低,离跨声速较远,则式中的 f_c 就不需要引用。f_s 是颤振余量,在我国的飞机结构强度规范中已经明确规定为 1.15。

各国结构强度规范是该国飞行器设计和制造的实践,结合本国实际情况,反复凝炼总结出的设计理论和经验。尽管各国规范内容不一样,但其主要的精神是一致的。

9.4 操纵面的防颤振设计

操纵面或调整片颤振在所有飞行速度上都可能发生,对操纵面的颤振分析,以及对确定质量平衡要求和刚度要求等都是必要的,这些分析应该作为基本的飞行器设计实施的一部分。

9.4.1 操纵面防颤振设计概要

防止操纵面颤振是一项极为重要的设计工作,一旦出现问题,就会导致飞行器在低速度下发生颤振。操纵面颤振的防止受到质量平衡、助力器刚度、操纵面支持刚度、间隙、阻尼以及操纵面展向位置的影响。在同样都基于两个模态的颤振分析中,例如机翼弯曲-副翼偏转型颤振,其分析结果的精度远不及机翼弯扭型颤振分析精度高。依靠计算获得的有关操纵面系数,在使用时必须十分小心。首先,操纵面的非定常气动力理论计算结果不准确,因为在理论计算中忽略了对操纵面铰链气动力影响显著的空气黏性效应;其次,操纵面支持系统的结构刚度也很难算准;最后,在操纵系统中不可避免地会存在间隙、摩擦等非线性因素。由于这些因素的存在,使得防止操纵面颤振设计成为一个重要的设计方面。

在新飞行器设计阶段,考虑操纵面的颤振一般要晚于考虑翼面的颤振。在试飞临近时,操纵面颤振才处于愈加重要的地位。下面以一架新型飞机的设计过程为例,防止操纵面颤振随各设计阶段而展开,其步骤如下:

(1) 早期设计阶段

早期设计阶段的主要任务是确定预防操纵面颤振的方案,应用关于质量平衡的简单规则,或用没有质量平衡的不可逆操纵系统(助力器等执行机构操纵刚度很大)来预防颤振,以决定

操纵系统的总体设计。

(2) 中期设计阶段

已经完成了振动特性的计算，把有关的振动模态取出，并用于操纵面的颤振计算中，来校核对防止颤振的要求。在这个阶段，所作的颤振计算通常是以十分简单的方式完成的；但常常会在一些模态上做一些变化，以判断颤振对这种变化效果的敏感性。这项工作完成以后，有可能保证了今后的设计中不需要进一步的修改。

(3) 试飞之前的阶段

这时地面的共振试验已经完成，设计人员可以根据试验所测得的结果，完成全部的操纵面颤振计算。如果发现振动试验测量的模态与计算出的模态有明显的差异，则可以提出并允许在这个阶段进行限制飞行。

(4) 早期飞行阶段

力图要取得飞行试验与理论推算之间的互相关系，这种相互关系将取决于估算的安全裕度。

(5) 后期飞行阶段

通常都会因为气动力的原因而对操纵面进行某种修改。此时，设计人员必须面对全部的修改，进行有关颤振可能性的校核性计算。

在上述这一系列的阶段中，假设不发生颤振，则操纵面颤振设计过程可以告一段落；若万一出现了颤振，就要进行全面的颤振计算。对于这个计划，以及对于机翼颤振的类似计划中，都是在各种形式的指导原则下进行的。在这里，设计者的经验起了很大的帮助作用。这些指导原则有很多还没有提到，将在 9.4.2 小节和 9.4.3 小节中比较全面地讨论这些指导原则。

9.4.2　操纵面质量平衡

防止颤振的关键在于破坏各种不同自由度之间任何可能发生的耦合。

现在仍然讨论一个二元机翼，假设它具有无穷大的扭转刚度，在机翼上装有副翼，且副翼的质心位于铰链轴的后面。设翼段开始处于静止，当突然给它一个向上运动时，机翼将作垂直运动，副翼则因惯性力引起运动，如图 9-6 所示，称作惯性耦合。显然，如果副翼的质心位于铰链线上，就不会有惯性耦合，但是，还可能存在空气动力耦合和弹性耦合。对于空气动力耦合而言，即使副翼的质心位于铰链轴上，也还会由于垂直运动而激起副翼运动，此时可能会有不为零的对铰链轴的空气动力力矩，由此造成空气动力耦合。此外，还会有弹性耦合，它是由于可能存在的一些弹性联系，致使机翼的垂直挠度引起副翼转动。

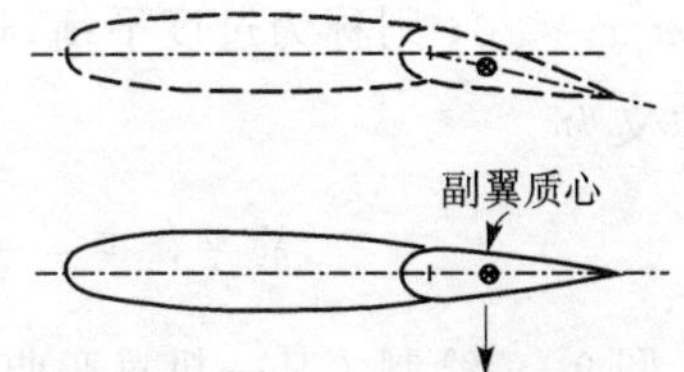

图 9-6　机翼弯曲、副翼偏转耦合

为了说明问题，仍以 8.10 节的讨论为基础。在机翼、副翼发生颤振时，包括机翼弯曲、机翼扭转、副翼偏转等三个自由度。现假设在实际机翼的扭转变形甚小，往往略去不计，只考虑机翼弯曲、副翼刚体偏转形式的颤振，同时假定副翼是一刚体。

现采用假定模态法，取机翼弯曲变形

$$h(y,t)=f(y)h(t)$$

副翼偏转则为 $\beta(t)$。然后，依照 8.10 节的推导过程，分别计算它的动能和势能，并代入拉格

朗日方程,就有

$$\left.\begin{aligned} a_{11}\ddot{h}+a_{12}\ddot{\beta}+c_{11}h=Q_h \\ a_{12}\ddot{h}+a_{22}\ddot{\beta}+c_{22}\beta=Q_\beta \end{aligned}\right\} \tag{9-2}$$

式中,a_{11},c_{11},a_{22},c_{22} 符号的意义与式(8-68)中符号的意义不同,其含义中已经去掉了机翼扭转项的有关内容,此处不再列出。和质量平衡概念有关的系数 a_{12} 可表示为

$$a_{12}=\int_{l_1}^{l_2}\int_{Ca} f\cdot x\gamma_a \mathrm{d}x\mathrm{d}y \tag{9-3}$$

或

$$a_{12}=\iint f\cdot x\mathrm{d}m$$

质量平衡的含义就是使操纵面的质量分布满足一定的平衡条件,在这种平衡条件下,机翼振动时,副翼由质量惯性力所产生的对铰链轴的力矩为零。因此,副翼(或操纵面)相对翼面没有转动,好像和翼面连成一个整体运动,由式(9-2)可知,就是要求系数 $a_{12}=0$。当气动力不起耦合作用时,则机翼弯曲和副翼偏转各列一式,亦即机翼作弯曲振动时不会带动副翼偏转。再由式(9-3)可知,a_{12} 值与机翼振型 $f(y)$ 有关,因此副翼的质量平衡也是相对于某个振动形态而言的。也就是说,对某个振动形态达成平衡的质量分布,对于另一种振动形态就不一定是平衡的。因此,质量平衡只能要求按照几个主要振动情况来达到平衡。

通常要求副翼(或操纵面)在静平衡和动平衡两方面合乎一定规定。所谓静平衡就是要使得

$$\sum_{\text{副翼}} m_i x_i=0 \tag{9-4}$$

式中,x_i 代表微元质量 m_i 离铰链轴的距离,亦即使副翼质心落在铰链轴线上。联系 a_{12} 的式(9-3),就是当机翼作简单的上下平移运动时 $a_{12}=0$ 的条件。这时 $f(y)=$常数(只要将式(9-3)的积分改为和式就立即可以看出这一点)。当 $\sum m_i x_i=0$ 时,称为100%静平衡;若 $\sum m_i x_i<0$,则称为过度平衡,这表示质心在铰链轴之前。由此可引出静平衡度的概念,它的定义为

$$\text{静平衡度}=\frac{\text{实际所加配重}}{\text{为达到100\%静平衡所需的配重}}\times 100\%$$

图9-7绘制了某一机翼弯曲、副翼偏转时,颤振速度 V_F 与静平衡度的关系。对应每一静平衡度可算出两个 V_F 值,在此界限内为不稳定区。由图可见,超过一定过度平衡后,将不再发生这一种颤振。

当质量分布能使

$$\sum m_i x_i y_i=0 \tag{9-5}$$

时,就称为达到100%的动平衡。对于机翼,y_i 通常代表 m_i 到翼根的距离;对于尾翼,y_i 则代表到机身弹性轴的距离。动平衡相应于 $f(y)=y$ 时,系数 $a_{12}=0$。这就是说,当翼面运动为简单刚体滚转时,$a_{12}=0$。动平衡度定义为

$$\text{动平衡度}=\frac{\text{实际所加配重}}{\text{为达到100\%动平衡所需配重}}\times 100\%$$

大于100%的动平衡度相应于负值的 $\sum m_i x_i y_i$,也称为过度平衡。

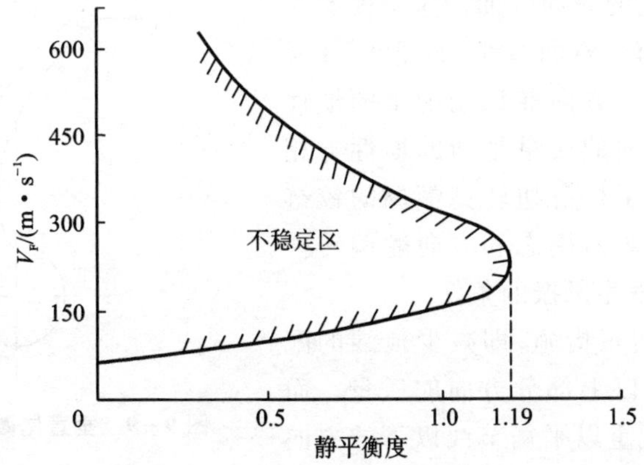

图 9－7　某机翼弯曲－副翼偏转时 V_F 与静平衡度的关系曲线

在有关颤振计算的规范中，提出了对操纵面的各种关于质量平衡的要求，例如规定静、动平衡度，这些都是为了防止某一种比较常见的颤振现象而规定的。例如对于方向舵是为了防止机身扭转－机身侧向弯曲－方向舵偏转类型颤振，对于升降舵则是为了防止机身垂直弯曲－水平安定面弯曲－升降舵偏转类型颤振，而对于副翼则是为了防止机翼弯曲－副翼偏转类型颤振。

注意：把质量平衡作为初步估计颤振趋势的判据是有意义的。但还应看到，质量平衡的翼面并不意味着已经排除了所有颤振的可能性；而另一方面，设计一个对于所有可能的振动形态都是质量平衡的翼面，也是不可能的。不过，质量平衡在防止操纵面颤振方面，仍然是有用的。

9.4.3　质量平衡对操纵面颤振影响实例

本例选自《颤振预防手册》(AD－A328059/1/XAB)。在一架轻型飞机上，飞机尾部采用常规布置，其后掠垂尾和方向舵如图 9－8 所示。

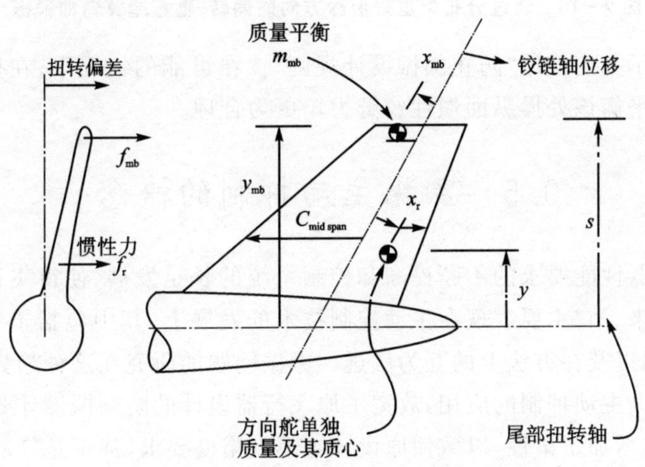

图 9－8　后掠垂尾与方向舵图示

在原设计中认为：颤振通常是由方向舵偏转、后机身侧向弯曲和扭转模态的耦合引起的。因而，在最初的设计中，把方向舵质量平衡集中在顶端，但是在试飞时仍然发生了垂直尾翼弯曲和方向舵偏转耦合颤振。发生颤振的实际情况表明，与方向舵耦合的模态并非后机身扭转，

而是垂直尾翼和方向舵的侧向弯曲。这个模态在垂直尾翼展长 60%处有一弯曲节线,如图 9-9 所示。在这种情况下,位于方向舵顶端配重的惯性力,其方向与铰链线后面的质量平衡的惯性力相反。因此,这虽然抵消了机身扭转型颤振的铰链惯性矩,却大大加强了弯曲模态和方向舵偏转模态的耦合,于是形成了发生颤振的条件。

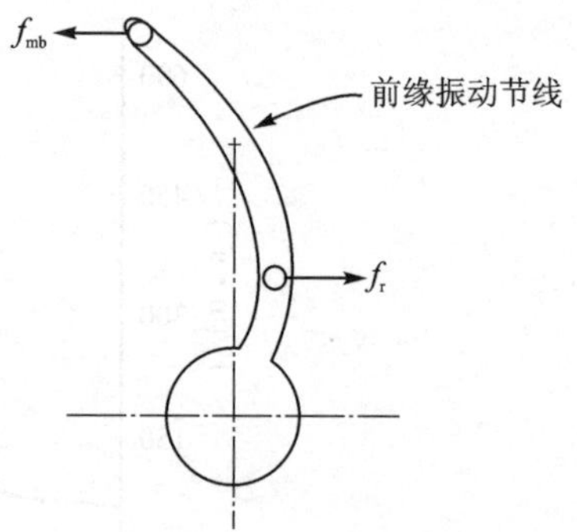

图 9-9 垂直尾翼和方向舵弯曲模态

图 9-10 示意了纠正措施,即减少顶端的配重,使其刚好平衡节线以上部分方向舵质量。而在方向舵下端加另一配重以平衡节线以下的方向舵质量。由此使得方向舵偏转和垂直尾翼、方向舵弯曲解耦。

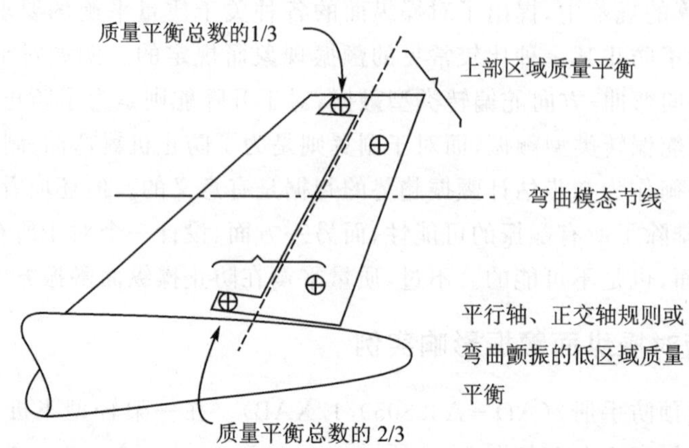

图 9-10 通过分布配重来消除方向舵偏转-垂直尾翼弯曲颤振

这个例子说明了如何使用“防止颤振设计规则”。在可能的情况下,在操纵面的展向各点应用分布式配重来平衡该处操纵面惯性铰链力矩更为合理。

9.5 颤振主动抑制的概念

近年来对飞行器性能要求的不断提高和控制系统的长足发展,使得飞行器设计逐步与自动控制技术统一起来。它主要表现在主动控制技术的发展上,其中包括了气动弹性与自动控制的密切结合、沟通以及在方法上的互为渗透。颤振问题的研究在这种趋势下,由被动防止跨入了主动抑制。颤振主动抑制的应用,放宽了原飞行器设计的防颤振设计要求。例如,为了达到减轻质量的目的,增加了柔性,以致使原设计达不到裕度要求,甚至是气动弹性动不稳定的。这时靠主动控制的控制面产生所需要的运动,从而改变整个升力面的非定常气动力分布,使升力面向气流散逸能量,最后达到颤振抑制,早期的颤振主动抑制就是建立在气动能量概念上。随着现代控制理论的发展,使得颤振主动抑制系统设计成为最典型的气动伺服弹性综合问题,它是主动气动弹性机翼技术的主要问题之一。图 9-11 所示为一个数字式颤振主动抑制系统的示意图。图中防伪频滤波器是由于离散采样得到的加速度信号会由频率混叠,为使信号清

晰而引入的。图中 200 Hz 表示采样频率；ACC 表示加速度计；LEO、TEO 分别表示机翼前缘外侧、后缘外侧；AFW 是主动柔性机翼的英文缩写；AFS 是颤振主动抑制的英文缩写。目前人们所关注的问题是发展一种低阶的、鲁棒的、多输入/多输出的数字控制律。对于控制律的设计，可以有两种设计状况：第一种是不考虑阵风扰动输入的气动弹性系统，该设计比较简单，如基于状态观测器的输出反馈控制律设计；第二种是考虑了阵风等随机扰动的气动弹性系统，需要应用随机最优控制，考虑到随机扰动，控制律要相对复杂，但比较符合工程实际，如线性二次型高斯问题的最优控制律设计。

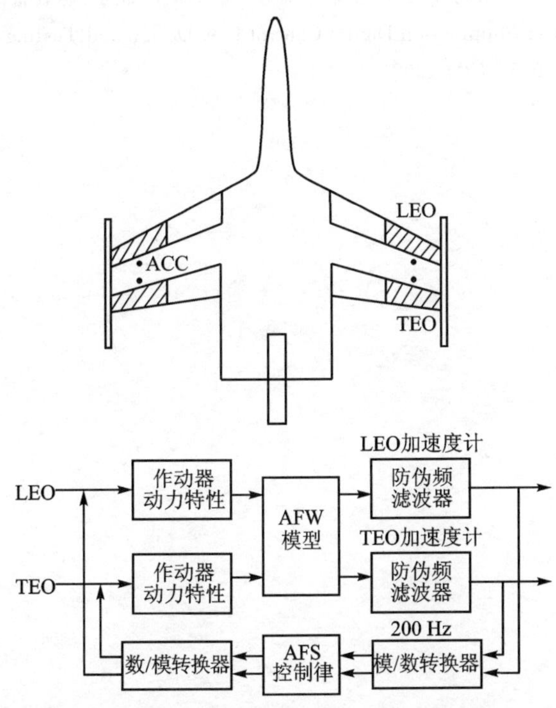

图 9-11　数字式颤振主动抑制系统示意图

需要提及的是，应用现代控制理论进行颤振主动抑制设计，所得到控制律的阶数通常较高，需要做降阶处理。降阶过程往往会降低鲁棒稳定性，且系统响应的均方值增大。因此，通常的做法是对降阶的主动控制律再进一步优化，以提高它的性能及稳定性。

目前，颤振主动抑制早已完成了可行性的原理验证，并已通过验证机的验证。

思考题

9.1　为了保证飞行器在设计速度范围内的气动弹性稳定性，应遵循哪些原则？

9.2　图 9-4 和图 9-5 是结构强度规范中最低要求的颤振余量图，试解释这两张图的构成及其含义。

9.3　操纵面质量平衡的基本依据是什么？质量平衡是否意味着消除了所有颤振的可能？

9.4　试说明在飞机设计中颤振分析工作的基本程序，说明每一步工作的意义和内容。

9.5　简述防颤振设计在飞行器设计中的地位和意义。

9.6　什么是颤振主动抑制？说明它的基本概念。

参考文献

[1] Fung Y C. 空气弹性力学引论.冯钟越,管德,译.北京:国防工业出版社,1963.

[2] 伏欣 H W.气动弹性力学原理.沈克扬,译.上海:上海科学技术出版社,1982.

[3] 诸德超,陈桂彬,邹丛青.气动弹性力学.航空工业部教材编审室,1986.

[4] 管德.飞机气动弹性力学手册.北京:航空工业出版社,1994.

[5] Donham R E,Watts G A. Flutter Prevention Handbook, AD-A328059/1/XAB,1997.

[6] GJB 67.7A—2008.军用飞机结构强度规范.第 7 部分.气动弹性.北京:总装备部军标出版发行部,2008.

[7] Mukhopadhyay V. Flutter Suppression Digital Control Law Design and Testing for the AFW Wing-Tunnel Model. AIAA 92-2095-CP, 1992.

第 10 章　气动伺服弹性稳定性分析与设计

前面各章所讲的气动弹性问题，只涉及飞行器（不考虑控制系统影响）的弹性结构（例如机翼、操纵面、全机）和作用在其上的定常和非定常气动力。对于气动弹性问题，所有飞行器都必须例行常规的分析和计算。但对于带有控制系统的飞行器，这些例行的常规气动弹性分析和设计是不够的。例如现代飞机上普遍使用了伺服控制系统，而该系统所控制的对象正是气动弹性飞机，因此在飞机设计中，如果切断控制系统，去考虑单独飞机的气动弹性，即所谓的无控情况是不够的，还必须考虑弹性飞机与伺服控制系统相互作用下的气动弹性问题。这类问题称为气动伺服弹性问题。本章将讲述其中最基本的内容——稳定性分析。

伺服控制系统，是指利用液压、气压以及电动等伺服系统去操纵舵面偏转运动的飞行控制系统。随着飞行器的发展，伺服控制系统也在不断发展。飞机上最早只是用一种装有液压助力器的操纵系统，来带动舵面偏转；以后又增加了自动控制功能，例如自动驾驶仪和稳定系统；到了现代高性能飞机上，更进一步发展了不同功能的主动控制系统。导弹从开始出现就带有飞行控制系统。当然，不论是哪一种飞行控制系统，其末端均为按控制信号操纵的舵面或操纵面。现代飞机上，几乎所有操纵面都不可能是人力操纵，而是借助于伺服操纵的，所以，飞行控制与伺服操纵通常已是不可分割的整体。基于这一事实，在分析结构与控制的耦合时，伺服传动的动力学特点是必须包括的，从而就形成了“气动伺服弹性”的命名。

本章将给出有关气动伺服弹性的基本概念、原理和方法，重点放在以飞机为对象的气动伺服弹性（动）稳定性分析（以下略去“动”字），并通过单输入/单输出系统的频域方法，阐述稳定性分析的主要内容及其过程。其中，将涉及一些新的问题，例如，由于伺服操纵而引起的复刚度（阻抗）；由于飞机弹性振动通过伺服控制系统而引入的舵面反馈传递函数。本章还将对导弹的气动伺服弹性稳定性分析中有别于飞机的部分作出补充。

之所以选定将重点放在频域方法的稳定性分析上，有以下两方面的原因：

① 稳定性问题是诸多气动伺服弹性问题中最重要、最具有普遍意义的一项。现代飞行器设计或改型时，它是必不可少的内容。它和单独飞行器的颤振安全有着同样重要甚至更为重要的意义。

② 经典控制理论及其频域方法是诸多理论和分析的基础，有了这一基础，就可以胜任一般的气动伺服弹性稳定性的分析，并有可能深入现代控制理论及其时域方法，进而研究更为深层的问题。

10.1　气动伺服弹性概念

10.1.1　气动伺服弹性的定义及分类

气动伺服弹性的定义可以叙述如下：它是一门涉及结构动力学、非定常气动力学以及自动控制理论的学科。在这个领域内，专门研究结构弹性力、惯性力、定常和非定常气动力（由于结构刚体运动或弹性振动引起)以及飞行控制系统之间的相互作用原理和分析技术。显然,气动伺服弹性首先是在飞行器设计中受到了关注而发展起来的。

为了进一步划分研究范围,可以用一个气动伺服弹性四面体的图形来说明,如图 10-1 所示。

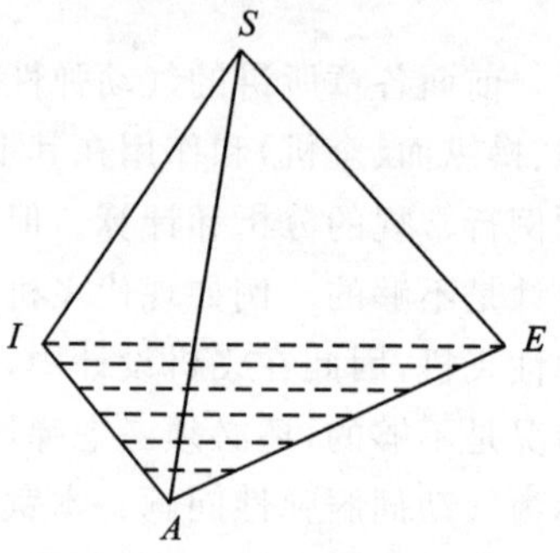

图 10-1 中,四面体的一个顶角表示伺服控制系统,用字母 S 表示。底部是已经熟知的气动弹性三角形,其三个顶点分别为气动力 A,弹性力 E 和惯性力 I。根据它们是否参与来确定分类。

图 10-1 中,已知 A,E,I 三者耦合构成常规的气动弹性动力学问题;而 S,I,E 三者耦合构成伺服机械系统,由于它不考虑气动力,故是一种地面问题。以上两项都不属于气动伺服弹性的范畴。余下的还有 3 种耦合情况:

图 10-1 气动伺服弹性四面体

① S,A,I 耦合,它不考虑结构的弹性,由此构成的是气动伺服动力学,研究对象是具有伺服控制系统的刚性飞机;

② S,A,E 耦合,构成气动伺服弹性静力学问题;

③ S,A,E,I 耦合,构成气动伺服弹性动力学问题。

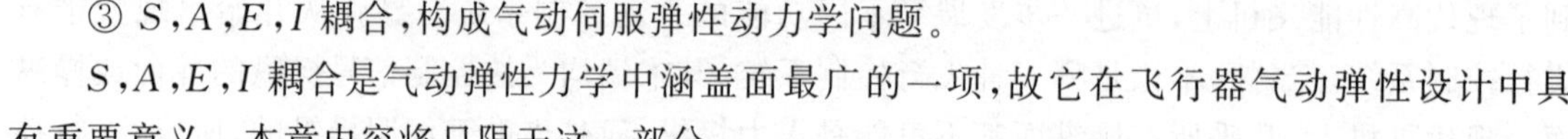

S,A,E,I 耦合是气动弹性力学中涵盖面最广的一项,故它在飞行器气动弹性设计中具有重要意义。本章内容将只限于这一部分。

在 S,A,E,I 问题中,可以再细分一下。与单独飞行器的气动弹性问题类似,根据系统上是否作用了与飞行器运动无关的外部扰动,也可以分为两类。凡是不存在上述外部扰动的,称为气动伺服弹性稳定性问题;反之,就构成气动伺服弹性动响应问题,响应可以是位移或载荷。由于稳定性问题在飞行器设计中是必须保证的,故尤为重要。这类问题实质上属于伺服控制系统参与下的颤振,故也可以称为伺服颤振或有控颤振问题。

10.1.2 气动伺服弹性问题的形成

飞行器和伺服控制系统是两大不同的系统,但它们之间却有直接的传递关系。飞行器的运动信号通过传感器(例如角速度陀螺、加速度计)输入控制系统,通过控制系统产生控制信号又输入伺服操纵的舵面,引起舵面偏转 $\Delta\beta$ 并产生舵面控制力,最终回输至飞行器。这可以用一个闭合的框图来说明,如图 10-2 所示。

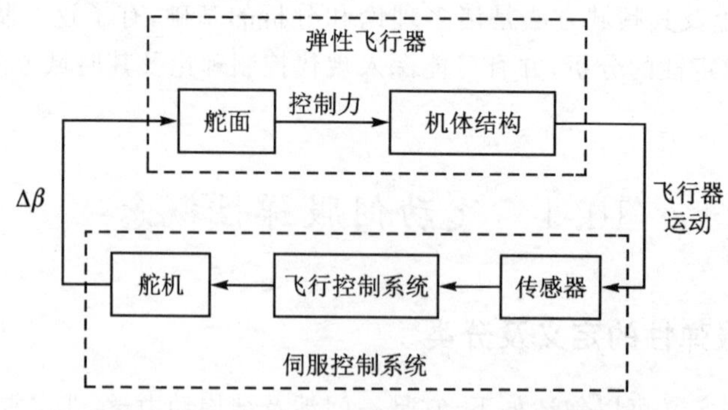

图 10-2 飞行器与伺服控制系统构成的闭环回路

假如将飞行器视作刚体，这样的闭环系统必定是设计成稳定的。实际上，飞行器是一个弹性体。飞行器在飞行中一旦受到某种扰动而发生运动，这种运动必然包含了刚体运动和结构弹性振动运动。装在飞行器上的传感器不仅接收到飞行器的刚体运动信号，而且同时接收到结构弹性振动的信号。如果伺服控制的工作带宽能覆盖飞行器的主要固有频率，那么控制系统通过伺服舵机施加于舵面的偏转 $\Delta\beta$ 中就包含了一部分频率较高的偏转运动，从而增加了一部分舵面的非定常气动力和惯性力。这就是因控制系统的反馈而额外作用于飞行器的控制力；反过来，这部分控制力又会影响飞行器的运动，由此形成一个弹性飞行器和伺服控制系统的闭合回路。当把飞行器按弹性体考虑时，图 10－2 所示的闭合回路就是典型的气动伺服弹性系统。从这个意义上讲，既然气动伺服弹性系统是一个闭环系统，那么单独飞行器就是开环系统。因此，气动伺服弹性系统可以定义为一个具有反馈控制的气动弹性系统。

图 10－2 显示出弹性飞行器与伺服控制系统之间是互为反馈的。当飞行器作为这个闭环系统的正向回路时，控制系统就是闭环的反馈回路。当闭环不存在与飞机运动无关的外部输入时，这个回路对应于气动伺服弹性稳定性分析的状态。通常会遇到的情况是，它们各自的单独系统是动力稳定的。也就是说，单独弹性飞行器不发生颤振失稳，单独伺服控制系统也是动力稳定的；而一旦形成图 10－2 所示的闭环系统，其稳定性明显改变（更关注的是变差），有可能使原定设计的功能变差，甚至变为气动伺服弹性不稳定。这种现象揭示了飞行器结构与控制系统之间动力学耦合的严重后果。这种耦合效应不仅在飞行器设计中必须重视，而且在控制系统的设计中也应放弃飞行器为刚体的假设，否则将因偏离实际情况而带来损失。

由于早期伺服控制系统（如助力器、增稳系统等）的工作带宽较低，它们对于频率较高的信号（如结构弹性振动）都有不同程度的衰减，因此一般来说，控制与结构弹性振动的耦合效应还不至于十分严重。再加上早期伺服控制系统只能操纵舵面的较少行程，也就是“权限”较小，而“权限”小可以使耦合效应有所缓和。现代飞行控制系统普遍具有较高的工作带宽，而且“权限”增大，以至于可以操纵舵面的全行程。这些因素使得耦合效应增大，对于系统稳定性来说是个非常不利的因素。事实上，对于具有宽频带、高权限的飞行控制系统的飞行器，气动伺服弹性不稳定往往是设计的临界状况，以至于与飞行器的机动、操纵性等飞行品质要求发生矛盾，需要各专业认真协调；但往往稳定性问题成为压倒性的关键问题，使得飞行品质不得不被削弱。成功的气动弹性设计必须在确切无误地防止单独飞行器的气动弹性危害的同时，确保各种飞行条件下的气动伺服弹性稳定性。

10.1.3　气动伺服弹性的分析与综合

对于气动伺服弹性系统，就其设计任务而言，可以分为两种：一种是“分析”，另一种是“综合”。

首先是气动伺服弹性分析。它指的是对于已经给定的弹性飞行器结构、质量分布以及伺服控制系统，检验其在规定飞行条件下的闭环气动弹性稳定性或动响应特性。如果是检验稳定性，则应确定闭环的失稳临界速度，或确定亚临界的稳定裕度。另外，还可以通过计算和实验，对系统的某些参数进行局部补偿或修改，以消除耦合或减少不利因素，从而改善闭环系统的气动弹性特性。总之，气动伺服弹性分析的目的是对给定的设计对象，包括飞行器和控制进行气动伺服弹性检验；如果耦合的结果是不利的，则再作局部的改善。可见，所谓分析，通常是属于飞行器设计中直接面对的、最基本的也是首要的任务，但它属于一种被动防止的设计模式。

其次是气动伺服弹性综合。它指的是对给定飞行器预先设定一项或多项先进的气动弹性性能(或功能),并以此为目标,设计一个控制律,以此作为闭环的反馈回路,从而实现预期的性能目标。当代飞机上就已经有针对某些功能设计的专门的控制律,例如放宽静稳定度、载荷减缓等;更先进的甚至还把颤振主动抑制应用于气动伺服弹性的综合之中。总之,综合的目的是在给定的性能(或功能)目标下,实现主动控制律的设计,以它与飞行器组合的闭环,可以主动地排除不利的耦合,或变不利为有利。可见,所谓综合,是指飞行器设计中如何借助于控制系统实现既定目标。要想目标实现得好,就要涉及各种优化理论和技术。这是以性能为目标,以控制系统为核心的主动控制的设计模式。尽管在常规的设计中它是一种"反向"命题,但在当代正在崛起的新的设计理念中,它的意义将超过"分析"而居首位。

10.2 气动伺服弹性系统的数学模型

由10.1节可知,飞行器气动伺服弹性系统由弹性飞行器和伺服控制系统这两个互为反馈部分组成,并构成闭环系统。因此,开展气动伺服弹性分析和设计工作的前提是分别对这两部分建立适合于分析的数学模型。

10.2.1 弹性飞行器运动方程

在气动伺服弹性及其稳定性的分析中,对于飞行器运动,首先要建立运动方程。方程是以飞行器整体为对象,这一点不同于以往以部件为对象的情况。飞行器运动的支持条件是自由-自由状态,故它还会有刚体运动。

飞行器是一个弹性体,严格来说,具有无穷多个自由度;为了要把它减少为有限个自由度,必须采用广义坐标作为自由度。根据自由-自由的边界条件,整个飞行器的自由度的选择应包括刚体运动和重要弹性振动模态。广义坐标用$\boldsymbol{q}(t)$表示。此外还应该包括舵面的旋转自由度,通常用$\beta(t)$表示。特别是对于有全动尾翼的情况,尽管伺服操纵系统的支持刚度很大,但由于全动尾翼质量和转动惯量也很大,使舵面旋转频率较低,于是旋转自由度仍然十分重要。

假设结构是线性系统,运动以体轴的初始平衡位置为起始。如前所述,根据假设模态法,运动可以表示为广义坐标与相应模态的线性组合。不失一般性,认为系统由n个自由度组合,其中含有一个舵面旋转自由度,于是飞行器运动位移可以表示为

$$w(x,y,t)=\sum_{i=1}^{n-1}f_i(x,y)q_i(t)+f_\beta(x,y)\beta(t) \tag{10-1}$$

式中,$f_i(x,y)$表示第i阶飞行器整体固有振动模态(即f_i),与广义坐标$q_i(t)$对应;x,y系飞行器平面坐标。

$f_\beta(x,y)$是舵面旋转形态(即f_β),与广义坐标$\beta(t)$对应。

考虑到本章后续各节内容的需要,运动方程将采用频域的表达式,以便于应用频域方法求解稳定性。列写运动方程分两部分展开:第一部分对自由度$\boldsymbol{q}(t)$;第二部分对自由度$\beta(t)$。注意:在气动伺服弹性系统的运动方程中,比通常的运动方程增加了控制力$\boldsymbol{Q}$。这一控制力是由控制系统反馈而回输至飞行器的舵面附加偏角$\Delta\beta$所引入的。$\Delta\beta$不同于自由度$\beta(t)$,$\Delta\beta$代表舵面绕转轴的刚体旋转模态,而$\beta(t)$通常代表舵面的弹性旋转模态。

① 对于自由度$\boldsymbol{q}(t)$,运动方程的频域表达式为矩阵方程,即

$$\left(-\omega^{2}[\boldsymbol{M}_{qq}\quad \boldsymbol{M}_{q\beta}]+i\omega[\boldsymbol{C}_{qq}\quad 0]+[\boldsymbol{K}_{qq}\quad 0]-\frac{1}{2}\rho V^{2}[\boldsymbol{A}_{qq}\quad \boldsymbol{A}_{q\beta}]\right)\begin{bmatrix}\boldsymbol{q}\\ \beta\end{bmatrix}=\boldsymbol{Q}_{q,\Delta\beta}+\boldsymbol{P}_{q} \tag{10-2}$$

式中，$\boldsymbol{M},\boldsymbol{C},\boldsymbol{K},\boldsymbol{A}$ 分别是飞行器的广义质量、广义阻尼、广义刚度和广义非定常气动力影响系数矩阵。这里，由于广义坐标 $\boldsymbol{q}(t)$ 与 $\beta(t)$ 在刚度上解耦，因此 $\boldsymbol{K}_{q\beta}$ 应为零列阵。

$\boldsymbol{Q}_{q,\Delta\beta}$ 是因附加偏角转 $\Delta\beta$ 引起的对应于广义坐标 $\boldsymbol{q}(t)$ 的控制力列阵，反映了伺服控制系统的反馈作用。它由舵面惯性力和气动力组成，即

$$\boldsymbol{Q}_{q,\Delta\beta}=\omega^{2}\boldsymbol{M}_{q,\Delta\beta}\Delta\beta-\frac{1}{2}\rho V^{2}\boldsymbol{A}_{q,\Delta\beta}\Delta\beta \tag{10-3}$$

$\boldsymbol{P}_{q}$ 是对应于广义坐标 $\boldsymbol{q}(t)$ 的与运动无关的广义外力列阵，显然，对于气动伺服弹性稳定性问题，$\boldsymbol{P}_{q}$ 为零。

由此可以得出，求解气动伺服弹性稳定性问题时，对于广义坐标 $\boldsymbol{q}(t)$，运动方程的频域表达式为矩阵方程组，即

$$\left(-\omega^{2}[\boldsymbol{M}_{qq}\quad \boldsymbol{M}_{q\beta}]+i\omega[\boldsymbol{C}_{qq}\quad 0]+[\boldsymbol{K}_{qq}\quad 0]-\frac{1}{2}\rho V^{2}[\boldsymbol{A}_{qq}\quad \boldsymbol{A}_{q\beta}]\right)\begin{bmatrix}\boldsymbol{q}\\ \beta\end{bmatrix}=\boldsymbol{Q}_{q,\Delta\beta} \tag{10-4}$$

当上式中 $\boldsymbol{Q}_{q,\Delta\beta}$ 为零时，问题转化为单独飞行器的开环状态。式中，矩阵 $\boldsymbol{M}_{qq}$ 的元素(用离散形式)为(参见 8.6 节)

$$M_{ij}=\boldsymbol{f}_{i}^{\mathrm{T}}\boldsymbol{M}\boldsymbol{f}_{j}=\begin{cases}M_{ii} & (i=j)\\ 0 & (i\neq j)\end{cases}\qquad (i,j=1,2,\cdots,n-1) \tag{10-5}$$

列阵 $\boldsymbol{M}_{q\beta}$ 的元素(用离散形式)为

$$M_{i\beta}=\boldsymbol{f}_{i}^{\mathrm{T}}\boldsymbol{M}\boldsymbol{f}_{\beta}\qquad (i=1,2,\cdots,n-1) \tag{10-6}$$

广义气动力影响系数矩阵 $\boldsymbol{A}_{qq}$ 和列阵 $\boldsymbol{A}_{q\beta}$ 的元素取决于所选非定常气动力理论。以常用的偶极子格网法为例(参见 8.7 节)，则有

$$A_{ij}=\boldsymbol{f}_{i}^{\mathrm{T}}\Delta\boldsymbol{S}\boldsymbol{D}^{-1}\left(\boldsymbol{f}_{j}'+\mathrm{i}\,\frac{\omega}{V}\boldsymbol{f}_{j}\right)\qquad (i,j=1,2,\cdots,n-1) \tag{10-7}$$

以及

$$A_{i\beta}=\boldsymbol{f}_{i}^{\mathrm{T}}\Delta\boldsymbol{S}\boldsymbol{D}^{-1}\left(\boldsymbol{f}_{\beta}'+\mathrm{i}\,\frac{\omega}{V}\boldsymbol{f}_{\beta}\right)\qquad (i=1,2,\cdots,n-1) \tag{10-8}$$

式中，$\boldsymbol{f}'$ 表示 $\boldsymbol{f}$ 对 x 的偏导，$\Delta\boldsymbol{S}$ 为对角阵。同理，可以得到式(10-3)中 $\boldsymbol{M}_{q,\Delta\beta}$ 和 $\boldsymbol{A}_{q,\Delta\beta}$ 的类似形式。

② 对于自由度 $\beta(t)$，设对应 $\beta(t)$ 的刚度系数为 $K_{\beta\beta}$，阻尼系数为 $C_{\beta\beta}$，则其运动方程的频域表达式为

$$\left(-\omega^{2}[\boldsymbol{M}_{\beta q}\quad M_{\beta\beta}]+i\omega[\boldsymbol{0}\quad C_{\beta\beta}]+[\boldsymbol{0}\quad K_{\beta\beta}]-\frac{1}{2}\rho V^{2}[\boldsymbol{A}_{\beta q}\quad A_{\beta\beta}]\right)\begin{bmatrix}\boldsymbol{q}\\ \beta\end{bmatrix}=Q_{\beta,\Delta\beta}+F_{\beta} \tag{10-9}$$

式中，$\boldsymbol{M}_{\beta q},M_{\beta\beta}$ 分别为广义质量；$\boldsymbol{A}_{\beta q},A_{\beta\beta}$ 分别是广义非定常气动力影响系数；$Q_{\beta,\Delta\beta}$ 是因控制系统反馈至舵面的 $\Delta\beta$ 而附加于飞行器的对应于广义坐标 β 的控制力，由舵面惯性力和气动力组成，即

$$Q_{\beta,\Delta\beta} = \omega^2 M_{\beta,\Delta\beta} \Delta\beta + \frac{1}{2}\rho V^2 A_{\beta,\Delta\beta} \Delta\beta \tag{10-10}$$

$\boldsymbol{F}_\beta$ 是与运动无关的对应于广义坐标 β 的广义外力。同样,在稳定性问题中,$\boldsymbol{F}_\beta$ 项为零。

由此可以得出,求解气动伺服弹性稳定性问题时,对于自由度 β,运动方程的频域表达式为

$$\left(-\omega^2 \begin{bmatrix}\boldsymbol{M}_{\beta q} & M_{\beta\beta}\end{bmatrix} + i\omega \begin{bmatrix}\boldsymbol{0} & C_{\beta\beta}\end{bmatrix} + \begin{bmatrix}\boldsymbol{0} & K_{\beta\beta}\end{bmatrix} - \frac{1}{2}\rho V^2 \begin{bmatrix}\boldsymbol{A}_{\beta q} & A_{\beta\beta}\end{bmatrix}\right)\begin{bmatrix}\boldsymbol{q} \\ \beta\end{bmatrix} = Q_{\beta,\Delta\beta} \tag{10-11}$$

式中,当 $Q_{\beta,\Delta\beta}$ 为零时,问题转化为单独飞行器的开环情况。

式中行阵 $\boldsymbol{M}_{\beta q}$ 为式(10-6)的转置,其元素为

$$M_{\beta j} = \boldsymbol{f}_\beta^{\mathrm{T}} \boldsymbol{M} \boldsymbol{f}_j \qquad (j = 1, 2, \cdots, n-1) \tag{10-12}$$

元素 $M_{\beta\beta}$ 为

$$M_{\beta\beta} = \boldsymbol{f}_\beta^{\mathrm{T}} \boldsymbol{M} \boldsymbol{f}_\beta \tag{10-13}$$

广义气动力行阵 $\boldsymbol{A}_{\beta q}$ 和单一元素 $A_{\beta\beta}$ 取决于所选非定常气动力理论,以常用的偶极子格网法为例,则有

$$A_{\beta j} = \boldsymbol{f}_\beta^{\mathrm{T}} \cdot \Delta \boldsymbol{S} \cdot \boldsymbol{D}^{-1} \left(\boldsymbol{f}'_j + \mathrm{i}\frac{\omega}{V}\boldsymbol{f}_j\right) \qquad (j = 1, 2, \cdots, n-1) \tag{10-14}$$

$$A_{\beta\beta} = \boldsymbol{f}_\beta^{\mathrm{T}} \cdot \Delta \boldsymbol{S} \cdot \boldsymbol{D}^{-1} \left(\boldsymbol{f}'_\beta + \mathrm{i}\frac{\omega}{V}\boldsymbol{f}_\beta\right) \tag{10-15}$$

同理,还可以得出式(10-10)中 $M_{\beta,\Delta\beta}$ 和 $A_{\beta,\Delta\beta}$ 的表达式。

联立方程(10-4)和方程(10-11),即为考虑舵面偏转自由度情况下的气动伺服弹性稳定性分析的运动方程。

需要说明的是:舵面是由伺服作动器(舵机)驱动并提供操纵刚度,伺服作动器本身是一个复杂的机-电或机-液动力学系统,其提供的操纵刚度实际上与频率有关的复刚度(也称为动刚度)有关。如图 10-3 所示,动刚度通常需要通过试验来测定。对于某些大功率液压伺服作动器,其动刚度在所关心频率范围内非常接近于与频率无关的实数(虚部非常小),在这种情况下 $K_{\beta\beta}$ 的值可近似取为一个实常数。

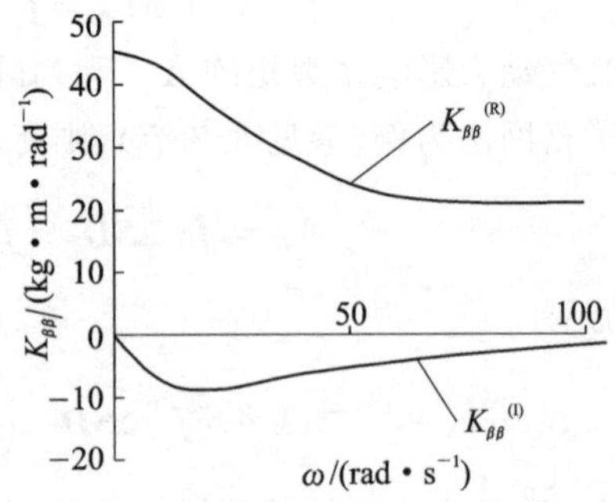

图 10-3 某伺服作动器的动刚度曲线

在某些特定的条件下,当确认舵面的操纵刚度足够大,舵面旋转频率很高时,可以在气动伺服弹性分析中忽略舵面偏转自由度 β,此时稳定性分析的运动方程中去掉式(10-11),只保留方程式(10-4),并在其中去掉与 β 有关的项,即由式(10-4)简化为

$$\left(-\omega^2 \boldsymbol{M}_{qq} + i\omega \boldsymbol{C}_{qq} + \boldsymbol{K}_{qq} - \frac{1}{2}\rho V^2 \boldsymbol{A}_{qq}\right)\boldsymbol{q} = \omega^2 \boldsymbol{M}_{q,\Delta\beta}\Delta\beta + \frac{1}{2}\rho V^2 \boldsymbol{A}_{q,\Delta\beta}\Delta\beta \tag{10-16}$$

10.2.2 弹性机体的传递函数

联立方程(10-4)和式(10-11),可获得频域形式弹性飞行器运动方程

$$\left(-\omega^2\begin{bmatrix}\boldsymbol{M}_{qq} & \boldsymbol{M}_{q\beta}\\ \boldsymbol{M}_{\beta q} & \boldsymbol{M}_{\beta\beta}\end{bmatrix}+i\omega\begin{bmatrix}\boldsymbol{C}_{qq} & \boldsymbol{0}\\ \boldsymbol{0} & C_{\beta\beta}\end{bmatrix}+\begin{bmatrix}\boldsymbol{K}_{qq} & \boldsymbol{0}\\ \boldsymbol{0} & K_{\beta\beta}\end{bmatrix}-\frac{1}{2}\rho V^2\begin{bmatrix}\boldsymbol{A}_{qq} & \boldsymbol{A}_{q\beta}\\ \boldsymbol{A}_{\beta q} & A_{\beta\beta}\end{bmatrix}\right)\begin{bmatrix}\boldsymbol{q}\\ \beta\end{bmatrix}=$$

$$\left(\omega^2\begin{bmatrix}\boldsymbol{M}_{q,\Delta\beta}\\ M_{\beta,\Delta\beta}\end{bmatrix}+\frac{1}{2}\rho V^2\begin{bmatrix}\boldsymbol{A}_{q,\Delta\beta}\\ A_{\beta,\Delta\beta}\end{bmatrix}\right)\Delta\beta \tag{10-17}$$

在频域内求解式(10-17),可以得到

$$\begin{bmatrix}\boldsymbol{q}\\ \beta\end{bmatrix}=\bar{\boldsymbol{A}}^{-1}\bar{\boldsymbol{B}}\Delta\beta \tag{10-18}$$

式中

$$\bar{\boldsymbol{A}}=-\omega^2\begin{bmatrix}\boldsymbol{M}_{qq} & \boldsymbol{M}_{q\beta}\\ \boldsymbol{M}_{\beta q} & M_{\beta\beta}\end{bmatrix}+i\omega\begin{bmatrix}\boldsymbol{C}_{qq} & \boldsymbol{0}\\ \boldsymbol{0} & C_{\beta\beta}\end{bmatrix}+\begin{bmatrix}\boldsymbol{K}_{qq} & \boldsymbol{0}\\ \boldsymbol{0} & K_{\beta\beta}\end{bmatrix}-\frac{1}{2}\rho V^2\begin{bmatrix}\boldsymbol{A}_{qq} & \boldsymbol{A}_{q\beta}\\ \boldsymbol{A}_{\beta q} & A_{\beta\beta}\end{bmatrix}$$

$$\bar{\boldsymbol{B}}=\omega^2\begin{bmatrix}\boldsymbol{M}_{q,\Delta\beta}\\ M_{\beta,\Delta\beta}\end{bmatrix}+\frac{1}{2}\rho V^2\begin{bmatrix}\boldsymbol{A}_{q,\Delta\beta}\\ A_{\beta,\Delta\beta}\end{bmatrix}$$

将 $\bar{\boldsymbol{A}}^{-1}\bar{\boldsymbol{B}}$ 按照 $\boldsymbol{q}$ 和 β 的维数分块,有

$$\begin{bmatrix}\boldsymbol{q}\\ \beta\end{bmatrix}=\begin{bmatrix}\boldsymbol{W}_{q,\Delta\beta}(\omega)\\ W_{\beta,\Delta\beta}(\omega)\end{bmatrix}\Delta\beta \tag{10-19}$$

式中,$\boldsymbol{W}_{q,\Delta\beta}(\omega)$表示从 $\Delta\beta$ 到 $\boldsymbol{q}$ 的传递函数,$W_{\beta,\Delta\beta}(\omega)$表示从 $\Delta\beta$ 到 β 的传递函数。

飞行器飞行控制系统一般采用加速度和角速度反馈,即利用加速度计和角速度陀螺来感受机体运动信号,通过控制律解算生成控制指令。式(10-19)中的 $\boldsymbol{q}$ 为广义坐标,是不能直接测量的。为此,需要从式(10-19)进一步得到从 $\Delta\beta$ 到传感器位置处的加速度或角速度的传递函数。

以飞行器的纵向控制回路为例,传感器感受的是垂向加速度 n_z 和俯仰角速度 ω_y。设加速度计安装位置坐标为(x_a, y_a),角速度陀螺安装位置坐标为(x_g, y_g),根据模态叠加原理式(10-1),有

$$n_z=\sum_{i=1}^{n-1} f_i(x_a, y_a)\ddot{q}_i(t)=\boldsymbol{\phi}_a\ddot{\boldsymbol{q}} \tag{10-20}$$

$$\omega_y=-\sum_{i=1}^{n-1}\frac{\partial f_i(x_g, y_g)}{\partial x}\dot{q}_i(t)=\boldsymbol{\phi}_g\dot{\boldsymbol{q}} \tag{10-21}$$

式中,$\boldsymbol{\phi}_a$ 和 $\boldsymbol{\phi}_g$ 表示传感器位置处的振型行阵,且有

$$\boldsymbol{\phi}_a=\begin{bmatrix}f_1(x_a, y_a) & f_2(x_a, y_a) & \cdots & f_{n-1}(x_a, y_a)\end{bmatrix}$$

$$\boldsymbol{\phi}_g=\begin{bmatrix}-\dfrac{\partial f_1(x_a, y_a)}{\partial x} & -\dfrac{\partial f_2(x_a, y_a)}{\partial x} & \cdots & -\dfrac{\partial f_{n-1}(x_a, y_a)}{\partial x}\end{bmatrix}$$

将式(10-20)和式(10-21)化成频域形式,并将式(10-19)代入,可以得到

$$\begin{bmatrix}n_z\\ \omega_y\end{bmatrix}=\begin{bmatrix}G_1(\omega)\\ G_2(\omega)\end{bmatrix}\Delta\beta \tag{10-22}$$

式中,$G_1(\omega)=-\omega^2\boldsymbol{\phi}_a\boldsymbol{W}_{q,\Delta\beta}(\omega)$表示从 $\Delta\beta$ 到垂向加速度 n_z 的传递函数,$G_2(\omega)=i\omega\boldsymbol{\phi}_g\boldsymbol{W}_{q,\Delta\beta}(\omega)$表示从 $\Delta\beta$ 到俯仰角速度 ω_y 的传递函数,它们称为弹性飞行器的机体传递函数。

10.2.3　典型的伺服控制系统

伺服控制系统包括传感器、飞行控制律和伺服作动器(舵机)等。典型的伺服控制系统框

图见图10-4。

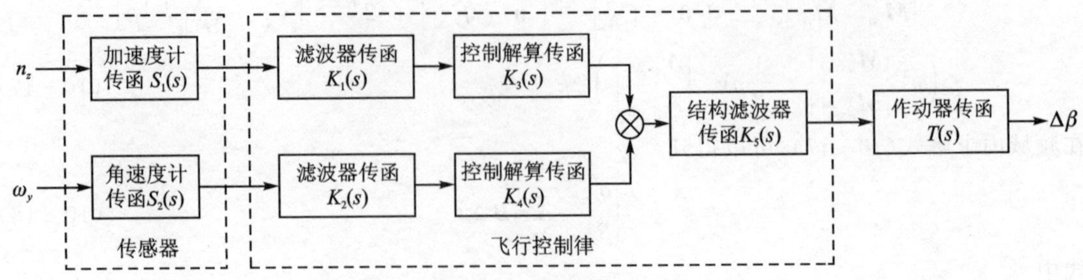

图10-4　典型的伺服控制系统框图

图10-4中,各环节传递函数$S_1(s)$,$S_2(s)$,$K_1(s)\sim K_5(s)$以及$T(s)$通常可由控制专业人员提供。利用简谐条件$s=i\omega$,可得到从飞行器运动信号到附加舵面偏角$\Delta\beta$的频域传递函数,即

$$\Delta\beta=[H_1(\omega)\quad H_2(\omega)]\begin{bmatrix}n_z\\ \omega_y\end{bmatrix}\tag{10-23}$$

其中,$H_1(\omega)=T(i\omega)K_5(i\omega)K_3(i\omega)K_1(i\omega)S_1(i\omega)$表示从垂向加速度$n_z$到$\Delta\beta$的传递函数,$H_2(\omega)=T(i\omega)K_5(i\omega)K_4(i\omega)K_2(i\omega)S_2(i\omega)$表示从俯仰角速度$\omega_y$到$\Delta\beta$的传递函数,它们统称为伺服控制系统的传递函数。

10.3　气动伺服弹性稳定性分析的频域方法

气动伺服弹性稳定性分析中最常用的且又具有普遍适用性的方法是频域方法,特别是因为本问题的特点在于跨越了气动弹性与控制理论两个学科,因此,利用经典控制原理中的奈奎斯特方法去解决气动伺服弹性稳定性问题,更是一条顺理成章的途径。奈奎斯特方法是一个频域方法,它已经被普遍地用于飞行器的飞行控制系统稳定性、气动伺服弹性稳定性分析,并得到了试验验证,其置信度是高的。

10.3.1　经典控制理论中的奈奎斯特判据与伯德图

奈奎斯特判据和伯德图都是经典控制理论中用于判断闭环系统稳定性的方法,适用于单输入/单输出线性系统;其基本特点是利用系统开环系统传递函数的频率响应曲线来判断闭环系统的稳定性及其稳定裕度。这里简单回顾一下这两种方法。

图10-5所示为典型的闭环反馈系统,其闭环传递函数在s域上为

$$F(s)=\frac{G(s)}{1+H(s)G(s)}\tag{10-24}$$

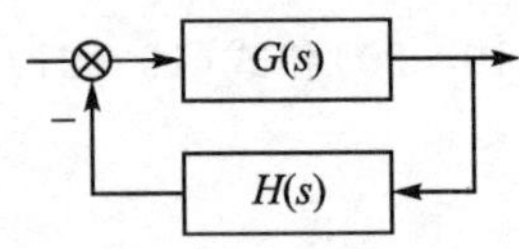

图10-5　典型的闭环反馈系统

闭环特征方程为

$$1+H(s)G(s)=0\tag{10-25}$$

其中,s是复特征根,表示为

$$s=\sigma+i\omega\tag{10-26}$$

若闭环稳定，则特征根 s 必须均在左半 s 平面，也就是 $1+H(s)G(s)$ 在右半 s 平面无零点。

(1) 奈奎斯特判据

这里将 $H(s)G(s)$ 称为闭环系统的开环传递函数。当频率 ω 由 0 变到 $+\infty$ 时，开环传递函数 $W(\omega)=H(i\omega)G(i\omega)$ 在复平面上画出的轨迹称为奈奎斯特曲线（如图 10－6(a) 所示）。奈奎斯特判据方法就是利用奈奎斯特曲线来判断闭环系统的稳定性，并计算其稳定裕度。

奈奎斯特稳定性判据叙述如下：图 10－5 所示的闭环系统稳定的充分必要条件是系统的奈奎斯特曲线顺时针包围临界点$(-1,0)$的圈数 R 等于开环传递函数右半 s 平面的极点数 P，即 $R=P$，否则闭环系统不稳定。特别地，若系统是开环稳定的，则开环传递函数在右半 s 平面的极点数 $P=0$，此时闭环系统稳定的充要条件就是 $R=0$。

(2) 伯德图

根据开环传递函数的频率特性曲线（伯德图，如图 10－6(b) 所示）也可判断系统稳定性：在开环对数幅频特性曲线为正值的所有频率范围内，对数频率曲线与 $-180°$ 线的正负穿越次数相等，则系统稳定，否则系统不稳定。

(3) 稳定裕度定义

表征系统稳定程度的指标一般有两个：幅值裕度 M 和相位裕度 ϕ，表示系统距临界点（等幅振荡）的远近程度，如图 10－6 所示。

① 相位裕度 ϕ，即奈奎斯特曲线上模值等于 1 的矢量与负实轴的夹角，在伯德图上相当于 $20\lg|W(\omega)|=0$ 处的相位与 $-\pi$ 的角差。

② 幅值裕度 M，即奈奎斯特曲线与负实轴相交点模值的倒数，一般取分贝(dB)作单位。在伯德图上，即相当于相位为 $-\pi$ 时，幅值的绝对值为 $M=-20\lg|W(\omega)|$。

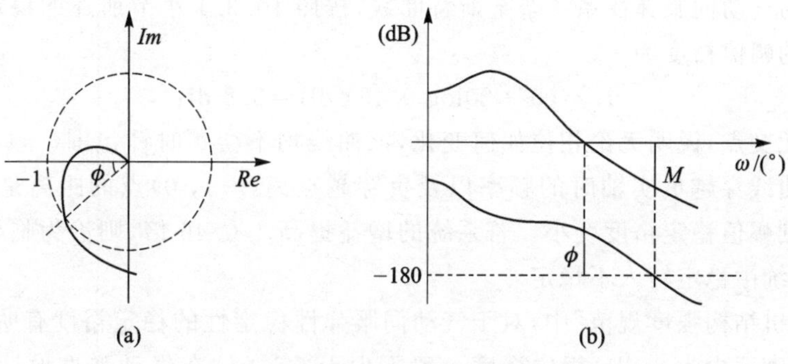

图 10－6　奈奎斯特判据与伯德图及稳定裕度示意图

10.3.2　气动伺服弹性系统稳定裕度的确定

根据 10.2.2 小节的推导，飞行器的气动伺服弹性系统正好可以表示为图 10－5 的形式，如图 10－7 所示。需要说明的是，与图 10－5 所示的标准框图有区别的是，这里为正反馈系统。从图 10－7 中 $\Delta\beta$ 处切断反馈，可以发现开环系统为一个单输入/单输出系统，开环传递函数为

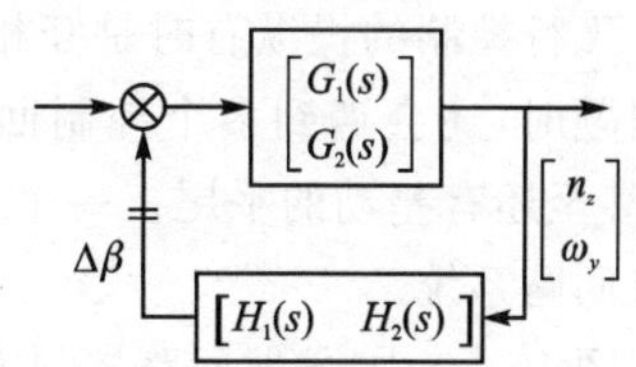

图 10－7　气动伺服弹性闭环系统

$$W(\omega)=-\left[H_1(i\omega)G_1(i\omega)+H_2(i\omega)G_2(i\omega)\right] \tag{10-27}$$

在飞行器气动弹性设计中,通常先对飞行器开展无控情况下的颤振分析,确定颤振速度,然后在颤振速度范围之内开展气动伺服弹性稳定性分析。这也就是说,在气动伺服弹性稳定性分析时,在给定的速度状态,单独的飞行器是颤振稳定的,单独的伺服控制系统也是稳定的。因此,根据奈奎斯特稳定性判据,气动伺服弹性系统稳定的充分必要条件是:奈奎斯特曲线顺时针包围临界点(−1, 0)的圈数 $R=0$,即当频率 ω 由 0 变到 $+\infty$ 时,开环传递函数 $W(\omega)$ 的轨迹不包围(−1, 0)点。根据奈奎斯特曲线,还可以得出气动伺服弹性系统的稳定裕度。

图 10-8 显示了某飞机在给定的速度、高度下的奈奎斯特曲线。图中的横、纵坐标分别是系统开环传递函数 $W(\omega)$ 的实部和虚部。

由图 10-8 可见,该曲线在给定的速度、高度下没有包围(−1, 0)点。它与负实轴交于0.46,即在实轴上有负穿越点(−0.46, 0)。沿曲线走向,旁注了 ω 频率值,单位为 rad/s。当在 130~144 范围内的某一频率时,曲线与(−1, 0)点最为接近。可以预见,当给定的速度增大或系统的增益加大,使曲线扩大至恰好穿过(−1, 0)点时,则对应于临界稳定状态。

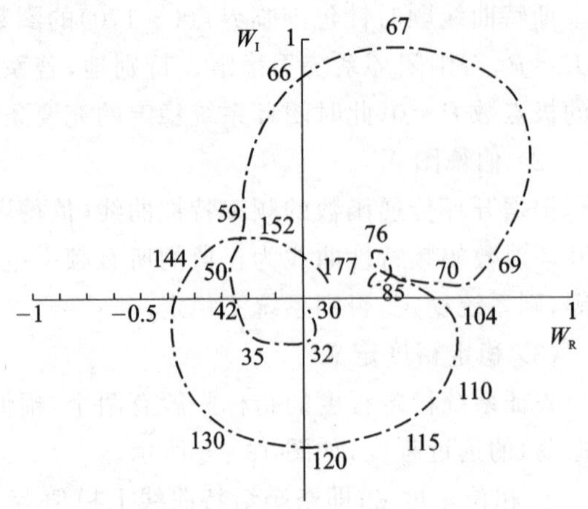

图 10-8 典型的飞机气动伺服弹性的奈奎斯特曲线

闭环稳定裕度是稳定性分析的最终结果。稳定裕度包括了幅值裕度和相位裕度。对于如图 10-8 所示的气动伺服弹性系统奈奎斯特曲线,按照 10.3.1 小节所述的稳定裕度定义,可得出闭环系统的幅值裕度为

$$L=(0-20\log 0.46)\ \text{dB}=6.8\ \text{dB}$$

曲线与单位圆无交点,说明无论相位如何变化,该曲线均不会顺时针包围(−1, 0)点,即相位裕度足够大。曲线穿越负实轴时的频率以及负穿越点离(−1, 0)点的距离是人们最感兴趣的,距离变近,则幅值稳定裕度变小。若系统的增益提高 1/0.46 倍,则恰为临界状态;再继续提高,则闭环系统由稳定转入不稳定。

在"军用飞机结构强度规范"中,对于气动伺服弹性稳定性的稳定裕度有明确的规定。规范要求,幅值裕度至少为 6 dB,相位裕度一般不少于 60°。这在气动弹性设计中是必须满足的。根据幅值裕度定义,不难看出,6 dB 对应于实轴上有负穿越点(−0.5,0)。

10.3.3 多回路气动伺服弹性稳定性分析

飞行控制的操纵有时是互相关联的,例如偏航和滚转就是如此。因此在研究气动伺服弹性问题时,还会遇到多个控制回路之间存在耦合,其控制舵面是多个的情况,如有副翼、方向舵,甚至还有差动的平尾。一个参考飞机的飞行控制系统如图 10-9 所示。这是一个偏航/滚转双回路系统。

图 10-9 中,偏航回路控制方向舵 δ_r,滚转回路控制副翼 δ_a 和差动平尾 δ_H(两者以 1∶0.25 为比率)。但两个回路之间是有交联的。由于机体运动是非对称的,所以传感器量测的是侧向加速度 a_y、偏航角速度 ω_y 和滚转角速度 ω_x。

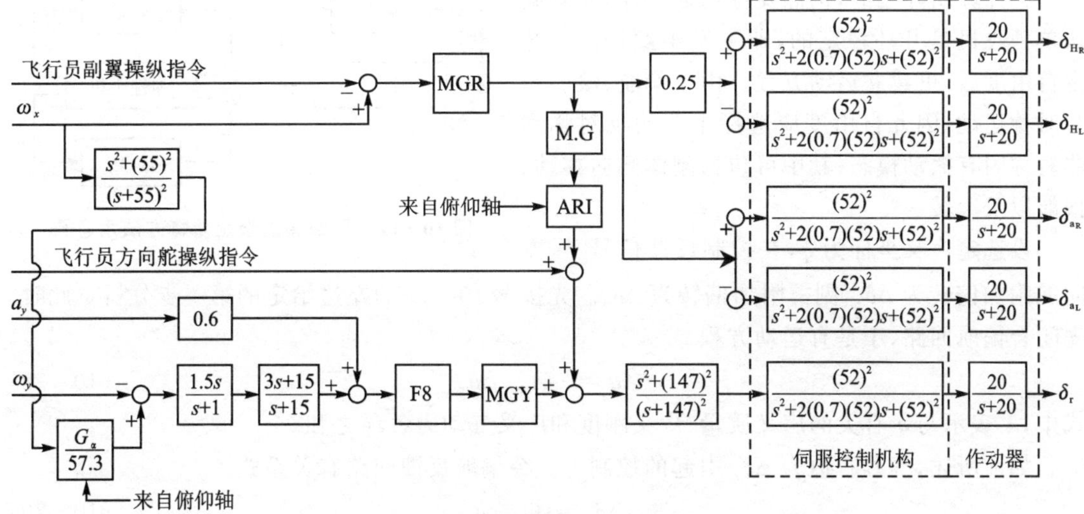

图 10-9　某飞机多回路飞行参考系统

上述双回路控制系统与飞机组成闭环系统，就成为气动伺服弹性闭环。如果把两个回路分别孤立为两个单独的回路，计算虽然简单了，但它没有计入两个回路之间的耦合影响，结果就不够可靠。所以，完全切断两个回路之间的联系是不可行的。然而，奈奎斯特方法只能适用于单输入/单输出的系统，一旦系统有两个舵面输入(δ_r，δ_a(连带 δ_H))，就出现了矛盾。为了要继续采用奈奎斯特判据方法解决两个舵面控制力输入的问题，需要使原系统转化为两个单一舵面输入的问题，即单输入/单输出系统问题。

解决问题基本思路是：先在偏航和滚转两个回路中选定一个回路(例如偏航)与单独飞机闭合，而把另一个回路(例如滚转)切断。此时，系统成为单输入(方向舵 δ_r)，图 10-10 所示即为某战斗机的偏航回路与飞机的闭合系统。可以用奈奎斯特方法判断该回路的闭环稳定性。当确认该系统的稳定性后，再以这个闭环作为新一轮的“飞机”，并将另一回路(滚转)与之闭合。此时，系统仍然是单输入(副翼 δ_a(连带 δ_H))，从而可以再一次应用奈氏判据确定其稳定性。其过程使一个双回路的气动伺服弹性系统等效为相继分两步闭合的单输入/单输出气动伺服弹性系统。可以用图 10-11 来表示这一方法的过程。

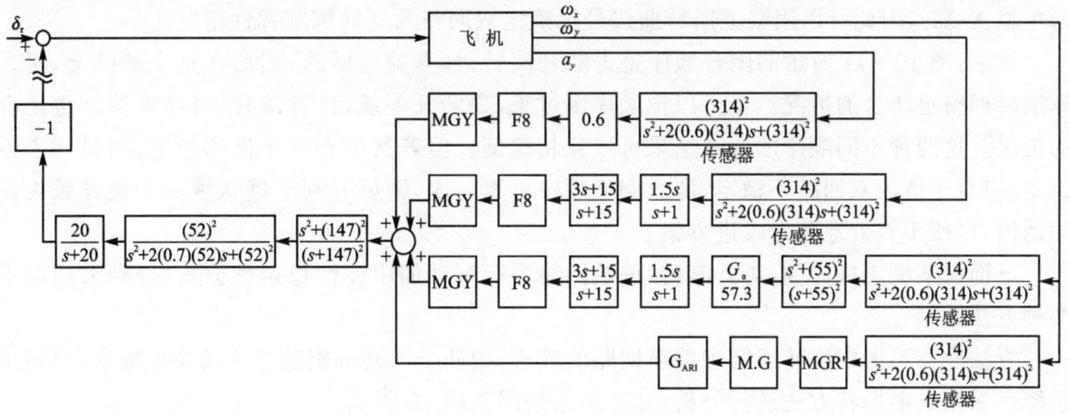

图 10-10　偏航回路与飞机闭合

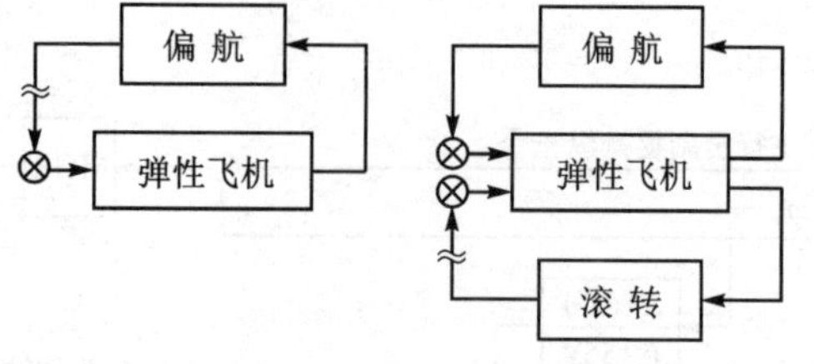

图 10-11 双回路的奈奎斯特方法示意图

在计算闭环之前,仍然要像前述一样,先要确认单独飞机是开环稳定的,即不发生颤振。当选定自由度后,可建立运动方程。由于偏航、滚转是非对称运动,因此自由度应选择主要的反对称和非对称固有振动模态,其中可包括刚体侧向移动、偏航以及滚转。

设选定广义坐标为 $\boldsymbol{q}$,在控制反馈信号下,方向舵附加偏转为 $\Delta\delta_r$,副翼附加偏转为 $\Delta\delta_a$。先按图 10-11 的左边给定的第一步分析。此时,先闭合偏航回路,于是有运动方程

$$\boldsymbol{A}\boldsymbol{q}=-\boldsymbol{A}_{\Delta\delta_r}\Delta\delta_r \tag{10-28}$$

式中,$\boldsymbol{A}$ 表示与 $\boldsymbol{q}$ 有关的广义质量、广义刚度和广义气动力各项之和。

如前所述,等号右边为 $\Delta\delta_r$ 引起的控制力。令偏航反馈回路有关系式

$$\Delta\delta_r=\boldsymbol{W}_{\Delta\delta_r,q}\boldsymbol{q} \tag{10-29}$$

式中,$\boldsymbol{W}_{\Delta\delta_r,q}$ 是以 $\boldsymbol{q}$ 为输入、$\Delta\delta_r$ 为输出的传递函数,则式(10-28)可成为

$$\boldsymbol{A}\boldsymbol{q}=-\boldsymbol{A}_{\Delta\delta_r}\Delta\delta_r=-\boldsymbol{A}_{\Delta\delta_r}\boldsymbol{W}_{\Delta\delta_r,q}\boldsymbol{q}=-\bar{\boldsymbol{A}}_{\Delta\delta_r}\boldsymbol{q} \tag{10-30}$$

或有齐次方程

$$(\boldsymbol{A}+\bar{\boldsymbol{A}}_{\Delta\delta_r})\boldsymbol{q}=\boldsymbol{0} \tag{10-31}$$

对于以式(10-28)为运动方程的飞机环节传递函数 $\boldsymbol{W}_{q,\Delta\delta_r}$,与偏航回路传递函数 $\boldsymbol{W}_{\Delta\delta_r,q}$ 组成总开环后,就可以按奈奎斯特图线法判断第一步的分析。当该闭环用式(10-31)表示时,可以看出该闭环已形成新一轮的“飞机”。令其行列式

$$|\boldsymbol{A}+\bar{\boldsymbol{A}}_{\Delta\delta_r}|=0 \tag{10-32}$$

即可判断新一轮“飞机”是否稳定。

接下来要完成的是图 10-11 右边给定的第二步分析。此时,把新一轮的“飞机”与滚转回路闭合起来,于是有运动方程

$$(\boldsymbol{A}+\bar{\boldsymbol{A}}_{\Delta\delta_r})\boldsymbol{q}=-\boldsymbol{A}_{\Delta\delta_a}\Delta\delta_a \tag{10-33}$$

等号右边为 $\Delta\delta_a$ 引入的控制力。同样地,以式(10-33)为运动方程的新一轮“飞机”环节的传递函数 $\boldsymbol{W}_{q,\Delta\delta_a}$ 与滚转回路传递函数 $\boldsymbol{W}_{\Delta\delta_a,q}$ 再一次组成最终的总开环传递函数。此时系统又成为单输入 $\Delta\delta_a$,因此可以用奈奎斯特曲线最后确定双回路的气动伺服弹性稳定性。

注意:图 10-11 所示的闭合顺序是先断开滚转,计算偏航回路;然后在这个基础上,再计算滚转回路也闭合的情况。也可以把顺序倒过来,先断开偏航,计算滚转,再计算偏航也闭合的情况。这两种不同顺序的计算结果可以互相验证。但若其中有一个回路稳定,而另一个不稳定,以至于造成双回路不稳定,那么倒换顺序再算一次,则更有利于确认哪一个是导致失稳的诱因,以便于有效地确定改进方案。

下面以某型飞机为例,对其滚转/偏航回路进行气动伺服弹性稳定性分析,分别采用以下两种方法:

方法一 不考虑滚转回路和偏航回路的耦合,把两个回路分别独立为两个单输入/单输出系统。采用奈奎斯特方法进行分析,计算结果如图 10-12 所示。

方法二 考虑滚转回路和偏航回路的耦合,并按本节所述的办法(先闭合其中一个,继而

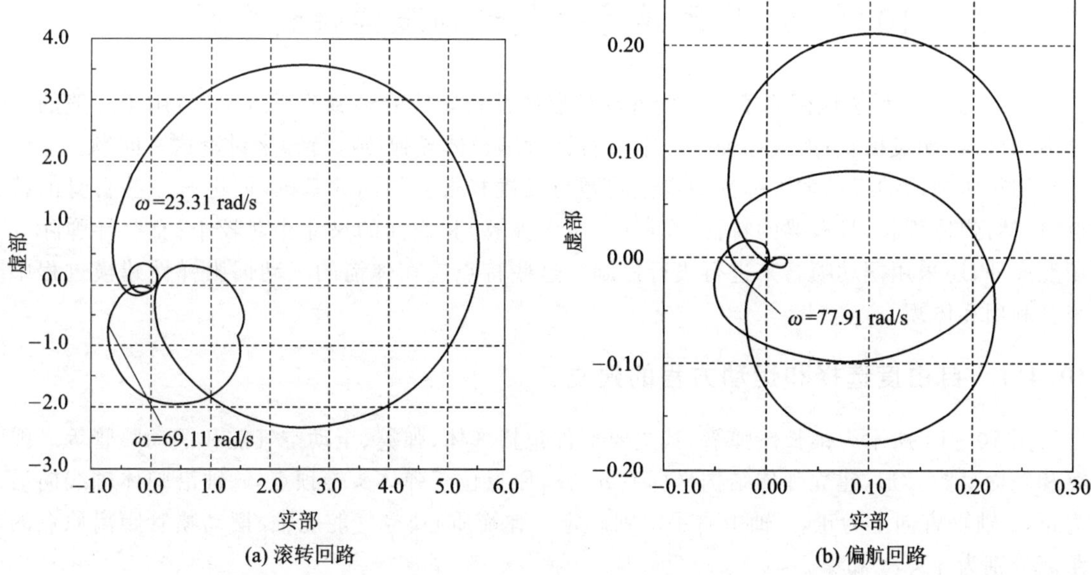

图 10-12　方法一得出的奈奎斯特曲线

闭合另一个)，将系统等效为相继分两步的单输入/单输出系统；然后再采用奈奎斯特方法进行分析，计算结果如图 10-13 所示。

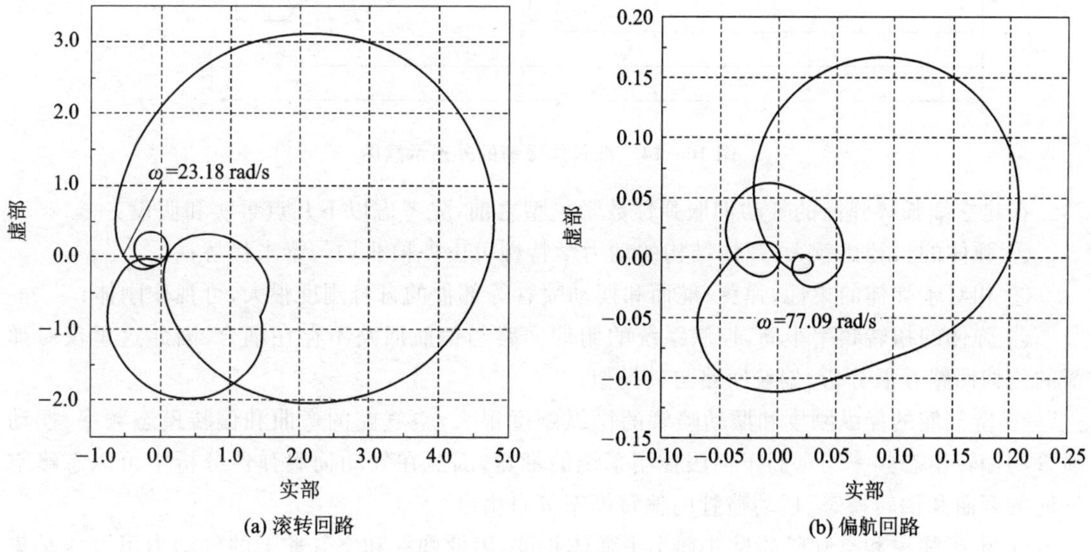

图 10-13　方法二得出的奈奎斯特曲线

对比图 10-12 与图 10-13 可以看出，对于该系统，两种方法的结果略有差别，负穿点的频率与幅值很接近。这说明两个回路的耦合很弱，影响不大。图中也显示了系统的滚转、偏航两个回路的闭环均为稳定，但滚转回路的相位裕度不足 60°，而偏航闭环稳定裕度足够。

10.4 细长体弹箭的气动伺服弹性稳定性

10.3节已经系统地阐明了飞行器气动伺服弹性稳定性的频域分析方法,适用于一般的面对称飞行器,如飞机、飞航式导弹等。本节将针对细长体导弹(或火箭)来讨论这一问题。

细长体弹箭的气动伺服弹性稳定性问题与飞机有很多共同的基础,但也有一些自身的特点,包括:弹体细长,具有梁的特性;弹翼(甚至无弹翼)和舵面的尺寸相对较小;有些导弹除气动舵面外,还采用摆动喷管来进行飞行控制。这些特点应在弹箭的气动伺服弹性建模过程中充分利用和体现。

10.4.1 自由度选择和运动方程的建立

图10-14所示为细长体弹箭,其主要部件包括弹体、弹翼、全动空气舵和摆动喷管等。弹翼和舵面呈"+"形,建立弹体结构坐标系 $oxyz$,原点位于弹体头锥顶点,x 轴沿弹体轴线向后为正,z 轴垂直向上为正,y 轴由右手定则确定。弹箭质心、空气舵舵轴、摆动喷管距离原点的距离分别为 x_c、x_d 和 x_n。

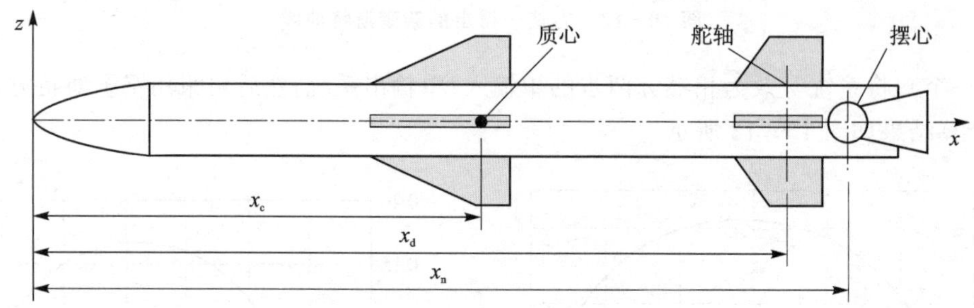

图10-14 细长体弹箭的外形示意图

在建立细长体弹箭的气动伺服弹性数学模型之前,先考虑以下几点事实和假设:

① 弹体的长径比较大,弹体结构的动力学特性可由一根非均匀梁来代替;

② 相对于弹体的柔性,弹翼、舵面和摆动喷管等部件的自身刚度很大,可视作刚体;

③ 弹体的扭转频率很高,控制系统的俯仰回路与偏航回路不存在耦合,因此这里仅对弹箭的俯仰回路开展分析,偏航回路与其类似;

④ 空气舵的操纵刚度和摆动喷管的操纵刚度很大,空气舵的弯曲和偏转模态频率、摆动喷管的偏转模态频率均远高于伺服控制系统的带宽,因此在气动伺服弹性分析中可以忽略空气舵的弯曲和偏转模态、摆动喷管的偏转模态等自由度。

⑤ 由于弹翼和空气舵的尺寸远小于弹体长度,因此弹翼和空气舵上的气动力可看成是集中力,并分别作用于它们的压心。

基于以上假设,在建立弹箭运动方程时,仅考虑弹体在 oxz 平面内的运动。为此,根据假设模态法,弹体结构的垂向位移 $w(x,t)$ 可以表示为垂直面内刚体运动和若干阶垂向弯曲模态的线性叠加,即

$$w(x,t)=\sum_{i=1}^{n}\phi_i(x)q_i(t) \tag{10-34}$$

式中，$\phi_1(x)$——弹体刚体垂向平移，即沉浮模态，且 $\phi_1(x)=1$；

$\phi_2(x)$——弹体绕质心刚体转动，即俯仰模态，且 $\phi_2(x)=x_c-x$；

$\phi_i(x), i=3,\cdots,n$——第 $i-2$ 阶弹体固有垂向弯曲模态，典型振型如图 11－15 所示；

$q_i(t), i=1,\cdots,n$——对应于各阶模态的广义坐标。

此外，还要考虑的自由度是空气舵的附加刚体偏转 β 和摆动喷管的附加刚体偏转 δ，它们是由飞行控制系统根据传感器信息解算，并通过伺服作用器产生的。它们对应的振型 $\phi_\beta(x)$ 和 $\phi_\delta(x)$ 分别代表空气舵和摆动喷管绕转动中心转动单位角度(1 rad)，即

$$\phi_\beta(x)=\begin{cases} x_d-x & (\text{舵面处}) \\ 0 & (\text{其他处}) \end{cases} \tag{10-35}$$

$$\phi_\delta(x)=\begin{cases} x_n-x & (\text{喷管处}) \\ 0 & (\text{其他处}) \end{cases} \tag{10-36}$$

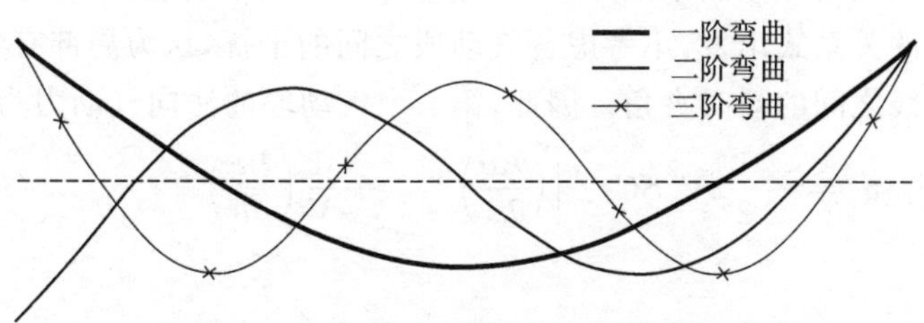

图 10－15　典型的弹体固有垂向弯曲振型

选定自由度后，写出弹体结构的能量(包括动能、势能和阻尼能)，应用拉格朗日方程，可以得到包含弹箭刚体运动和弹性振动的运动方程，即

$$\boldsymbol{M}\ddot{\boldsymbol{q}}+\boldsymbol{C}\dot{\boldsymbol{q}}+\boldsymbol{K}\boldsymbol{q}=\boldsymbol{f}_\mathrm{A}+\boldsymbol{f}_\mathrm{I}+\boldsymbol{f}_\mathrm{T} \tag{10-37}$$

式中，$\boldsymbol{q}$ 是表示弹体模态的广义坐标列阵；$\boldsymbol{M}$，$\boldsymbol{C}$，$\boldsymbol{K}$ 分别为对角的广义质量、广义阻尼和广义刚度矩阵，有

$$\boldsymbol{M}=\mathrm{diag}\begin{bmatrix}M_{11} & M_{22} & M_{33} & \cdots & M_{nn}\end{bmatrix} \tag{10-38}$$

$$\boldsymbol{C}=\mathrm{diag}\begin{bmatrix}0 & 0 & C_{33} & \cdots & C_{nn}\end{bmatrix} \tag{10-39}$$

$$\boldsymbol{K}=\mathrm{diag}\begin{bmatrix}0 & 0 & K_{33} & \cdots & K_{nn}\end{bmatrix} \tag{10-40}$$

实际上，M_{11} 为弹箭总质量，M_{22} 为弹箭绕质心的俯仰转动惯量，$M_{ii}(i=3,\cdots,n)$为对应于第 $i-2$ 阶固有弯曲模态的广义质量；$K_{ii}(i=3,\cdots,n)$为对应于第 $i-2$ 阶固有弯曲模态的广义刚度，记 ω_i 为该阶模态固有频率，则有 $K_{ii}=M_{ii}\omega_i^2$；$C_{ii}(i=3,\cdots,n)$为对应于第 $i-2$ 阶固有弯曲模态的阻尼系数，记 ξ_i 为该阶模态阻尼比，则有 $C_{ii}=2M_{ii}\xi_i\omega_i$。

方程(10－35)等号右边即为作用于弹体结构的广义力，它包括 3 部分：$\boldsymbol{f}_\mathrm{A}$ 为广义气动力，它是由弹体运动 $\boldsymbol{q}$ 和空气舵附加刚体偏转 β 引起的；$\boldsymbol{f}_\mathrm{I}$ 为广义惯性力，它是由摆动喷管附加刚体偏转 δ 和空气舵附加刚体偏转 β 引起的；$\boldsymbol{f}_\mathrm{T}$ 为广义推进力，它是由摆动喷管附加刚体偏转 δ 引起的。10.4.2～10.4.4 小节将详细介绍各部分广义力的推导。

10.4.2　广义气动力

弹体所受的气动力来源于两方面的贡献：一是由弹体自身的刚体运动和弹性振动所引起的非定常气动力 $\boldsymbol{f}_{\mathrm{A}q}$，二是空气舵附加刚体偏转 β 引起的气动控制力 $\boldsymbol{f}_{\mathrm{A}\beta}$，即

$$\boldsymbol{f}_{A}=\boldsymbol{f}_{Aq}+\boldsymbol{f}_{A\beta} \tag{10-41}$$

(1) 弹体运动 q 引起的气动力

如图 10-16 所示,将弹箭(包括弹体、弹翼和空气舵)沿轴向 l 个气动段,将各气动段的气动力集合成作用于各段压心的合力。各段压心的 x 坐标记为 $x_i(i=1,2,\cdots,l)$,各段的集中气动力记为 $Y_i(i=1,2,\cdots,l)$。

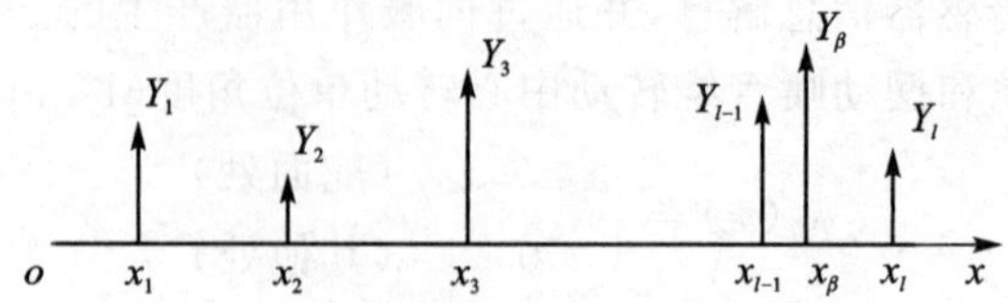

图 10-16 作用于弹体上的集中气动力

这里采用准定常气动导数法来推导 $Y_i(i=1,2,\cdots,l)$ 与弹体运动 $\boldsymbol{q}$ 的关系。准定常气动导数法从定常流动的关系式出发,不考虑各气动段之间的干扰,认为局部有效迎角等于合成速度向量与气动段弦线之间的瞬时夹角。因此,第 i 个气动段的法向气动力为

$$Y_i=\frac{1}{2}\rho V^2 SC_{L,i}^{\alpha}\alpha_i=-\frac{1}{2}\rho V^2 SC_{L,i}^{\alpha}\left[\left(\frac{\partial w}{\partial x}\right)_{x=x_i}+\frac{1}{V}\left(\frac{\partial w}{\partial t}\right)_{x=x_i}\right] \quad (i=1,2,\cdots,l) \tag{10-42}$$

式中,ρ 为大气密度;V 为速度;S 为参考面积;$C_{L,i}^{\alpha}$ 为第 i 个气动段法向力系数对迎角的导数,单位为 rad^{-1},它一般与迎角、马赫数有关,可以通过风洞试验或 CFD 计算得到。

将(10-34)代入(10-42)中,有

$$Y_i=-\frac{1}{2}\rho V^2 SC_{L,i}^{\alpha}\left[\sum_{j=1}^{n}\phi_j'(x_i)q_j+\frac{1}{V}\sum_{j=1}^{n}\phi_j(x_i)\dot{q}_j\right] \quad (i=1,2,\cdots,l) \tag{10-43}$$

式中,$\phi_j'(x_i)=\mathrm{d}\phi_j(x)/\mathrm{d}x\,|_{x=x_i}$ 表示第 j 阶模态振型在 $x=x_i$ 处的斜率。

记法向气动力列阵 $\boldsymbol{Y}=[Y_1 \quad Y_2 \quad \cdots \quad Y_l]^{\mathrm{T}}$,将(10-43)代入,并写成矩阵形式,有

$$\boldsymbol{Y}=-\frac{1}{2}\rho V^2\boldsymbol{D}\left(\boldsymbol{\Phi}'\boldsymbol{q}+\frac{1}{V}\boldsymbol{\Phi}\dot{\boldsymbol{q}}\right) \tag{10-44}$$

式中

$$\boldsymbol{D}=\mathrm{diag}\left[SC_{L,1}^{\alpha} \quad SC_{L,2}^{\alpha} \quad \cdots \quad SC_{L,l}^{\alpha}\right]$$

$$\boldsymbol{\Phi}=\begin{bmatrix}\phi_1(x_1) & \phi_2(x_1) & \cdots & \phi_n(x_1)\\ \phi_1(x_2) & \phi_2(x_2) & \cdots & \phi_n(x_2)\\ \vdots & \vdots & \ddots & \vdots\\ \phi_1(x_l) & \phi_2(x_l) & \cdots & \phi_n(x_l)\end{bmatrix}_{l\times n},\quad \boldsymbol{\Phi}'=\begin{bmatrix}\phi_1'(x_1) & \phi_2'(x_1) & \cdots & \phi_n'(x_1)\\ \phi_1'(x_2) & \phi_2'(x_2) & \cdots & \phi_n'(x_2)\\ \vdots & \vdots & \ddots & \vdots\\ \phi_1'(x_l) & \phi_2'(x_l) & \cdots & \phi_n'(x_l)\end{bmatrix}_{l\times n}$$

根据广义气动力定义可知,弹体运动引起的广义气动力列阵 $\boldsymbol{f}_{Aq}$ 为

$$\boldsymbol{f}_{Aq}=\boldsymbol{\Phi}^{\mathrm{T}}\boldsymbol{Y} \tag{10-45}$$

将(10-44)代入(10-45),可以导出 $\boldsymbol{f}_{Aq}$ 与 $\boldsymbol{q}$ 的关系式,即

$$\boldsymbol{f}_{Aq}=\frac{1}{2}\rho V^2\boldsymbol{A}_{q0}\boldsymbol{q}+\frac{1}{2}\rho V\boldsymbol{A}_{q1}\dot{\boldsymbol{q}} \tag{10-46}$$

式中

$$\boldsymbol{A}_{q0}=-\boldsymbol{\Phi}^{\mathrm{T}}\boldsymbol{D}\boldsymbol{\Phi}'$$

称为气动力刚度矩阵；

$$\boldsymbol{A}_{q1} = -\boldsymbol{\Phi}^{\mathrm{T}}\boldsymbol{D}\boldsymbol{\Phi}$$

称为气动力阻尼矩阵。

需要指出的是，对于细长的弹体，其非定常气动力的推导也可以采用 5.1 节准定常气动力中的细长体理论和气动导数法；但对于弹翼、空气舵等小展弦比升力面，仍需采用准定常气动导数法。两部分气动力相加才能得到整个弹箭的气动力。

（2）空气舵附加刚体偏转 β 引起的气动力

将空气舵压心的 x 坐标记为 x_β，由附加刚体偏转 β 引起的法向气动力记为 Y_β。同理，应用准定常气动导数法，类似式(10-43)，有

$$Y_\beta = -\frac{1}{2}\rho V^2 S C_L^\beta \left[\phi'_\beta(x_\beta)\beta + \frac{1}{V}\phi_\beta(x_\beta)\dot{\beta}\right] \tag{10-47}$$

式中，C_L^β 为空气舵法向力系数对舵偏角 β 的导数，单位为 rad^{-1}，它一般与舵偏角、马赫数有关，可以通过风洞试验或 CFD 计算得到。将式(10-35)代入式(10-47)，化为

$$Y_\beta = \frac{1}{2}\rho V^2 S C_L^\beta \beta + \frac{1}{2}\rho V S C_L^\beta (x_\beta - x_{\mathrm{d}})\dot{\beta} \tag{10-48}$$

根据广义力的定义，可以得到空气舵附加刚体偏转引起的广义气动力列阵 $\boldsymbol{f}_{\mathrm{A}\beta}$ 为

$$\boldsymbol{f}_{\mathrm{A}\beta} = \left[\phi_1(x_\beta) \quad \phi_2(x_\beta) \quad \cdots \quad \phi_n(x_\beta)\right]^{\mathrm{T}} Y_\beta \tag{10-49}$$

将式(10-48)代入式(10-49)，可以导出 $\boldsymbol{f}_{\mathrm{A}\beta}$ 与 β 的关系式，即

$$\boldsymbol{f}_{\mathrm{A}\beta} = \frac{1}{2}\rho V^2 \boldsymbol{A}_{\beta 0}\beta + \frac{1}{2}\rho V \boldsymbol{A}_{\beta 1}\dot{\beta} \tag{10-50}$$

式中

$$\boldsymbol{A}_{\beta 0} = S C_L^\beta \left[\phi_1(x_\beta) \quad \phi_2(x_\beta) \quad \cdots \quad \phi_n(x_\beta)\right]^{\mathrm{T}}$$

$$\boldsymbol{A}_{\beta 1} = S C_L^\beta (x_\beta - x_{\mathrm{d}}) \left[\phi_1(x_\beta) \quad \phi_2(x_\beta) \quad \cdots \quad \phi_n(x_\beta)\right]^{\mathrm{T}}$$

在大多数情况下，空气舵压心与舵轴位置非常接近，即 $x_\beta - x_{\mathrm{d}} \approx 0$，且由于空气舵伺服作动器性能的限制，$\dot{\beta}$ 的值不可能达到很大，因此可以忽略 $\boldsymbol{f}_{\mathrm{A}\beta}$ 中与 $\dot{\beta}$ 有关的项，式(10-50)可简化为

$$\boldsymbol{f}_{\mathrm{A}\beta} = \frac{1}{2}\rho V^2 \boldsymbol{A}_{\beta 0}\beta \tag{10-51}$$

10.4.3　广义惯性力

由于摆动喷管和空气舵的质心通常都不在其转动中心上，因此它们的附加刚体偏转必然会引起惯性力 $\boldsymbol{f}_{\mathrm{I}}$，并作用于弹体上，成为弹箭气动伺服弹性系统的一种控制力。$\boldsymbol{f}_{\mathrm{I}}$ 写为

$$\boldsymbol{f}_{\mathrm{I}} = \boldsymbol{f}_{\mathrm{I}\delta} + \boldsymbol{f}_{\mathrm{I}\beta} \tag{10-52}$$

式中，$\boldsymbol{f}_{\mathrm{I}\delta}$ 表示摆动喷管附加刚体偏转 δ 引起的惯性力，$\boldsymbol{f}_{\mathrm{I}\beta}$ 表示空气舵附加刚体偏转 β 引起的惯性力。

（1）摆动喷管偏转引起的惯性力

记摆动喷管的质量为 m_{n}，喷管质心距摆心的距离为 e_{n}（喷管质心位于摆心之后时为正），弹箭的纵向过载为 N（指向弹头为正）。如图 10-17 所示，当摆动喷管偏转 δ 时，在喷管质心处产生以下 2 个惯性力：

$$S_1 = m_n e_n \ddot{\delta} \tag{10-53}$$

$$S_2 = N m_n g \tag{10-54}$$

式中,g 为重力加速度。将作用于喷管质心的 S_1 和 S_2 移至摆心,为满足力学等效,需要添加一个作用于摆心的力矩 M(逆时针为正),即

$$M = S_1 e_n + S_2 e_n \delta = J_n \ddot{\delta} + N m_n e_n g \delta \tag{10-55}$$

式中,$J_n = m_n e_n^2$ 为摆动喷管绕摆心的转动惯量。

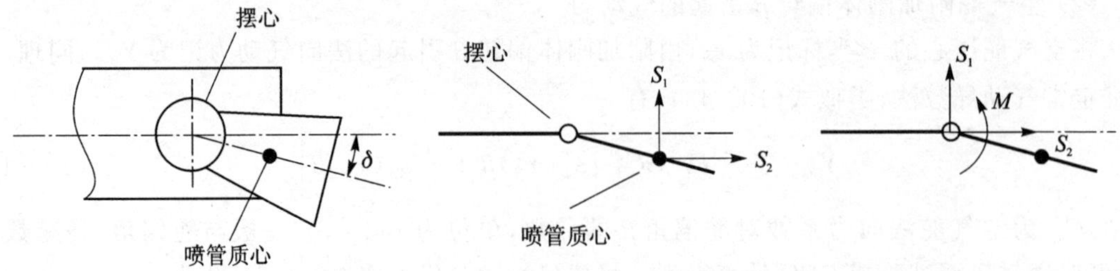

图 10-17 摆动喷管偏转引起的惯性力

根据广义力的定义,由摆动喷管附加刚体偏转引起的广义惯性力为

$$\boldsymbol{f}_{I\delta} = \begin{bmatrix} \phi_1(x_n) \\ \phi_2(x_n) \\ \vdots \\ \phi_n(x_n) \end{bmatrix} S_1 + \begin{bmatrix} \phi'_1(x_n) \\ \phi'_2(x_n) \\ \vdots \\ \phi'_n(x_n) \end{bmatrix} M \tag{10-56}$$

式中,$\phi'_i(x_n) = \mathrm{d}\phi_i(x)/\mathrm{d}x \big|_{x=x_n}$ 表示第 i 阶模态振型在喷管摆心处的斜率。

将(10-53)和(10-55)代入(10-56)中,得到 $\boldsymbol{f}_{I\delta}$ 与摆动喷管附加刚体偏转 δ 的关系,即

$$\boldsymbol{f}_{I\delta} = (J_n \boldsymbol{\phi}'^{\mathrm{T}}_n + m_n e_n \boldsymbol{\phi}^{\mathrm{T}}_n)\ddot{\delta} + N m_n e_n g \boldsymbol{\phi}'^{\mathrm{T}}_n \delta \tag{10-57}$$

式中

$$\boldsymbol{\phi}_n = [\phi_1(x_n) \quad \phi_2(x_n) \quad \cdots \quad \phi_n(x_n)]$$

$$\boldsymbol{\phi}'_n = [\phi'_1(x_n) \quad \phi'_2(x_n) \quad \cdots \quad \phi'_n(x_n)]$$

(2) 空气舵偏转引起的惯性力

记空气舵的质量为 m_d,舵面质心距转轴的距离为 e_d(舵面质心位于转轴之后时为正),舵面绕转轴的转动惯量为 $J_d = m_d e_d^2$。同理,可以得到 $\boldsymbol{f}_{I\beta}$ 与空气舵附加刚体偏转 β 的关系,即

$$\boldsymbol{f}_{I\beta} = (J_d \boldsymbol{\phi}'^{\mathrm{T}}_d + m_d e_d \boldsymbol{\phi}^{\mathrm{T}}_d)\ddot{\beta} + N m_d e_d g \boldsymbol{\phi}'^{\mathrm{T}}_d \beta \tag{10-58}$$

式中

$$\boldsymbol{\phi}_d = [\phi_1(x_d) \quad \phi_2(x_d) \quad \cdots \quad \phi_n(x_d)]$$

$$\boldsymbol{\phi}'_d = [\phi'_1(x_d) \quad \phi'_2(x_d) \quad \cdots \quad \phi'_n(x_d)]$$

在有些情况(如大动压状态)下,空气舵的惯性力远小于空气舵的气动力,故在气动伺服弹性分析中可以把舵面惯性力忽略。

10.4.4 广义推进力

假设摆动喷管无偏转时弹箭的推力方向始终与弹体轴线相切,因此弹体的刚体运动和弹性变形不会产生对弹体运动有影响的广义推进力。广义推进力 $\boldsymbol{f}_T$ 主要由摆动喷管的偏转

产生。

如图 10-18 所示，喷管产生的推进力 P 为一个集中力，其作用点为喷管摆心。当摆动喷管偏转 δ 时，推进力 P 产生一个法向力分量

$$T_z = P\sin\delta \approx P\delta \tag{10-59}$$

根据广义力的定义，摆动喷管偏转引起的广义推进力为

$$\boldsymbol{f}_{\mathrm{T}} = \boldsymbol{\phi}_{\mathrm{n}}^{\mathrm{T}} T_z = P\boldsymbol{\phi}_{\mathrm{n}}^{\mathrm{T}}\delta \tag{10-60}$$

式中，$\boldsymbol{\phi}_{\mathrm{n}} = [\phi_1(x_{\mathrm{n}})\quad \phi_2(x_{\mathrm{n}})\quad \cdots\quad \phi_n(x_{\mathrm{n}})]$，其元素为各阶模态在喷管摆心处的振型。

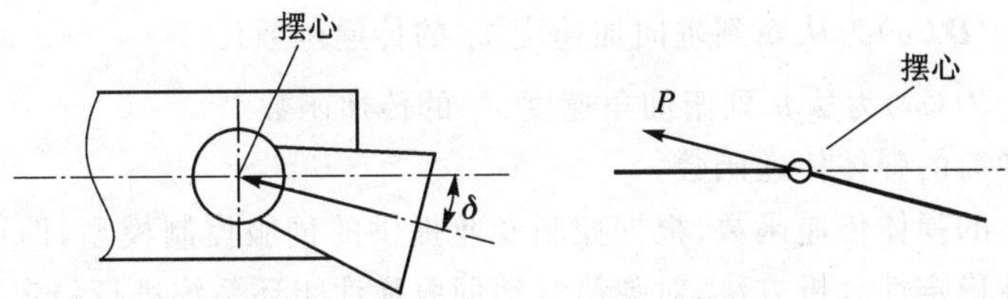

图 10-18　摆动喷管偏转引起的推进力

10.4.5　弹体传递函数

将 10.4.2～10.4.4 小节所得到的广义气动力、广义惯性力和广义推进力的表达式代入式(10-37)中，得到空气舵和摆动喷管共同作用的弹箭运动方程如下：

$$\begin{aligned}\boldsymbol{M}\ddot{\boldsymbol{q}} + \left(\boldsymbol{C} - \frac{1}{2}\rho V\boldsymbol{A}_{q1}\right)\dot{\boldsymbol{q}} + \left(\boldsymbol{K} - \frac{1}{2}\rho V^2\boldsymbol{A}_{q0}\right)\boldsymbol{q} = \\ + (J_{\mathrm{d}}\boldsymbol{\phi}'^{\mathrm{T}}_{\mathrm{d}} + m_{\mathrm{d}}e_{\mathrm{d}}\boldsymbol{\phi}_{\mathrm{d}}^{\mathrm{T}})\ddot{\beta} + \frac{1}{2}\rho V\boldsymbol{A}_{\beta1}\dot{\beta} + \left(\frac{1}{2}\rho V^2\boldsymbol{A}_{\beta0} + Nm_{\mathrm{d}}e_{\mathrm{d}}g\boldsymbol{\phi}'^{\mathrm{T}}_{\mathrm{d}}\right)\beta \\ + (J_{\mathrm{n}}\boldsymbol{\phi}'^{\mathrm{T}}_{\mathrm{n}} + m_{\mathrm{n}}e_{\mathrm{n}}\boldsymbol{\phi}_{\mathrm{n}}^{\mathrm{T}})\ddot{\delta} + (Nm_{\mathrm{n}}e_{\mathrm{n}}g\boldsymbol{\phi}'^{\mathrm{T}}_{\mathrm{n}} + P\boldsymbol{\phi}_{\mathrm{n}}^{\mathrm{T}})\delta\end{aligned} \tag{10-61}$$

引入简谐振动假设，将式(10-61)化为频域形式，即

$$\bar{\boldsymbol{A}}(\omega)\boldsymbol{q} = \bar{\boldsymbol{B}}(\omega)\beta + \bar{\boldsymbol{D}}(\omega)\delta \tag{10-62}$$

式中

$$\bar{\boldsymbol{A}}(\omega) = -\omega^2\boldsymbol{M} + i\omega\left(\boldsymbol{C} - \frac{1}{2}\rho V\boldsymbol{A}_{q1}\right) + \left(\boldsymbol{K} - \frac{1}{2}\rho V^2\boldsymbol{A}_{q0}\right)$$

$$\bar{\boldsymbol{B}}(\omega) = -\omega^2(J_{\mathrm{d}}\boldsymbol{\phi}'^{\mathrm{T}}_{\mathrm{d}} + m_{\mathrm{d}}e_{\mathrm{d}}\boldsymbol{\phi}_{\mathrm{d}}^{\mathrm{T}}) + \frac{1}{2}\mathrm{i}\omega\rho V\boldsymbol{A}_{\beta1} + \left(\frac{1}{2}\rho V^2\boldsymbol{A}_{\beta0} + Nm_{\mathrm{d}}e_{\mathrm{d}}g\boldsymbol{\phi}'^{\mathrm{T}}_{\mathrm{d}}\right)$$

$$\bar{\boldsymbol{D}}(\omega) = -\omega^2(J_{\mathrm{n}}\boldsymbol{\phi}'^{\mathrm{T}}_{\mathrm{n}} + m_{\mathrm{n}}e_{\mathrm{n}}\boldsymbol{\phi}_{\mathrm{n}}^{\mathrm{T}}) + (Nm_{\mathrm{n}}e_{\mathrm{n}}g\boldsymbol{\phi}'^{\mathrm{T}}_{\mathrm{n}} + P\boldsymbol{\phi}_{\mathrm{n}}^{\mathrm{T}})$$

从式(10-62)可以解得

$$\boldsymbol{q} = \bar{\boldsymbol{A}}(\omega)^{-1}\bar{\boldsymbol{B}}(\omega)\beta + \bar{\boldsymbol{A}}(\omega)^{-1}\bar{\boldsymbol{D}}(\omega)\delta \tag{10-63}$$

式中，$\bar{\boldsymbol{A}}(\omega)^{-1}\bar{\boldsymbol{B}}(\omega)$ 为以 β 为输入、以 $\boldsymbol{q}$ 为输出的传递函数；$\bar{\boldsymbol{A}}(\omega)^{-1}\bar{\boldsymbol{D}}(\omega)$ 为以δ为输入、以 q 为输出的传递函数。

设弹箭伺服控制系统中的加速度计位置 x 坐标为 x_{a}，角速度陀螺位置 x 坐标为 x_{g}，根据模态叠加原理，可得到传感器感受到的垂向加速度 n_z 和俯仰角速度 ω_y 为

$$n_z = -\omega^2\boldsymbol{\phi}_{\mathrm{a}}[\bar{\boldsymbol{A}}(\omega)^{-1}\bar{\boldsymbol{B}}(\omega)\beta + \bar{\boldsymbol{A}}(\omega)^{-1}\bar{\boldsymbol{D}}(\omega)\delta] \tag{10-64}$$

$$\omega_y = -\mathrm{i}\omega\boldsymbol{\phi}'_{\mathrm{g}}[\bar{\boldsymbol{A}}(\omega)^{-1}\bar{\boldsymbol{B}}(\omega)\beta + \bar{\boldsymbol{A}}(\omega)^{-1}\bar{\boldsymbol{D}}(\omega)\delta] \tag{10-65}$$

式中：

$\boldsymbol{\phi}_a = [\phi_1(x_a) \quad \phi_1(x_a) \quad \cdots \quad \phi_n(x_a)]$，其元素为各阶模态在加速度计位置处的振型；

$\boldsymbol{\phi}_g' = [\phi_1'(x_g) \quad \phi_2'(x_g) \quad \cdots \quad \phi_n'(x_g)]$，其元素为各阶模态在角速度陀螺位置处的振型斜率。

从式(10-20)和式(10-21)可知：

$-\omega^2 \boldsymbol{\phi}_a \overline{\boldsymbol{A}}(\omega)^{-1} \overline{\boldsymbol{B}}(\omega)$为从$\beta$到垂向加速度$n_z$的传递函数；

$-i\omega \boldsymbol{\phi}_g' \overline{\boldsymbol{A}}(\omega)^{-1} \overline{\boldsymbol{B}}(\omega)$为从$\beta$到俯仰角速度$\omega_y$的传递函数；

$-\omega^2 \boldsymbol{\phi}_a \overline{\boldsymbol{A}}(\omega)^{-1} \overline{\boldsymbol{D}}(\omega)$为从$\delta$到垂向加速度$n_z$的传递函数；

$-i\omega \boldsymbol{\phi}_g' \overline{\boldsymbol{A}}(\omega)^{-1} \overline{\boldsymbol{D}}(\omega)$为从$\delta$到俯仰角速度$\omega_y$的传递函数。

它们即为细长体弹箭的弹体传递函数。

一旦求得以上的弹体传递函数，根据控制专业提供的伺服控制模型，即可应用10.3节所述的气动伺服弹性稳定性分析方法，对弹箭气动伺服弹性闭环系统进行稳定性分析，并计算出稳定裕度。

10.4.6 分析实例

下面以某战术导弹为例展示气动伺服弹性稳定性分析的结果。该导弹无摆动喷管，仅采用置于弹尾的空气舵实现飞行控制，而且与大动压状态下的气动控制力相比，舵面偏转的惯性力可以忽略。因此，在计算弹体传递函数时，运动方程式(10-61)可以大大简化。所选取的弹体自由度包括沉浮模态、俯仰模态和弹体一弯模态、二弯模态，这2阶弯曲模态的频率分别为259 rad/s和794 rad/s。

导弹的俯仰通道控制系统如图10-19所示，采用法向加速度和俯仰角速度反馈。如果在作动器环节的后端切断控制回路，则整个闭环系统变成一个单输入/单输出的开环系统，因此可以应用10.3.1小节的奈奎斯特判据来进行闭环系统的稳定性分析。

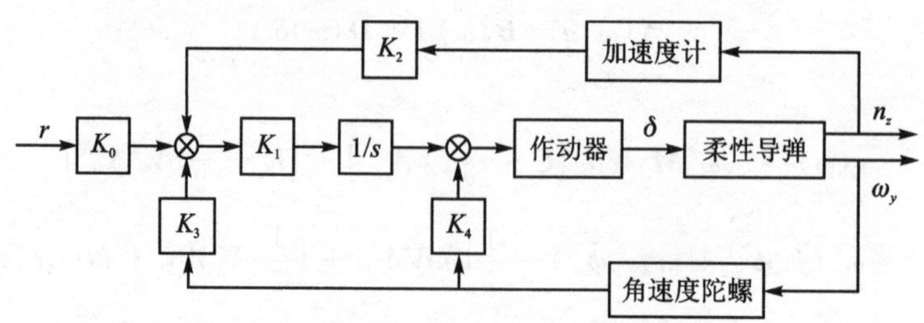

图10-19 某导弹气动伺服弹性系统框图

分析选用的飞行状态点为飞行速度V=1 020 m/s，大气密度ρ = 1.225 kg/m^3，迎角α=0°，舵偏角δ=0°。分别采用准定常气动导数法和细长体理论两种方法来计算非定常气动力，得到的系统开环传递函数奈奎斯特曲线如图10-20所示，图中实线是应用准定常气气动导数法的结果，虚线是应用细长体理论的结果。两种方法得到的奈奎斯特曲线有一些差别，但稳定裕度结果差别不大。

由图10-20可以看出，乃奎斯特曲线与负实轴的交点在(−6.8,0)处，因此该气动伺服弹性闭环系统是不稳定的。事实上，系统开环传递函数的幅值在弹体一阶弯曲频率(ω=

259 rad/s)附近具有很高的峰值(幅值远大于 0 dB),而其相位正好在该频率附近负向穿越－180°线,因此该闭环系统在此频率处会发生气动伺服弹性失稳。

为了研究弹体自由度对气动伺服弹性稳定性结果的影响,这里对以下 3 种模态选取情况进行了分析:

① 刚体运动模态;

② 刚体模态 ＋ 弹体一阶弯曲模态;

③ 刚体模态 ＋ 弹体前两阶弯曲模态。

图 10－21 给出了这 3 种计算情况的开环传递函数奈奎斯特曲线和伯德图。

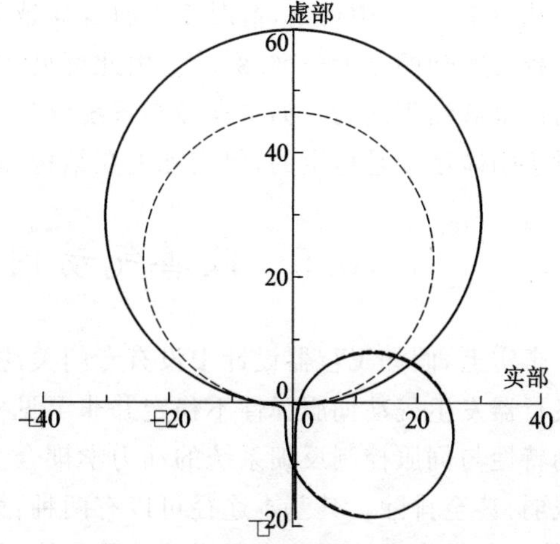

图 10－20　应用两种气动力计算方法的奈奎斯特曲线对比

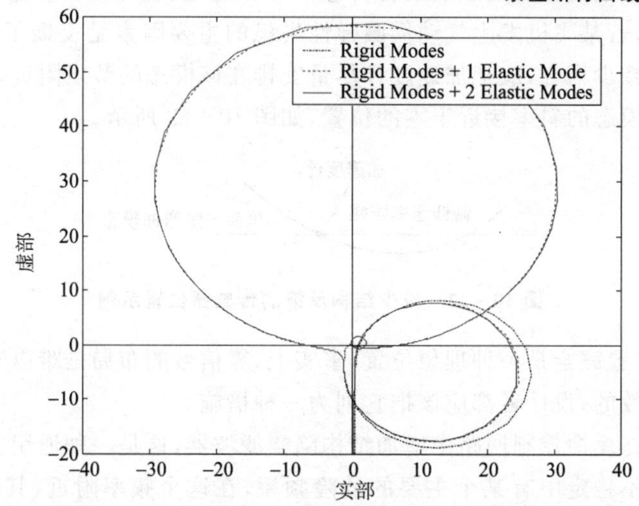

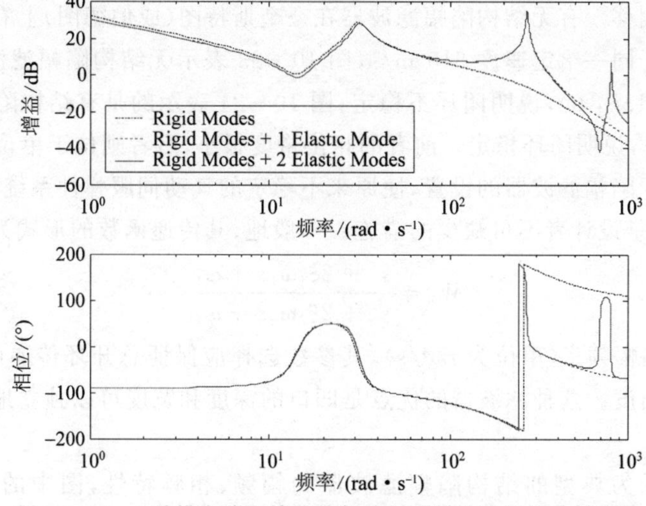

图 10－21　3 种模态选取情况的气动伺服弹性稳定性分析结果

从图10-21中得出,情况1中曲线穿越负实轴的点为(−0.5,0),而情况2和情况3中曲线穿越负实轴的点为(−6.8,0)。由此可见,考虑和不考虑结构弹性,对闭环系统稳定性得出的结论是截然不同的。如果在控制系统设计时仅考虑飞行器的刚体运动,则所设计的控制系统对于刚体运动是稳定的,但实际上在结构弹性的影响下可能导致闭环系统失稳。

10.5 改善气动伺服弹性稳定性的措施

事实上,假如飞行器设计中没有专门关注气动伺服弹性问题,或尚未采取必需的措施,那么飞行器发生气动伺服弹性不稳定并非罕见。这是因为现代飞行器设计中,弹性飞机结构的振动特性与伺服控制反馈系统的动力学耦合是客观存在的。但这种耦合可以采取不同的方法去减弱,甚至排除。其基本途径可以有两种:第一种是尽量减少传感器所感受到的结构反馈信号;第二种是在反馈回路中增设滤波器,对信号进行陷幅或移相。

第一种途径最直接的方法是正确设置传感器的位置,使它尽量减少感受到有关固有振型的弹性振动。例如,若某飞机发生气动伺服弹性失稳的主要因素是反馈了机身第一阶弯曲振动模态,那么,为了减少耦合,应把加速度计尽量安排在该模态的节点附近,并且把俯仰角速度陀螺尽量安置在该模态的斜率接近于零的位置,如图10-22所示。

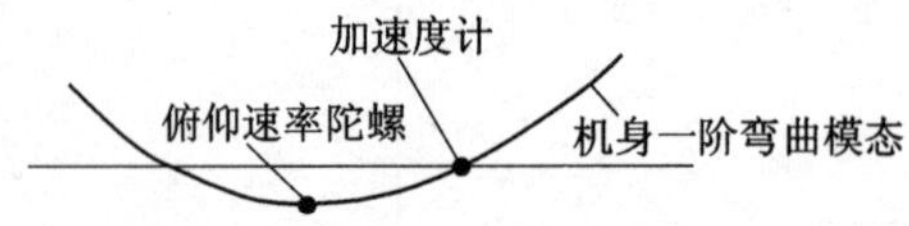

图10-22 减少结构反馈的传感器位置示例

当然,图中的位置完全是一种理想位置,事实上,零信号的布局是难以实现的;但这种方法总是或多或少会奏效的,设计者都应该把它列为一种措施。

第二种途径是在反馈控制回路中增加结构陷幅滤波器,这是一种通用、可靠的方法。假如飞机气动伺服弹性不稳定中有某个主要的危险频率,在这个频率附近,其响应幅值有急剧升高,相位又很不利,则陷幅滤波器的作用可以使系统在危险频率附近振幅迅速变小,呈陷落状态,并产生合适的相移。有无结构陷幅滤波器在奈奎斯特图(或伯德图)上有明显的区别,以某型战斗机为例,对于同一给定速度510 m/s,图10-23表示无结构陷幅滤波器时的奈奎斯特图线,负穿点为(−1.5, 0),说明闭环不稳定;图10-24表示的是有结构陷幅滤波器时,负穿点移至(−0.27, 0),说明闭环稳定。前者的相位裕度很小,后者则位于单位圆内,相位裕度足够。由此可见,由于陷幅滤波器的设置,使原来不稳定的气动伺服弹性系统转变为稳定的。所以设置陷幅滤波器是设计者不可缺少的措施。一般地,其传递函数的形式为

$$W_n = \frac{s^2 + 2\xi_1\omega_1 s + \omega_1^2}{s^2 + 2\xi_2\omega_2 s + \omega_2^2}$$

式中,ω_1,ω_2 接近陷幅频率(单位为rad/s),其参数选择应保证总开环传递函数的频率响应降至有6 dB的稳定裕度。这种滤波器的优点是凹口的深度和宽度可以独立地调节,且其相位特性较好。

图10-25所示为典型的结构陷幅滤波器的幅频、相频特性,图中的幅值用dB(分贝)表示。

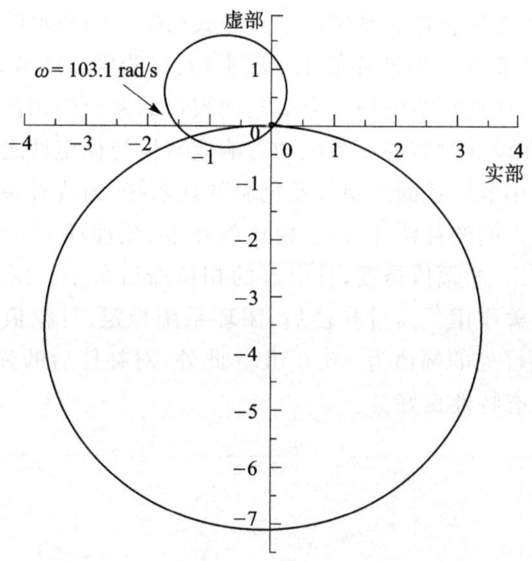

图 10-23　不带陷幅滤波器的奈奎斯特图线

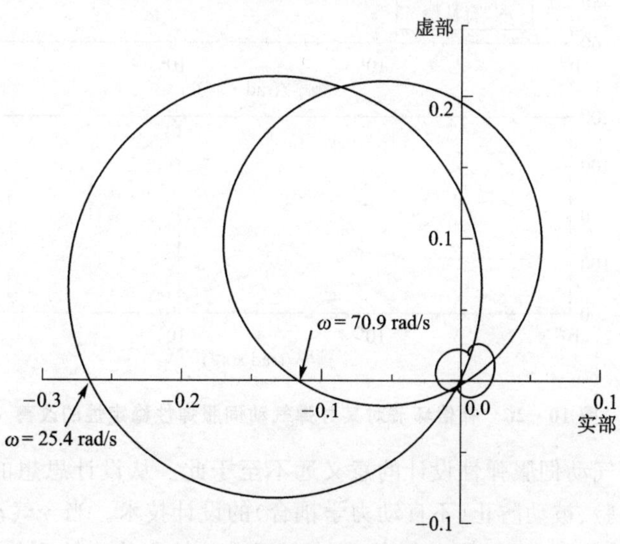

图 10-24　带有陷幅滤波器的奈奎斯特图线

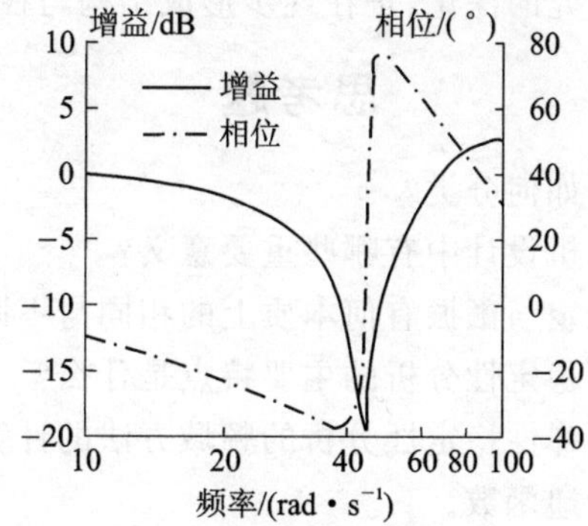

图 10-25　陷幅滤波器的幅频、相频特征

在某些情况下,除了在伺服控制系统中加入如式(10-66)所示的结构滤波器,还需要串联一些校正环节,如比例环节 K_p、惯性环节 $1/(Ts+1)$、二阶振荡环节 $1/(T^2s^2+2\xi Ts+1)$ 或其组合形式。但要注意是,这些环节的加入会引起伺服控制系统的相位滞后,可能对系统动态响应特性产生影响,因此在设计时需要在系统动态响应特性与稳定性之间折中。

例如,对于10.4.6小节所述的导弹气动伺服弹性系统,为改善系统稳定性,通过优化手段设计了一个加在舵机输入端的补偿环节,它由比例环节、惯性环节和结构滤波器串联而成,可以使得闭环系统满足6 dB的幅值裕度,且引起的相位滞后最小。图10-26显示了补偿环节对闭环系统稳定性的改善作用。通过补偿后,闭环系统稳定,且幅值裕度为6.46 dB,相位裕度为39.5°,一阶弹性尖峰处的幅值为-6.0 dB。此外,对补偿后的弹性导弹纵向通道的仿真分析也表明该系统的动态特性良好。

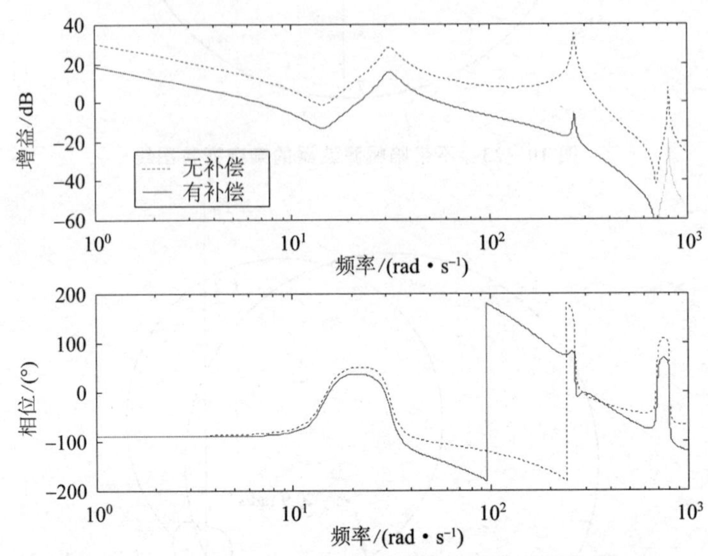

图10-26 补偿环节对某导弹气动伺服弹性稳定性的改善

应当指出的是,气动伺服弹性设计的意义远不至于此。从设计思想的高度来看,“分析技术”属于一种设计检验、被动防止(不良动力学耦合)的设计技术。当今气动伺服弹性研究已发展到了“综合技术”的阶段,即立足于主动运筹,利用主动控制律来达到优良的气动弹性性能。随着理论与试验技术等方面研究的深化,正在逐步形成结构与控制整体化布局的新设计理念。

思考题

10.1 气动伺服弹性问题如何分类?

10.2 气动伺服弹性在飞机设计中有哪些重要意义?

10.3 气动伺服弹性不稳定与颤振有何本质上的相同与不同?

10.4 飞机气动伺服弹性稳定性分析的主要特点是什么?

10.5 总结一下气动伺服弹性稳定性分析的频域方法的计算步骤。

10.6 推导飞机环节的传递函数。

10.7 导弹与飞机的气动伺服弹性问题有何异同?什么条件下可以采用集中力和准定常的气动力来计算导弹的气动伺服弹性问题?

10.8 评述用频域方法解决单回路和多回路气动伺服弹性稳定性问题的特点。

参考文献

[1] Lotze A, Sensburg O, Kuhn M. Flutter Investigations on a Combat Aircraft with a Command and Stability Augmentation System. Journal of Aircraft, 1977,14(4).

[2] Peloubet R P. YF-16 Active-Control-System/Structural Dynamics Interaction Instability. AIAA PAPER No. 75-823,1975.

[3] 伏欣 H W. 气动弹性力学原理. 沈克扬,译. 上海:上海科学技术文献出版社,1982.

[4] 管德. 飞机气动弹性力学手册. 北京:航空工业出版社,1994.

[5] 邹丛青,陈桂彬. 飞机的伺服-气动弹性稳定性. 航空学报,1987,8(3).

[6] Arthurs T D, Gallagher J T. Interaction Between Control Augmentation System and Airframe Dynamics on the YF-17. AIAA PAPER No. 75-824,1975.

[7] 管德. 气动弹性试验. 北京:北京航空学院出版社,1986.

[8] Benun D. The Influence of Powered Controls. AGARD Manual on Aeroelasticity, Bd. 1, Kap,5, 1959.

[9] Albano E, Rodden W P. A Doublet Lallice Method for Calculating Lift Distributions on Oscillating Surfaces in Subsonic Flow. AIAA Journal, 1969,7(2).

[10] 上潼致孝,长田正,白川详充,等. 自动控制理论. 张洪钺,译. 北京:国防工业出版社,1979.

[11] 邹丛青,陈桂彬. 气动弹性力学的新分支——气动伺服弹性. 北京航空航天大学学报,1996,22(2).

[12] 邹丛青,陈桂彬. 受控系统的舵面振动. 北京航空学院科研报告,BH-B415,1978.

[13] Noll T. Aeroservoelasticity. AIAA 90-1073-CP,1990.

[14] Britt R T, Jacobson S B, Arthurs T D. Aeroservoelastic Analysis of the B-2 Bomber, Journal of Aircraft, 2000,37(5).

[15] 杨超,吴志刚. 导弹气动伺服弹性稳定性分析. 飞行力学,2000,18(4).

第 11 章　气动弹性试验

在气动弹性设计工作中，试验工作占有极为重要的地位。现代飞行器设计，需要更加精确的气动弹性特性。至今，在气动弹性的一些重要领域仍然要依据试验的验证，甚至主要依据试验的结果。

气动弹性试验大体上可分为两类：一类是为气动弹性分析取得原始数据的试验，如飞行器结构的刚度试验、结构地面振动试验以及地面伺服弹性试验等；另一类是为取得气动弹性特性的试验，如颤振风洞试验、颤振飞行试验以及发散风洞试验等。

本章对气动弹性试验的几个主要试验进行简要介绍。11.1 节介绍飞行器地面振动试验；11.2 节简单介绍伺服弹性地面试验；11.3 节介绍模型的颤振风洞试验；11.4 节介绍模型的发散风洞试验；11.5 节介绍颤振飞行试验。

由于气动弹性试验的重要性，促使它在试验技术上发展较快，故本章在各节所论及的试验中，更多涉及的是试验的任务、目的和基本原理。对更为先进的试验技术，读者应关注有关的专业文献。

11.1　飞行器地面振动试验

地面振动试验(Ground Vibration Test，简称 GVT)早期称作地面共振试验，因为地面振动试验主要是依据共振原理进行的，其经典方法是相位共振法。

飞行器地面振动试验的任务是测定飞行器结构的振动特性，主要包括飞行器的固有频率、模态、阻尼和广义质量等。这些数据是飞行器动力特性的全面反映，可以用来检验和修正振动计算的结果，是颤振分析计算和其他动气动弹性计算的基础。该试验通常在第一批制造出来的飞行器中进行。无论是新型或改型的飞行器，都要进行这项试验。

图 11-1 所示为地面振动试验的一个场景。

图 11-1　地面振动试验的一个实例(来源于 NASA)

飞行器地面振动试验的关键技术在于分离频率密集的固有模态，因而其试验技术也主要按这个目标发展。目前在大型飞机试验中比较常见的方法是基于相位共振原理的多点激振方法（也称纯模态法）。它的试验原理是：在某一个固有频率 ω_n 下，调整激振力的分布，使其与阻尼力平衡，此时所有结构点的振动位移响应彼此之间的相位要么同相，要么反相，且和激振力之间有 90°相位差。就纯模态试验本质来说，就是通过外加激振力来抵消结构的阻尼力，使结构呈现无阻尼的简谐振动特性。通常的飞行器地面振动试验系统的示意图如图 11-2 所示。由图可见，飞行器的地面振动试验主要是把握好支持、激励和测量三个主要系统的运作。

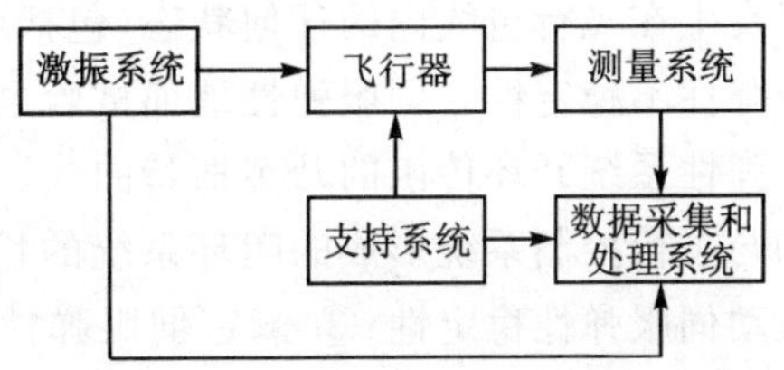

图 11-2　飞行器地面振动试验系统示意图

(1) 支持系统

在飞机地面振动试验中，要求飞机模拟空中状态，即处于一种自由-自由状态。但是飞机在试验时必须放在支持系统上，此时要求支持飞机的作用力仅用来平衡飞机的质量。试件在振动时，支持系统会引起弹性力、惯性力及阻尼力，这些都应限制在一定的水平以下。实际应用表明，当试验飞行器在弹性支持上的刚体运动频率小于最低阶的弹性体运动频率的 1/3 时，就可认为由于振动引起的支持系统所产生的弹性力、惯性力及阻尼力可以忽略不计，对试验飞机的固有频率和振型的影响很小，满足自由-自由支持状态。

具体的支持系统，可以有多种多样的方式，例如采用气囊支持、橡皮绳悬挂支持和空气弹簧支持等。至于选择什么样的支持系统，要根据试验飞行器的质量和它的最低固有频率这两个主要因素来决定。

(2) 激振系统

为了激励出结构的纯模态，要求激振系统应具有多点激振和调节力分布的能力。为了能够用有限数量的激振器激励出较理想的纯模态，就必须合理地布置激振器。通常，要把激振器布置到全机各主要部件上。在试验过程中，还要根据试验的实际情况，不断调整激振位置，以适应激励纯模态的需要。在确定激振器布置方案时，还要综合考虑节线位置、结构局部强度、结构对称情况及质量分布等因素。

(3) 测量系统

测量系统主要由测量传感器和相应的放大器组成。选择传感器时，除了频率范围、灵敏度等一般要求外，还要注意，对被测试件的附加质量的影响应小到可以忽略不计。

对于模态纯度的检验，一是利用指示函数，即通过相位共振原理，将结构响应的实部和虚部编制成某种指示函数，并以此作为目标函数来指导激振力的调节；二是利用模态的正交性，依据广义质量矩阵非对角项来判断模态之间的耦合程度，这种方法需要有对应测量点的离散物理质量数据。通常要求质量矩阵中的各项满足 $M_{ij}/\sqrt{M_{ii}M_{jj}} \leqslant 0.15$ 的要求，并以广义质量项 M_{ij} 的大小，检验各阶模态之间的耦合程度，以此判断模态的纯度。

地面振动试验的构型应包括无燃油构型和其他通过分析认为是有颤振危险性或动力学重要性的加有燃油的构型。有时可以用合适的液体来模拟燃油。

在颤振、气动伺服弹性稳定性、阵风响应以及动态着陆等分析计算中，都要依据整个飞行器结构动力学数学模型。而计算的模态特性与试验得出的模态特性很难做到完全一致，但振动试验的结果能为刚度和质量分布数据的修正提供一种依据。

11.2 伺服弹性地面试验

与颤振不同，气动伺服弹性不稳定与飞行动压和飞控参数有密切关系，因此这种不稳定性可以发生在飞行包线内的任何状态(包括地面状态)。特别的，气动力为零时的不稳定性称为伺服弹性不稳定性。伺服弹性地面试验也称作结构模态耦合试验。图11-3给出了某飞行器伺服弹性系统开环传函的乃奎斯特曲线。伺服弹性地面试验的目的在于：① 验证弹性飞行器结构与飞行控制系统形成的闭环系统的稳定性，并测定稳定裕度；② 评估飞行器在低动压时的气动伺服弹性稳定性；③ 测定伺服弹性系统的传递函数，为气动伺服弹性理论分析提供模型修正的依据。如果飞行器带有飞行控制或增稳系统，就需要做该项试验，通常在其首飞之前进行，并安排在地面振动试验之后。通常的做法是用这些试验的结果去验证或修改在气动伺服弹性分析计算中所用的数学模型，这就增加了飞行试验前的气动伺服弹性分析预测的可靠性。

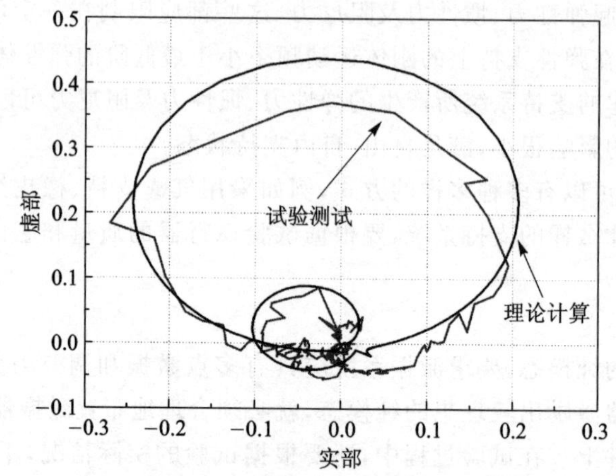

图11-3 某飞行器伺服弹性系统开环传函的乃奎斯特曲线

伺服弹性地面试验通常包括开环频率响应试验和闭环脉冲响应试验两项内容，其原理图如图11-4所示。

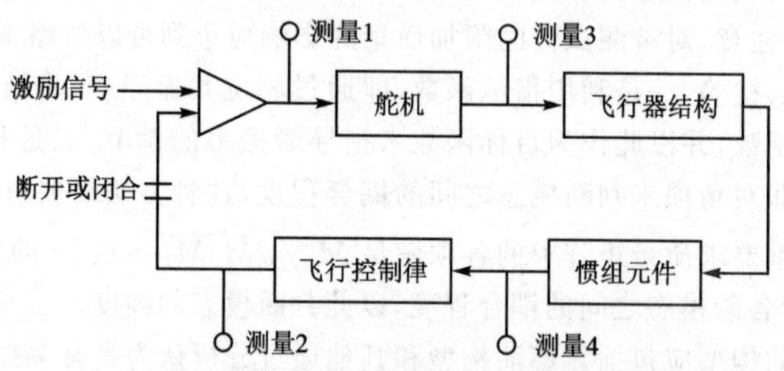

图11-4 伺服弹性地面试验原理示意图

(1) 开环频率响应试验

该项试验主要用来评估无气动力的伺服弹性系统的稳定裕度，并用于验证和修正理论分

析使用的气动伺服弹性系统数学模型。在开环频率响应试验中，需要将飞控系统某一通道的控制律断开（或闭合），在舵机指令测试输入端加入扫频激励信号，采集各测量口的输出信号，同时监测飞行器结构的振动情况，通过数据处理得到伺服弹性系统开环传递函数，根据经典控制理论中的 Nyquist 判据来判断闭环系统的稳定性，并评估稳定裕度。

试验前需要把复杂的飞行控制系统转化成典型状态，以便于确定开环位置。例如在一个横滚和偏航耦合的飞行控制系统中，要在偏航回路闭合的条件下，测量横滚回路的开环传递函数；然后，再在闭合横滚回路的条件下，测量偏航回路的开环传递函数。

试验的内容应包括实际飞行状况下不同的装载、不同控制律和系统故障情况。对于每种控制律，通常选取高增益状态作为典型试验状态。试验的频率范围应包括飞行器主要结构的一阶弯曲和扭转；以一定的方式扫频激励，测量飞行器连同飞行控制系统组合回路的开环传递函数。也可根据需要测量飞行控制系统某些环节的传递函数。

（2）闭环脉冲响应试验

该项试验是在飞行器连同飞行控制系统组合回路闭环的条件下，通过增加系统增益，定性判断飞行器连同飞行控制系统组合回路的稳定裕度。

在闭环脉冲响应试验中，需要将飞控系统各通道的控制律闭合，在舵机指令测试输入端加入脉冲激励信号，采集各测量口的输出信号，同时监测飞行器结构的振动情况。试验时逐渐增加控制系统的增益系数，如 1 倍、1.5 倍、2 倍甚至更高的增益，以此验证飞行器连同飞行控制系统组合回路的稳定裕度。

应注意，在试验中有可能出现不稳定的情况，所以在试验设计上应有应急措施。通常，先进行开环频率响应试验，在证明其结果满足伺服弹性稳定性要求的情况下，再进行闭环脉冲响应试验。

在上述两项试验中，飞行器的支持应尽量模拟实际情况。例如用空气弹簧支持来模拟飞行状态（与地面振动试验支持相同），用起落架支持飞机模拟起飞、着陆状态等。

11.3　缩比模型的颤振风洞试验

颤振风洞试验是气动弹性试验的重要内容，其主要任务如下：

① 在飞行器设计的初期，研究参数变化的影响，以供选择设计方案，所以应在一个足够的变量范围内完成这项试验。这个范围要覆盖飞行包线，以及所要求的各种外挂、装载等状态。研究应包括机翼、机身、尾翼和操纵面的重要参数。

② 校核颤振计算并验证理论计算方法。在跨声速范围内，颤振线性分析技术的精度是不可靠的。因此，跨声速风洞试验是在颤振试飞前，验证飞行器跨声速颤振特性的关键途径。

由于风洞尺寸的限制，通常无法实现全尺寸飞行器的风洞试验，因此需要将飞行器的几何外形、结构刚度和质量按照一定的规则进行缩比，然后对缩比模型开展风洞试验。图 11-5 所示为某飞机尾段颤振风洞试验的场景。

气动弹性缩比模型试验的理论基础是相似律，它可以由运动方程的相似变换方法来建立。例如，颤振的运动方程为

$$\left[-\omega^2\boldsymbol{M}+(1+\mathrm{i}g)\boldsymbol{K}-\frac{1}{2}\rho V^2 b\boldsymbol{A}\right]\boldsymbol{q}=\boldsymbol{0}$$

图 11-5　某飞机尾段颤振风洞试验

式中,符号的意义均同前。此处引用符号 k_x 表示模型的 x 参数 x_m 与实物的 x 参数 x_a 之比,即 $k_x = x_m / x_a$,则模型的运动方程可用实物参数写为

$$k_q \left[-k_\omega^2 k_m \omega_a^2 \boldsymbol{M}_a + (1 + ik_g g_a) k_K \boldsymbol{K}_a - \frac{1}{2} k_\rho k_V^2 k_b k_A \rho_a V_a^2 b_a \boldsymbol{A}_a \right] \boldsymbol{q} = \boldsymbol{0} \tag{11-1}$$

由上式可知,若

$$k_K = k_\omega^2 k_m = k_\rho k_V^2 k_b k_A \tag{11-2}$$

则模型与实物具有相同的颤振方程。由上式看到,必须有 $k_g = 1$。同时若模型和实物有相同的马赫数 Ma、雷诺数 Re、比热比 γ、重力参数 V/gb、减缩频率 $b\omega/V$、相似的空气动力外形和振动模态,则 $k_A = 1$。在上述前提下,由式(11-2)可得

$$k_K = k_\omega^2 k_m = k_\rho k_V^2 k_b \tag{11-3}$$

考虑到减缩频率相同,$k_b \cdot k_\omega / k_V = 1$,质量比

$$k_m = k_\rho k_b^3 \tag{11-4}$$

刚度比

$$k_K = k_\rho k_V^2 k_b \tag{11-5}$$

对于低速风洞颤振试验模型,由于没有马赫数效应及低速风洞的风速可变,故密度不变。其基本比例尺可选择如下:

(1) 长度比

原则上是根据风洞尺寸尽量取大。但应注意重力效应,即 k_V 太小、k_b 太大时模型自重会导致过大变形。故长度比要与速度比协调。

(2) 速度比

按预计实物颤振速度和可用风洞速度来确定。通常取风洞速度范围的中间值。

(3) 密度比

按与要模拟的实物飞行高度所对应的大气密度和风洞工作密度确定。空气密度通常认为是不变的常数。值得注意的是,开始预计模型颤振动压 q_F 时所用的密度 ρ 往往对应于某个飞行高度,它一般不会等于在风洞中达到 q_F 时的密度 ρ_{F_0}。当密度效应明显时,风洞试验中的颤振动压就严重偏离预计值。

对于高速风洞颤振试验模型,首选的3个基本比例尺是长度比、密度比及动压比。长度比

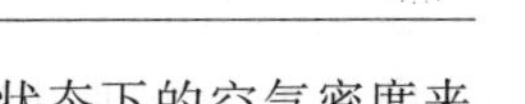

按风洞试验段与实物的尺寸来定。密度比按风洞中空气密度及实物飞行状态下的空气密度来定。动压比是根据风洞前驻点压力 p_0 可达到的极限与实物估算出的颤振动压来定。

高速风洞颤振试验比低速风洞颤振试验的难度要大得多，这是因为高速风洞试验段要比低速小得多，给予测试的时间短，且试验模型的强度要求比较突出。

颤振风洞试验是一项非常复杂的工作，从模型设计直到风洞试验，都包含严格的技术过程。例如：模型从加工完毕经调试后到安装在风洞内，要不断经历地面振动试验的校核；又如，全机模型在风洞中的安装及防护等，都包含复杂的试验技术，且直接影响试验结果的正确性。

在颤振试验中，为了正确模拟模型的运动情况及支持条件，需要专门设计满足试验要求的支持系统。在低速试验中，部件模型通常支持在刚架上，刚架相对于模型来说其刚度及质量要大得多，且在试验所涉及的相关颤振频率范围内不能出现刚架的固有频率。在做全机模型试验时，一般多采用自由-自由支持，支持系统除支持模型外，还应保持模型至少具有升降、俯仰和滚转三个刚体运动自由度。有时可将部件模型固支在风洞侧壁上；为减小洞壁附面层的影响，可以考虑固支部分整流、尺寸适当加大等措施。

颤振风洞试验中，模型有可能被吹坏。为了防止模型破坏对风洞造成不良影响，需在试验过程中进行安全防护。在低速模型颤振试验中一般要系防护线，当发生颤振时，用防护线拉住模型。对于全机模型，需在各个部件上都设置防护线。对于自由-自由模型，还要有抑制刚体运动的防护线，且应做到多组防护装置的协调一致。超声速模型试验中，颤振模型难以经受超声速时风洞启动和停车的冲击，最好的办法是在风洞的侧壁安装模型收放装置的箱体，模型放置在箱体内，待稳定的流场建立后，把模型送入试验段。模型发生颤振或关车前，应先把模型送入箱体内。总之，在试验过程中，要采取各种措施，防止模型和风洞的毁坏。

颤振模型风洞试验最为关心的问题是颤振临界条件的判断。颤振通常有爆发型及缓和型，前者用直观的方法很容易判断。而后者因为有很长一段阻尼区，模型响应虽大，但并不发散，临界条件的判断比较困难。有时把响应很大的情况定为临界点，有时把振荡开始发散的情况定为临界点，不同方法确定出的颤振速度差别很大。这时就需要有合适的数据处理方法，来进行亚临界响应的数据分析。11.6.3 小节专门讨论颤振边界预测方法。

11.4　缩比模型的发散风洞试验

发散风洞试验对于发散数值计算方法验证具有重要的意义。与颤振风洞试验模型不同的是，发散风洞试验的模型只模拟空气动力外形和刚度分布，不需要模拟质量分布。对于低速风洞试验，发散模型的基本比例尺为长度比和速度比。在发散模型设计时，需要注意的是结构强度问题，此外还需要避免在试验过程中发生颤振。

为了避免发散试验时模型损坏和对风洞进行保护，必须要有行之有效的发散试验预测技术，并能在亚临界情况预测发散动压。为了达到这个目的，NASA 兰利中心曾发展了多种亚临界发散动压预测方法，其中有 4 种静态方法：Southwell 方法、DI 方法、应变变化曲线法和定常载荷法。这些方法各有特点，这里仅简要介绍 Southwell 方法。

Southwell 方法所用到的公式为

$$\frac{\mathrm{d}(\varepsilon/q)}{\mathrm{d}\varepsilon}=\frac{1}{q_D} \tag{11-6}$$

式中:ε 为应变,取主应变中绝对值最大的应变(简称最大主应变);q 为试验动压;q_D 为发散动压。

利用该方法进行发散风洞试验时,先固定翼面的迎角不变,不断改变动压,并测量该动压下的应变 ε,然后改变翼面的迎角,重复以上步骤。绘制各迎角状况下的$(\varepsilon/q)-\varepsilon$ 曲线,利用一阶最小二乘法进行处理,计算各迎角状况下由一阶最小二乘法处理后的直线斜率,则它们平均值的倒数即为发散动压。图 11-6 所示为 Southwell 方法预测曲线示意,图中直线斜率的倒数即为发散动压 q_D。

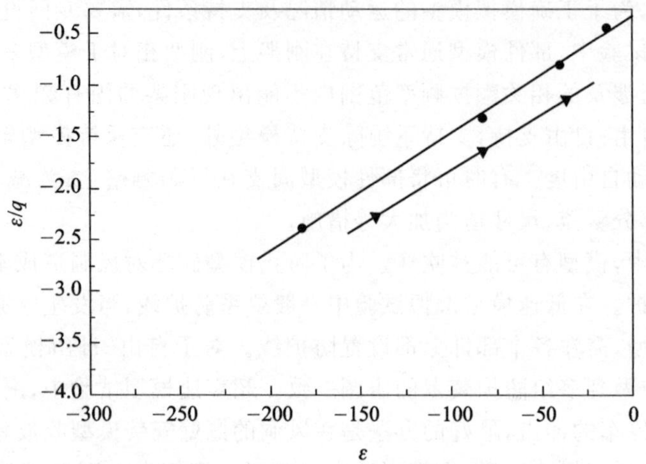

图 11-6　Southwell 方法预测曲线示意

一项探索性的发散风洞试验研究说明了利用 Southwell 方法进行发散动压预测,其预测结果与理论计算及临界试验结果有良好的一致性。该项研究还表明:利用最大主应变进行 Southwell 方法预测可以得到满意的试验结果。

需要说明的是,在进行试验时,各个测量点在不同的动压和迎角下其最大主应变的方向是在变化的,但是一般变化幅度较小,为了提高预测的准确性,在利用 Southwell 方法进行预测时,可以把同一个迎角下最大测试动压下的最大主应变方向作为基准方向,计算出其他各动压下该方向的对应应变值,并将其假定为该动压下的最大主应变,以此进行预测曲线的绘制。

11.5　颤振飞行试验

颤振飞行试验是检验飞行器设计中满足气动弹性要求的最终环节。通过颤振飞行试验以证实飞行器不会发生气动弹性不稳定现象。

颤振飞行试验的任务如下:① 验证飞行包线范围内的气动弹性稳定性,在满足要求的情况下,可进一步探讨扩大飞行包线的可能性;② 进行与颤振相关的课题研究,如颤振主动抑制系统研究、解耦挂架的防颤振原理研究等。

颤振飞行试验是一种有风险的试飞科目,也是在试验技术和分析技术上很复杂的科目。目前它主要作为飞机定型试飞的组成部分,用以验证新飞机的颤振余量。通常在为了这种目的的试飞中,飞机不能飞到颤振临界状态,只能在亚临界状态下进行响应测量和分析。颤振飞行试验的基本方法是:根据颤振分析结果,选定飞机所需试验的构型。对每种试验构型,分别

在不同的高度和速度下，对飞机进行激励，记录飞机结构对激励的响应。通过对响应的分析，求出若干所需要的频率和阻尼。根据这些亚临界响应参数随速度和动压的变化来确定飞机的颤振余量。

某飞机典型的颤振飞行试验过程如图 11－7 所示。

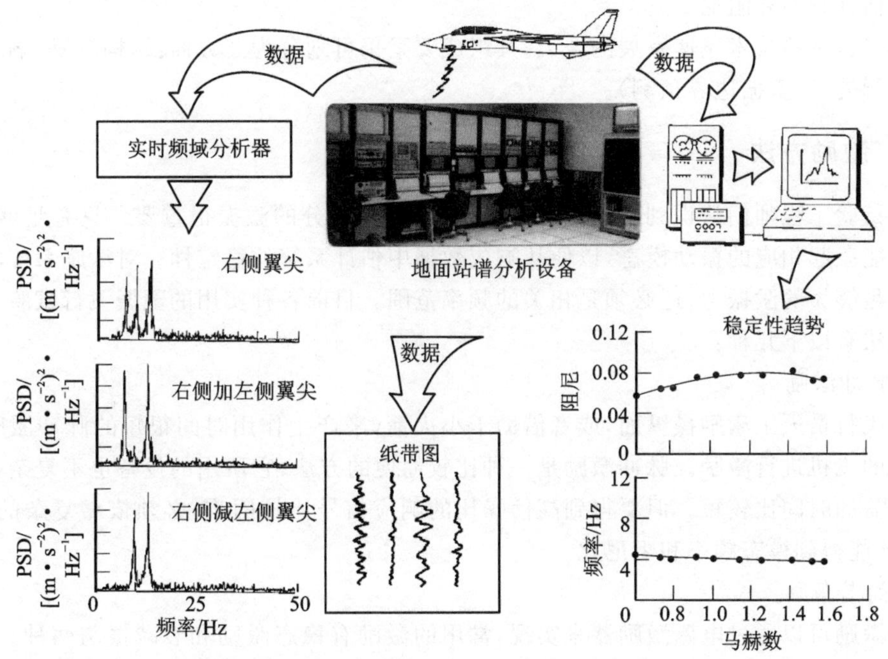

图 11－7　某飞机典型的颤振飞行试验过程示意图

11.5.1　颤振飞行试验技术的发展

航空发展早期，最早有记载的颤振事故是发生于 1916 年的 Handley Page O/400 轰炸机尾翼颤振。当时的飞机飞行速度低，结构刚度相对较大，飞机结构主要根据强度要求设计，气动弹性方面仅对设计出的结构进行校核。因此，最初的全机颤振飞行试验，只是将飞机飞到最高速度以验证其气动弹性稳定性。1935 年德国的 Von Schlippe 首次开展了真正意义上的飞机飞行颤振试验(参见图 11－8)。试验方法是以共振频率对飞机进行激振，不断增加飞行速度，作出响应振幅随风速的变化曲线。振幅的增加意味着阻尼减小，颤振临界点理论上振幅无穷大，即对应渐近线处速度。该试验方法成功应用于当时德国的几架飞机上，直到 1938 年 Junkers JU90 在试验中发生颤振导致飞机失事。

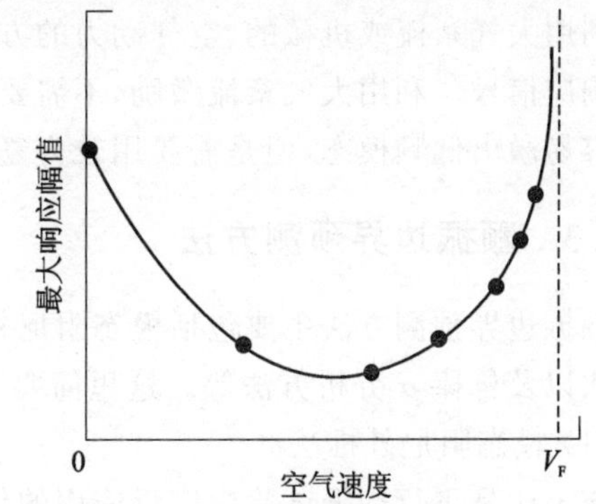

图 11－8　Von Schlippe 的飞行颤振试验测试方法

在试验条件和技术不够成熟的时期，颤振飞行试验具有相当大的危险性，原因归纳为以下 3 方面：

① 只有飞行速度接近真实的颤振临界点时,才能监测出不稳定;

② 亚临界模态阻尼外推方法不能准确预测随后的颤振临界速度点;

③ 风速的微小变化就可能使飞机从稳定状态变得不稳定。

试验技术发展至今,基本的做法即实时传输监测响应信号,同时数据将用于计算机的参数辨识技术估计频率和阻尼。

颤振飞行试验技术飞速发展的今天,其组成要素仍可划分为3方面:结构激励、响应测量、对数据进行处理(颤振边界预测)。

11.5.2 激励方法

飞行试验工程师们认识到要获得高信噪比的数据,充分的激振很重要。只有足够大能量的激励才能激起相应的振动模态,以便从响应数据中估计系统的稳定性。对激励系统的要求,不仅提供足够大的激振力,还必须是相关的频率范围。目前各种实用的颤振飞行试验方法中,常用的方法有以下几种:

(1) 脉冲激励

通过飞行员人工激励操纵面,或者借助于小火箭,来产生作用时间很短的脉冲激励信号,对飞行中的飞机进行激励。脉冲激励是一种比较简便的方法,它所用的设备也不复杂,进行一次试验所需的时间比较短。但要得到高信噪比的响应信号比较困难,必须依靠复杂的数据处理方法,才能得到模态频率和阻尼比。

(2) 简谐激励

简谐激励可以通过电磁激励器来实现,常用的激励有稳态激励和衰减振荡两种。简谐激励的主要特点如下:试验中激励频率可调,激励能量大;但试验的时间长,且试验设备也相对比较复杂。

(3) 扫描激励

利用专用的信号发生器产生一种特定信号,在一个选定的频率范围内,按一定的规律连续改变激励信号的频率,通过操纵面对飞机结构进行扫描激励。这种激励方法可以避免简谐激励费时太多的问题,但有时激励能量不能满足要求。

(4) 随机激励

利用大气紊流或机械的、空气动力的方法产生随机信号,对飞机结构进行激励,且记录结构的响应信号。利用大气紊流激励,不需要额外的激励设备在低频范围内激励能量比较集中,比较容易激出低频模态,但是需要用较为复杂的参数识别技术来求得模态频率和阻尼比。

11.5.3 颤振边界预测方法

颤振边界预测方法主要包括模态阻尼外推法、颤振余量法、包线函数法、ARMA模型时序分析法以及鲁棒 μ 分析方法等。这里简要介绍前2种。

(1) 模态阻尼外推法

该方法是飞行颤振试验中广泛应用的传统方法,根据飞行试验数据(特别是亚临界状态数据)辨识出颤振模态的阻尼比,拟合各阶模态的阻尼比随各测试速度点的变化曲线,由此外推出阻尼比变为零时的速度点,即为颤振临界速度。

对于缓和型颤振,此方法拟合的精度通常随测试速度点的增加而增加,且越靠近临界点预

测精度越高，如图 11-9(a)所示。但实际上获得亚临界点的多点试验数据阻碍很大，由于安全和试验条件的限制甚至难以进行。突发性颤振阻尼比随速度变化的曲线如图 11-9(c)所示，显然这种拟合外推的方法已不适用。

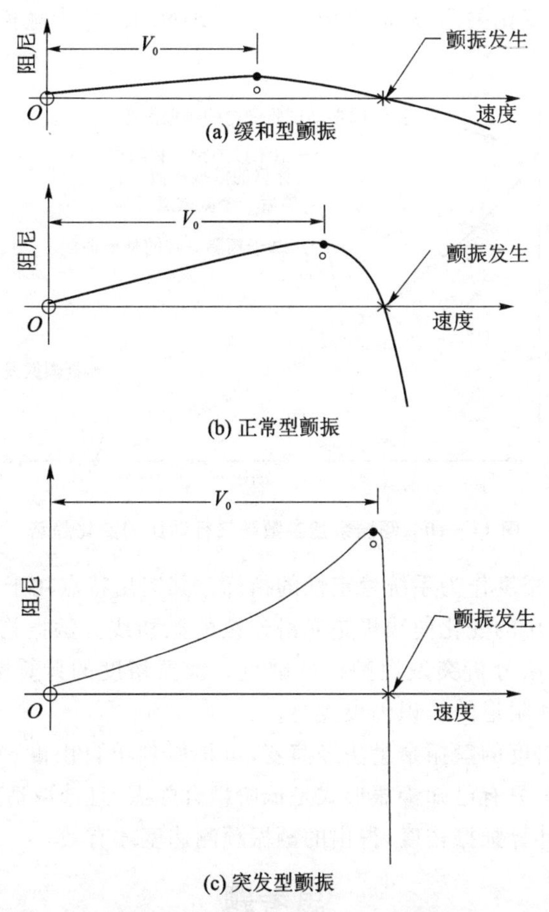

图 11-9　阻尼比随速度变化的曲线

该方法以颤振模态阻尼比为系统稳定性指标。优点是数据处理方式简便，完全依赖于对飞行试验数据的分析，对输入数据不做要求，只须辨识出颤振模态的阻尼比信息，即可进行曲线的拟合外推。而问题恰恰源于此：一方面，阻尼比的辨识精度难以保证，由于颤振试飞数据信噪比低，以及气动弹性模态密集、混频、数据处理中的计算误差等因素影响，阻尼比参数非常敏感，辨识结果可能出现较大偏差；另一方面，阻尼比与飞行速度呈非线性关系，外推段的阻尼比可能发生突变，此时通过曲线拟合外推无法模拟，因而不适用于突发性颤振。

(2) 颤振余量法(Zimmerman - Weissenburger 方法)

颤振余量法是由美国麦道公司的 Zimmerman 和 Weissenburger 二人于 1964 年提出的一种适用于二自由度耦合颤振的经典方法。该方法完全依赖于对试验数据的分析，需要从中辨识出传递函数极点的信息。根据 Routh 稳定性判据，推导出两自由度系统其颤振裕度表达式为

$$F=\left[1-\left(\frac{\beta_2-\beta_1}{\beta_2+\beta_1}\right)^2\right]\left\{\left(\frac{\omega_2^2-\omega_1^2}{2}\right)+(\beta_1+\beta_2)^2\left[\left(\frac{\omega_2^2+\omega_1^2}{2}\right)+\left(\frac{\beta_2+\beta_1}{2}\right)^2\right]\right\} \quad (11-7)$$

其中,ω_1、ω_2、β_1、β_2 分别表示两阶主要颤振模态的频率和衰减率(即特征根的虚部和实部)。

另外,由工程经验得出的二次曲线关系:

$$F = B_2 q^2 + B_1 q + B_0 \tag{11-8}$$

拟合颤振裕度随动压的变化关系,从而外推出 $F=0$ 处的动压即为颤振临界动压,如图 11-10 所示。

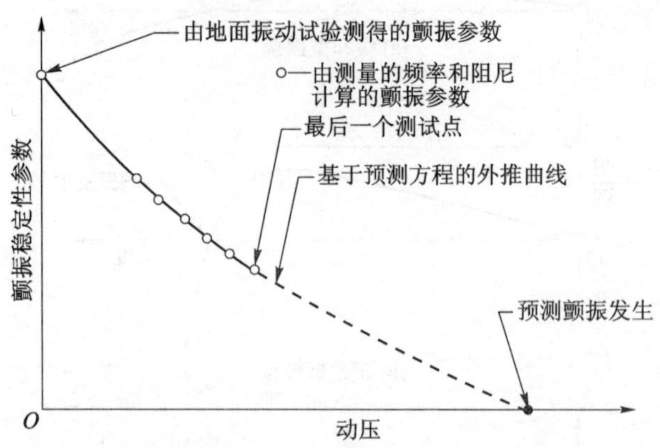

图 11-10　颤振余量参数随飞行动压的变化趋势

颤振余量法以颤振裕度作为系统稳定性的指标。其突出特点在于,即使是突发性颤振,其拟合出的颤振裕度随动压的变化曲线仍是光滑连续的抛物线。颤振裕度公式的引入,成功克服了模态阻尼外推法无法分析突发性颤振的缺点。颤振裕度的计算需要传递函数的极点信息,故对关键模态频率和阻尼的辨识仍很重要。

目前,适用于二自由度的颤振余量法经演变,可扩展到单自由度、三自由度等耦合颤振的分析,但仍存在局限性。只有已知颤振形式是低阶耦合颤振,且选取适当的主要模态得到相应的频率和衰减率,通过计算颤振裕度,得出的颤振预测速度才有效。

思考题

11.1　试分别说明在本章的各项试验中,哪些是为了分析计算取得原始数据的试验?哪些是为了获取气动弹性特性的试验?

11.2　试分别说明在本章中所列各项试验的任务和目的。

11.3　简要说明地面振动试验的结果和它在气动弹性分析上的应用价值。

11.4　简述气动弹性试验在气动弹性学科研究和发展上的重要意义。

参考文献

[1] 管德. 飞机气动弹性力学手册. 北京:航空工业出版社,1994.

[2] 诸德超,陈桂彬,邹丛青. 气动弹性力学. 航空工业部教材编审室,1986.

[3] 管德. 气动弹性试验. 北京:北京航空学院出版社,1986.

[4] 万志强,唐长红,邹丛青. 平板前掠翼发散风洞试验预测技术. 复合材料学报,2002,19(3).

[5] Kehoe M W. A Historical Overview of Flight Flutter Testing. NASA-TM-4720,1995.